平面设计与制作

U0232198

唐琳 何海涛 邓艳艳 / 编著

CorelDRAW 2017

设计与制作剖析

清华大学出版社

北京

内 容 简 介

本书通过近五十个精彩案例，详细解读了CorelDRAW的各种功能和使用技巧，解密设计项目的创作和表现过程。案例类型涵盖基本绘图、特效字、艺术字、插画、写实绘画、工业产品、广告设计、排版设计、包装设计、海报设计、书籍装帧、名片设计、企业VI设计等众多应用领域。配套素材。

本书内容基本包含CorelDRAW的所有重要功能和主要应用领域，是初学者通过实例学习CorelDRAW的最佳教程，也适合从事平面设计、网页设计、包装设计、插画设计、动画设计的人员学习使用，还可以作为高等院校相关设计专业的教材或者参考用书。

图书在版编目（CIP）数据

突破平面CorelDRAW 2017设计与制作剖析/唐琳，何海涛，邓艳艳编著.—北京：清华大学出版社，2019

（平面设计与制作）

ISBN 978-7-302-51688-0

Ⅰ．①突…　Ⅱ．①唐…　②何…　③邓…　Ⅲ．①平面设计－计算机辅助设计－图形软件　Ⅳ．①TP391.413

中国版本图书馆CIP数据核字（2018）第264269号

责任编辑：陈绿春　薛　阳
封面设计：潘国文
责任校对：胡伟民
责任印制：李红英

出版发行：清华大学出版社
　　　　网　　　址：http://www.tup.com.cn，http://www.wqbook.com
　　　　地　　　址：北京清华大学学研大厦A座　　　　　邮　　编：100084
　　　　社　总　机：010-62770175　　　　　　　　　　邮　　购：010-62786544
　　　　投稿与读者服务：010-62776969，c-service@tup.tsinghua.edu.cn
　　　　质量反馈：010-62772015，zhiliang@tup.tsinghua.edu.cn
印　装　者：三河市龙大印装有限公司
经　　　销：全国新华书店
开　　　本：188mm×260mm　　　印　张：20　　　字　数：540千字
版　　　次：2019年7月第1版　　　印　次：2019年7月第1次印刷
定　　　价：79.00元

产品编号：052342-01

前言

Corel软件具有自己独特的品牌特色。

富创造力：Corel鼓励个人追求新观念以及不同的思考、创作和沟通方式。

自由精神：Corel提供不同的选择与支援。让用户使用自己的方式抓住机会，迎接新挑战。

独立自主：Corel鼓励个人自我发挥。从工具选择到最终作品，逐步带领用户表达自我。

灵活多元：Corel提供最完整的产品、工具与技术选择，满足用户的多样需求。

表现能力强：Corel产品就是要让用户轻松捕捉灵感，与别人分享交流。

有效率：Corel产品范围广泛，每项软件的设计都是为了要协助用户提升工作效率。

自信：Corel产品屡屡获奖，肯定深受使用者信赖，各项功能同时适用于初学者与专业人士。无论程度高低，都能创作出可引以为傲的作品。

本书是一本深入剖析该软件各项功能的实力著作，涵盖了各种图形、图像、文字等的制作方法，几十个精彩案例被精心分布到各个章节之中。每章的内容由浅入深延展思维，循序渐进。软件的各种工具操作技巧其实非常简单，但是如何创作出各种各样精彩的效果，就值得读者在练习本书提供的案例的同时，延伸思路。例如绘制简单的口红造型，那么这个造型中的口红的轮廓是如何绘制出来的，如何通过为图形填充不同的颜色从而达到口红的质感？只要在练习的同时思考做这步的目的是什么，自然就会获得想要的软件知识以及自我的创造能力。

读者首先要读懂本书中各种精彩案例的操作技法，然后分解其中的奥妙，自然可以重新组合，并可以将这些效果直接运用到合适的平面设计中，充实自己的创意作品。

本书通过通俗易懂、条理清晰、分步图解的方式介绍了如何创作各种精彩的平面设计。本书的内容分为13章，其中：第1章 初识CorelDRAW 2017、第2章 CorelDRAW 2017绘图的基本操作、第3章 基本绘图技巧、第4章 插画绘图技巧、第5章 写实绘图技巧、第6章 文字排版与设计、第7章 标志与VI设计、第8章 宣传单设计、第9章 商业包装设计、第10章 卡片设计、第11章 书籍装帧设计、第12章 工业设计、第13章 服装设计。

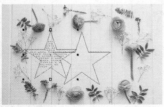

本书丰富的案例具有很强的代表性，而且通俗易懂，希望能够对读者朋友有一定的帮助。本书适合各平面设计人员、广告设计人员、艺术院校学生、电脑爱好者，以及有志于深入学习图像处理的人士自学，也可以作为各电脑培训机构、大中专院校的培训教材使用。

本书由唐琳、何海涛、邓艳艳编著，参加编写工作的还包括郑庆荣、刘爱华、刘孟辉、唐红连、刘志珍、郑桂英、唐文杰、潘瑞兴、于莹莹、田爱忠、郑庆柱、郑庆军、郑秀芹、郑元辛、郑永水、张立山、郑元芝、郑庆亮、郑庆桐、郑永新。

本书的配套素材请扫描封底的二维码进行下载。如果在下载过程中碰到问题，请联系陈老师，联系邮箱：chenlch@tup.tsinghua.edu.cn。

由于本书编写时间仓促，作者水平有限，书中疏漏之处在所难免，欢迎广大读者和有关专家批评指正。

编　者
2019年5月

第1章 初识CorelDRAW 2017

第2章 CorelDRAW 2017的基本操作

第3章　基本绘图技巧

突破平面　CorelDRAW 2017设计与制作剖析

第1章 初识CorelDRAW 2017

本章将重点讲解CorelDRAW 2017的基础知识。其中包括数字化图形的基础知识，软件的启动与退出，基本操作界面，文件的基本操作，页面辅助功能等，为后面更好地学习CorelDRAW打下牢固的基础。

1.1 了解数字化图形

在使用CorelDRAW 2017绘制图形之前，首先了解数字化图形的一些基础知识，这样可以帮助我们在以后的设计和创作中按照需要选择相应格式的图像。

1.1.1 矢量图与位图

计算机图形主要分为两类，一类是矢量图形，另外一类是位图图像。CorelDRAW是典型的矢量图软件，但它也包含位图处理功能，了解两类图形间的差异对于创建、编辑制作和导入图片是非常有帮助的。

1. 矢量图

矢量图由经过精确定义的直线和曲线组成，这些直线和曲线称为向量，通过移动直线调整其大小或更改其颜色时，不会降低图形的品质。

矢量图与分辨率无关，也就是说，可以将它们缩放到任意尺寸，可以按任意分辨率打印，而不会丢失细节或降低清晰度。因此，矢量图最适合表现醒目的图形，这种图形（例如徽标）在缩放到不同大小时必须保持线条清晰，如图1-1-1所示。

矢量图的另外一个优点是占用的存储空间相对于位图要小很多。由于计算机的显示器只能在网格中显示图像，因此，我们在屏幕上看到的矢量图形和位图图像均显示为像素。

图1-1-1 矢量图

2. 位图

位图图像在技术上称为栅格图像，由网格上的点组成，这些点称为像素，如图1-1-2所示。在处理位图图像时，编辑的是像素，而不是对象或形状。位图图像是连续色调图像（如照片或数字绘画）最常用的电子媒介，因为它们可以表现出阴影和颜色的细微层次。

图1-1-2 位图

位图图像的特点是可以表现色彩的变化和颜色的细微过渡，从而产生逼真的效果，并且可以很容易地在不同软件之间交换使用。由于受到分辨率的制约，位图图像包含固定的像素数量，在对其进行旋转或者缩放时，很容易产生锯齿。

在屏幕上缩放位图图像时，它们可能会丢失细节，因为位图图像与分辨率有关，它们包含固定数量的像素，并且为每个像素分配了特定的位置和颜色值。如果在打印位图图像时采用的分辨率过低，位图图像可能会呈锯齿状，因为此时增加了每个像素的大小。

1.1.2　图像分辨率

在后面的实际制作中，当需要将矢量图转换为位图时，会涉及分辨率的设置。下面简单介绍一下分辨率的基本知识。

分辨率是指单位长度内包含的像素点的数量，它的单位通常为像素/英寸（ppi）。例如，96ppi表示每英寸包含96个像素点，300ppi表示每英寸包含300个像素点。分辨率决定了位图图像细节的精细程度，通常情况下，图像的分辨率越高，所包含的像素点就越多，图像就越清晰，印刷的质量就会越好。例如，如图1-1-3所示为分辨率是96ppi的图像，如图1-1-4所示为分辨率是200ppi的图像，相同打印尺寸但不同分辨率的两个图像，可以看到，低分辨率的图像有些模糊，而高分辨率的图像就非常清晰。

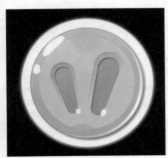

图1-1-3　96ppi

图1-1-4　200ppi

分辨率越高，图像的质量越好，但也会增加文件占用的存储空间，只有根据图像的用途设置合适的分辨率才能取得最佳的使用效果。如果图像用于屏幕显示或者网络，可以将分辨率设置为72ppi；这样可以减小文件的大小，提高传输和浏览速度；如果图像用于喷墨打印机打印，可以将分辨率设置为100~150ppi；如果图像用于印刷，则应设置为300ppi。

> **➔ 提示**
>
> **分辨率的表示方法**
>
> 由于输入、输出和显示设备的差异，分辨率有很多种表示方法。我们在前面介绍的是图像分辨率，除此之外，较为常用的还有显示器分辨率、扫描分辨率和打印机分辨率等。
>
> **显示器分辨率：**显示器分辨率是指显示器上单位长度内显示的像素点的数量，通常以点/英寸（dpi）来表示。例如，将显示器分辨率设置为1024×768，就表示在显示器的宽度上有1024个像素，高度上有768个像素。显示器的最大分辨率一般是由计算机显示卡的性能决定的。
>
> **扫描仪分辨率：**扫描仪分辨率是指扫描图像时设定的分辨率，一般也以点/英寸（dpi）来表示。一般的台式扫描仪的分辨率可以分为两种规格，一种是光学分辨率，它是指扫描仪所能真正扫描到的图像分辨率；另一种是输出分

1.1.3　颜色模式

　　颜色模式决定显示和打印电子图像的色彩模型（简单地说，色彩模型是用于表现颜色的一种数学算法），即一幅电子图像用什么样的方式在计算机中显示或打印输出。

　　CorelDRAW 2017常用的颜色模式包括CMYK（青、洋红、黄、黑）模式、RGB（红、绿、蓝）模式和灰度模式等，这几种模式的图像描述、重现色彩的原理及所能显示的颜色数量是不同的。

1. CMYK模式

　　CMYK模式是一种基于印刷油墨的颜色模式，具有青色、洋红、黄色和黑色4个颜色通道，如图1-1-5所示。每个通道的颜色都是8位，即256种亮度级别，4个通道组合使得每个像素具有32位的颜色容量。由于目前的制造工艺还不能造出高纯度的油墨，CMYK相加的结果实际上是一种暗红色，因此还需要加入一种专门的黑墨来中和。

　　CMYK模式以打印纸上的油墨的光线吸收特性为基础，当白光照射到半透明油墨上时，色谱中的一部分被吸收，而另一部分被反射回眼睛。理论上，青色（C）、洋红（M）和黄色（Y）混合将吸收所有的颜色并生成黑色，因此，CMYK模式是

一种减色模式，即为最亮（高光）颜色指定的印刷油墨颜色百分比较低，而为较暗（暗调）颜色指定的百分比较高。例如，亮红色可能包含2%青色、93%洋红、90%黄色和0%黑色。因为青色的互补色是红色（洋红和黄色混合即能产生红色），减少青色的百分含量，其互补色红色的成分也就越多，因此，CMYK模式是靠减少一种通道的颜色来加亮它的互补色的，这显然符合物理原理。

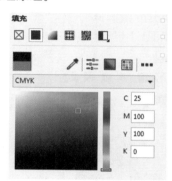

图1-1-5　CMYK颜色

　　在减色模型（如CMYK）中，颜色（即油墨）会被添加到一种表面上，如白纸。颜色会减少表面的亮度。当每一种颜色成分（C，M，Y）的值都为100时，所得到的颜色即为黑色。当每种颜色成分的值都为0时，即表示表面没有添加任何颜色，因此表面本身就会显露出来，在这个例子中白纸就会显露出来。出于打印目的，颜色模型会包含黑色（K），因为黑色油墨会比调和等量的C、M和Y得到的颜色更中性，色彩更暗。黑色油墨能得到更鲜明的结果，特别是打印的文本。此外，黑色油墨比彩色油墨更便宜。

2. RGB模式

　　RGB模式使用RGB色彩，对于彩色图像中的每个RGB（红色、绿色、蓝色）分量，为每个像素指定一个0（黑色）~255（白色）之间的强度值。例如，亮红色可能R值为246，G值为020，B值为50。

　　不同的图像中RGB的各个成分也不尽

相同，可能有的图中R（红色）成分多一些，有的B（蓝色）成分多一些。在计算机中，RGB的所谓"多少"就是指亮度，并使用整数来表示。通常情况下，RGB各有256级亮度，用数字表示即0～255。

当所有分量的值均为255时，结果是纯白色，如图1-1-6所示。

图1-1-6　RGB白色

当所有分量的值都为0时，结果是纯黑色，如图1-1-7所示。

图1-1-7　RGB黑色

在加色模型（如RGB）中，颜色是通过透色光形成的。因此RGB被应用于监视器中时，对红色、蓝色和绿色的光以各种方式调和来产生更多种颜色。当红色、蓝色和绿色的光以其最大强度组合在一起时，眼睛看到的颜色就是白色。理论上，

颜色仍为红色、绿色和蓝色，但是在监视器上这些颜色的像素彼此紧挨着，用眼睛无法区分出这三种颜色。当每一种颜色成分的值都为0时即表示没有任何颜色的光，因此眼睛看到的颜色就为黑色。

3. CMY模式

CMY模式是和RGB模式相对的，如图1-1-8所示，是相减混色模式。用这种方法产生的颜色之所以称为相减色，是因为它减少了为视觉系统识别颜色所需要的反射光。由于彩色墨水和颜料的化学特性，用三种基本色得到的黑色不是纯黑色，因此在印刷术中，常常添加一种真正的黑色（black ink），因此这种模型称为CMYK模型，广泛应用于印刷术。每种颜色分量的取值范围为0～100；CMY模式常用于纸张彩色打印方面。

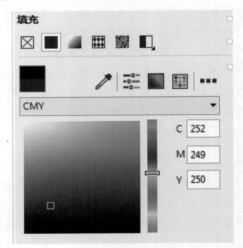

图1-1-8　CMY颜色

4. HSB模式

HSB 模型使用色度（H）、饱和度（S）和亮度（B）作为定义颜色的成分，如图1-1-9所示。HSB也称为HSV（包含成分色度、饱和度和纯度）。色度描述颜色的色素，用度数表示在标准色轮上的位置。例如，红色是0度、黄色是60度、绿色是120度、青色是180度、蓝色是240度，而品红色是300度。

饱和度描述颜色的鲜明度或阴暗度。饱和度值的范围是0～100，表示百分比（值越大，颜色就越鲜明）。

亮度描述颜色中包含的白色量。和饱和度值一样，亮度值的范围也是0～100，表示百分比（值越大，颜色就越鲜艳）。

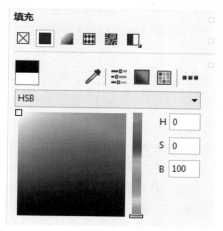

图1-1-9　HSB白色

5. HLS模式

HLS色彩模式是工业界的一种颜色标准，是通过对色调（H）、亮度（L）、饱和度（S）三个颜色通道的变化以及它们相互之间的叠加来得到各式各样的颜色的，如图1-1-10所示。HLS即是代表色调、饱和度、亮度三个通道的颜色，这个标准几乎包括人类视力所能感知的所有颜色，是目前运用最广泛的颜色系统之一。

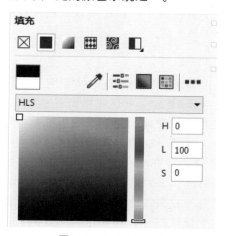

图1-1-10　HLS黑色

6. 灰度模式

灰度颜色模型只使用一个组件（即亮度）来定义颜色，用0～255的值来测量。如图1-1-11和1-1-12所示每种灰度颜色都有相等的RGB颜色模型的红色、绿色和蓝色组件值。将彩色文件更改为灰度设置可创建黑白颜色文件。

图1-1-11　灰度模式

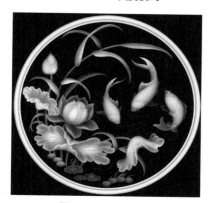

图1-1-12　灰度图

7. Lab模式

Lab色彩模式是由亮度（L）和有关色彩的a，b三个要素组成，如图1-1-13所示。L表示亮度（Luminosity），a表示从洋红色至绿色的范围，b表示从黄色至蓝色的范围。L的值域是0～100，L=50时，就相当于50%的黑；a和b的值域都是+127～-128，其中，a=+127就是洋红色，渐渐过渡到a=-128的时候就变成绿色；同样原理，b=+127是黄色，b=-128是蓝色。所有的颜色就以这三个值交互变化所组成。例如，一块色彩的Lab值是L = 89，a = –73，b = 81，这块色彩就是绿色，如图1-1-14所示。

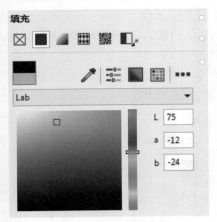

图1-1-13　Lab颜色

图1-1-14　Lab绿色

Lab模式的好处在于它弥补了RGB与CMYK两种色彩模式的不足。

RGB在蓝色与绿色之间的过渡色太多，绿色与红色之间的过渡色又太少，CMYK模式在编辑处理图片的过程中损失的色彩则更多，而Lab模式在这些方面都有所补偿。

Lab模式与RGB模式相似，色彩的混合将产生更亮的色彩。只有亮度通道的值才影响色彩的明暗变化。可以将Lab模式看作是两个通道的RGB模式加一个亮度通道的模式。

Lab模式是与设备无关的，可以用这一模式编辑处理任何一个图片（包括灰图图

片），并且与RGB模式同样快，比CMYK模式则快好几倍。Lab模式可以保证在进行色彩模式转换时CMYK范围内的色彩没有损失。

在将RGB模式图片转换成CMYK模式时，在操作步骤上应加上一个中间步骤，即先转换成Lab模式。在非彩色报纸的排版过程中，应用Lab模式将图片转换成灰度图是经常用到的。

1.1.4　图像格式

要确定理想的图像格式，必须首先考虑图像的使用方式，例如，用于网页的图像一般使用JPEG和GIF格式，用于印刷的图像一般要保存为TIFF格式。其次要考虑图像的类型，最好将具有大面积平淡颜色的图像存储为GIF或PNG-8图像，而将那些具有颜色渐变或其他连续色调的图像存储为JPEG或PNG-24文件。

在没有正式进入主题之前，首先讲一下有关计算机图形图像格式的相关知识，因为它在某种程度上将决定你所设计创作的作品输出质量的优劣。另外，在制作影视广告片头时，会用到大量的图像以用于素材、材质贴图或背景。当你将一个作品完成后，输出的文件格式也将决定你所制作作品的播放品质。

下面就将对日常中所涉及的图像格式进行简单介绍。

1. PSD格式

PSD是Photoshop软件专用的文件格式，它是Adobe公司优化格式后的文件，能够保存图像数据的每一个细小部分，包括图层、蒙版、通道以及其他的少数内容，但这些内容在转存成其他格式时将会丢失。另外，因为这种格式是Photoshop支持的自身格式文件，所以Photoshop能比其他格式更快地打开和存储这种格式的文件，如图1-1-15所示。

图1-1-15　PSD格式文件

该格式唯一的缺点是：使用这种格式存储的图像文件特别大，尽管Photoshop在计算的过程中已经应用了压缩技术，但是因为这种格式不会造成任何的数据流失，所以在编辑的过程中最好还是选择这种格式存盘，直到最后编辑完成后再转换成其他占用磁盘空间较小、存储质量较好的文件格式。在存储成其他格式的文件时，有时会合并图像中的各图层以及附加的蒙版通道，这会给再次编辑带来不少麻烦，因此，最好在存储一个PSD的文件备份后再进行转换。

PSD格式支持所有的可用图像模式（位图、灰度、双色调、索引色、RGB、CMYK、Lab和多通道等）、参考线、Alpha通道、专色通道和图层（包括调整图层、文字图层和图层效果等）等格式，它可以保存图像的图层和通道等信息。

PSD格式可以使用看图软件如ACDSee或图形处理软件如"我形我速"等打开。

2. AI格式

AI格式文件是一种矢量图形文件，是用于Adobe公司的Illustrator软件的输出格式。与PSD格式文件相同，AI文件也是一种分层文件，用户可以对图形内所存在的层进行操作，所不同的是AI格式文件是基于矢量输出，可在任何尺寸大小下按最高分辨率输出，而PSD文件是基于位图输出。

与AI格式类似基于矢量输出的格式还有EPS、WMF、CDR等。

1）AI与EPS的转换

AI格式与EPS格式的转换主要用于和CorelDraw以及其他矢量软件的交互。

AI格式转换为EPS格式只需要在Illustrator中另存即可。EPS转换为AI只需要用Illustrator打开EPS文件，然后保存，软件会提示保存为AI格式。

2）AI与CDR的转换

AI格式与CDR格式的转换仅用于Illustrator与CorelDraw之间的转换。

如果是低版本的AI格式文件，可以不用转换，用高版本的CorelDraw可以直接打开。如果不满足前面的条件，那么就只能按上条所述，先存为EPS格式，用CorelDraw打开，再转换为CDR格式。CDR文件可以直接另存为AI格式。

3. CDR格式

CDR格式文件是CorelDraw软件使用中的一种图形文件保存格式。CDR文件属于CorelDraw专用文件存储格式，必须使用匹配软件才能打开浏览。由于CorelDRAW是矢量图形绘制软件，所以CDR可以记录文件的属性、位置和分页等。CDR格式与AI格式文件可以相互导入导出。

4. TIFF格式

TIFF格式直译为"标签图像文件格式"，是由Aldus为Macintosh开发的文件格式。

TIFF用于在应用程序之间和计算机平台之间交换文件，被称为标签图像格式，是Macintosh和PC上使用最广泛的文件格式。它采用无损压缩方式，与图像像素无关。TIFF常被用于彩色图片扫描，它以RGB的全彩色格式存储。

TIFF格式支持带Alpha通道的CMYK、RGB和灰度文件，支持不带Alpha通道的Lab、索引色和位图文件，也支持LZW压缩。

存储Adobe Photoshop图像为TIFF格式，可以选择存储文件为IBM-PC兼容计算机可读的格式或Macintosh可读的格式。要自动压缩文件，可单击"LZM压缩"注记框。对TIFF文件进行压缩可减少文件大小，但会增加打开和存储文件的时间。

TIFF是一种灵活的位图图像格式，实际上被所有的绘画、图像编辑和页面排版应用程序所支持，而且几乎所有的桌面扫描仪都可以生成TIFF图像。TIFF格式支持Alpha通道的CMYK、RGB和灰度文件，支持不带Alpha通道的Lab、索引色和位图文件。Photoshop可以在TIFF文件中存储图层，但是如果在另一个应用程序中打开该文件，则只有拼合图像是可见的。Photoshop也能够以TIFF格式存储注释、透明度和分辨率金字塔数据，TIFF文件格式在实际工作中主要用于印刷。

5. JPEG格式

JPEG是Macintosh上常用的存储类型，但是，无论是从Photoshop、Painter、FreeHand、Illustrator等平面软件还是在3ds或3ds Max中都能够开启此类格式的文件。

JPEG格式是所有压缩格式中最卓越的。在压缩前，可以从对话框中选择所需图像的最终质量，这样，就有效地控制了JPEG在压缩时的损失数据量。并且可以在保持图像质量不变的前提下，产生惊人的压缩比率，在没有明显质量损失的情况下，它的体积能降到原BMP图片的1/10。这样，可使你不必再为图像文件的质量以及硬盘的大小而头疼苦恼了。

另外，用JPEG格式，可以将当前所渲染的图像输入到Macintosh上做进一步处理。或将Macintosh制作的文件以JPEG格式再现于PC上。总之，JPEG是一种极具价值的文件格式。

6. GIF格式

GIF是一种压缩的8位图像文件。正因为它是经过压缩的，而且又是8位的，所以这种格式的文件大多用在网络传输上，速度要比传输其他格式的图像文件快得多。

此格式的文件最大缺点是最多只能处理256种色彩。它绝不能用于存储真彩的图像文件。也正因为其体积小而曾经一度被应用在计算机教学、娱乐等软件中，也是人们较为喜爱的8位图像格式。

7. PDF格式

PDF格式被用于Adobe Acrobat中，Adobe Acrobat是Adobe公司用于Windows、Mac OS、UNIX和DOS操作系统中的一种电子出版软件。使用在应用程序CD-ROM上的Acrobat Reader软件可以查看PDF文件。与PostScript页面一样，PDF文件可以包含矢量图形和位图图形，还可以包含电子文档的查找和导航功能，如电子链接等。

PDF格式支持RGB、索引色、CMYK、灰度、位图和Lab等颜色模式，但不支持Alpha通道。PDF格式支持JPEG和ZIP压缩，但位图模式文件除外。位图模式文件在存储为PDF格式时采用CCITT Group4压缩。在Photoshop中打开其他应用程序创建的PDF文件时，Photoshop会对文件进行栅格化。

1.2 CorelDRAW 2017的启动与退出

CorelDRAW 2017程序安装完成后，就可以启动该软件进行图像绘制等操作了。完成操作并对文件进行存储后，即可退出CorelDRAW 2017。

1.2.1 CorelDRAW 2017的启动

在Windows XP工作界面下，用鼠标单击屏幕左下角"开始"按钮，在弹出的快捷菜单中选择CorelDRAW 2017应用程序，如图1-2-1所示。此时即可弹出CorelDRAW 2017启动界面，如图1-2-2所示。

图1-2-1 启动CorelDRAW 2017

图1-2-2 启动界面

> ➡ **提示**
>
> 双击CorelDRAW文件或者桌面快捷方式图标也可以启动CorelDRAW 2017。

1.2.2 CorelDRAW 2017的退出

当结束在CorelDRAW 2017中的操作后，我们要退出该软件。在CorelDRAW 2017界面窗口标题栏右上角单击【关闭】按钮✕，即可退出CorelDRAW 2017。

> ➡ **提示**
>
> 执行菜单栏中的【文件】|【关闭】命令，如图1-2-3所示，也可退出CorelDRAW 2017程序。

图1-2-3 选择【关闭】命令

1.3　CorelDRAW 2017的基本操作界面

操作界面也就是工作界面，是CorelDRAW 2017为用户提供工具、信息以及命令的面板。在使用CorelDRAW 2017进行操作之前，首先要熟悉操作界面的分布和功能，方便我们在后期的工作中提高工作效率和质量。

1.3.1　CorelDRAW 2017的操作界面

CorelDRAW 2017的工作界面主要由标题栏、菜单栏、工具栏、属性栏、标尺栏、工具箱、状态栏、绘图窗口（包括绘图页和草稿区）和调色板等组成，如图1-3-1所示。

图1-3-1　CorelDRAW 2017操作界面

1. 标题栏

CorelDRAW 2017的标题栏左边包含一个弹出式菜单按钮，可以控制程序窗口，如图1-3-2所示。右边则包含【最小化】【最大化】和【关闭】三个选项，通过这三个按钮也可以对程序窗口进行控制。

图1-3-2　标题栏

2. 菜单栏

在CorelDRAW 2017中共有13个菜单选项，分别是"文件""编辑""视图""布局""对象""效果""位图""文本""表格""工具""窗口""帮助"和"购买"，如图1-3-3所示。通过选择各种不同的菜单选项可以执行各种不同的操作。

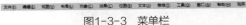

图1-3-3　菜单栏

3. 工具栏

工具栏位于菜单栏下方，包含菜单命令中经常使用命令的快捷按钮，如图1-3-4所示。使用该栏中的快捷按钮可以简化操作步骤，提高工作效率。

图1-3-4　工具栏

> **提示**
>
> 工具栏默认为锁定状态，右击工具栏，在弹出的快捷菜单中选择【锁定工具栏】命令，可以将工具栏取消锁定，如图1-3-5所示。在工具栏中单击并拖动鼠标即可将其移动至任意位置，方便操作。同时该操作也取消了其他栏的锁定，也可以和工具栏一样进行移动。

图1-3-5　【锁定工具栏】命令

4. 属性栏

属性栏位于工具栏下方，其中包含当前所使用工具或选择对象的常用属性参数，如图1-3-6所示。可以根据需要对参数进行更改，属性栏中的内容会根据所选择的工具或对象的不同而改变。掌握好属性栏的使用方法对完成以后的工作非常有利。

图1-3-6　属性栏

5. 工具箱

工具箱位于操作界面的最左侧，这里面集合了CorelDRAW 2017中的大量工具，带有黑色三角的按钮表示该按钮下还包括其他工具，单击该按钮后按住鼠标，则可以展开其他工具选项，如图1-3-7所示。

图1-3-7　工具箱

6. 标尺栏

标尺栏位于窗口上部和左侧，在使用标尺时为标尺提供数据参照。

7. 绘图窗口

绘图窗口也是工作区，在该区域中可以进行绘图操作，在工作区中滚动鼠标滚轮可以进行放大或缩小操作，方便我们对绘制图形的查看。如图1-3-8所示为18%显示，如图1-3-9所示为37%显示。

→ 提示

在工具栏中调整缩放级别也可以对工作区显示比例进行调整。

图1-3-8　18%显示

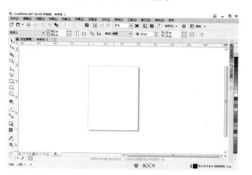

图1-3-9　37%显示

8. 状态栏

状态栏位于窗口下方，主要显示相关元素信息，例如，元素的轮廓颜色、填充颜色以及所在图层等，如图1-3-10所示。

图1-3-10　状态栏

9. 调色板

CorelDRAW 2017调色板中的颜色信息与其他软件的最大区别在于它是根据四色印刷（CMYK）模式的色彩比例进行设定的，区别于其他软件中的RGB色彩模式。通过单击调色板中的向上或向下按钮可以显示更多颜色，在某一颜色上按住鼠标，则会显示该颜色的不同明度的颜色梯度，如图1-3-11所示。

> **提示**
>
> 执行菜单栏中【窗口】|【调色板】命令,如图1-3-12所示。在弹出的级联菜单中可以选择不同类型调色板将其打开。

图1-3-11 调色板 　　　　　图1-3-12 "调色板"菜单

1.3.2 CorelDRAW 2017的帮助系统

对于初学者而言,一时难以掌握软件的各个操作以及各个命令和工具所代表的含义,这时可以利用到软件自身所带的帮助系统来解决所遇到的问题。

执行菜单栏中的【帮助】命令,在弹出的下拉菜单中列出"帮助"菜单中的诸多选项,如图1-3-13所示。可以根据需要选择所需内容查看帮助提示,例如,选择【产品帮助…】选项后,会打开【欢迎使用CorelDRAW帮助】窗口,如图1-3-14所示。

图1-3-13 【帮助】菜单 　　　　　图1-3-14 【CorelDRAW帮助】窗口

1.4 CorelDRAW 2017的基本操作

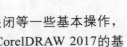

本节将介绍CorelDRAW 2017程序文件的新建、打开、保存、关闭等一些基本操作,同时对于用到的对话框以及按钮会进行说明,通过学习本节可掌握CorelDRAW 2017的基本操作。

1.4.1 新建文件

在使用CorelDRAW进行绘图前，必须新建一个文件，用它来作为操作的平台。在CorelDRAW 2017中包括【新建空白文档】与【从模板新建】两种新建方式，下面分别对它们进行介绍。

> ⊙ **提示：**
>
> 在第一次启动CorelDRAW 2017程序时会显示欢迎屏幕，如果用户此时取消【启动时显示这个欢迎屏幕】复选框的勾选，则会在下次启动CorelDRAW 2017时不会显示欢迎屏幕。

1. 新建空白文档

在菜单栏中选择【文件】|【新建…】命令，如图1-4-1所示。弹出【创建新文档】对话框，如图1-4-2所示。单击【确定】按钮即可创建空白文档。除此之外，还可以在工具栏中单击【新建】按钮 或者利用快捷键Ctrl+N，也会弹出【创建新文档】对话框。

图1-4-1 【新建…】命令

图1-4-2 【创建新文档】对话框

2. 从模板新建

CorelDRAW 2017提供了多种预设模板，这些模板已经添加了各种图形或者对象，可以将它们建立成一个新的图形文件，然后对文件进行更深一层的编辑处理，以便更快、更好地达到预期效果。

执行菜单栏中【文件】|【从模板新建…】命令，如图1-4-3所示。此时会弹出【从模板新建】对话框，在【从模板新建】对话框中提供了多种类型的模板文件，通过它们可以选择不同类型的模板文件，这里选择的是【商用信笺】下的模板，单击【打开】按钮，如图1-4-4所示。即可创建一个由模板新建的文件，如图1-4-5所示。

图1-4-3 【从模板新建…】命令

图1-4-4 【从模板新建】对话框

图1-4-6 【打开…】命令

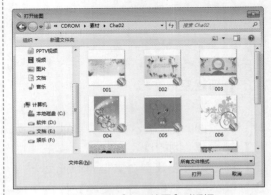

图1-4-5 创建模板文件

1.4.2 打开文件

　　如果需要编辑一些已存在的文件或者一些图形素材，但它们又不在程序窗口中时，即可使用【打开…】命令来打开电脑中已存在的图形文件，执行菜单栏中【文件】|【打开…】命令，如图1-4-6所示。此时会弹出【打开绘图】对话框，在该对话框中选择需要打开的文件，然后单击【打开】按钮即可，如图1-4-7所示。

图1-4-7 【打开绘图】对话框

> **提示**
>
> 如果要同时打开多个连续的图形文件，可以选择第一个要打开的文件，然后在按住Shift键的同时选择需要打开的文件中的最后一个文件，再单击【打开】按钮。若目标文件比较分散，可以按住Ctrl键的同时选择所需文件。若不打开任何文件，则单击【取消】按钮。

> **提示**
>
> 除上述方法外，在工具栏中单击【打开】按钮 📂▾ 或者按Ctrl+O快捷键，也可打开【打开绘图】对话框。

1.4.3 保存文件

　　用户制作完成文件后，必须将其保存起来以便以后使用。在绘制图形的过程中，应当养成经常保存的好习惯。这样可以避免因电源故障或发生其他意外事件时出现数据丢失的问题。CorelDRAW 2017程序支持多种文件格式，用户可以根据自己的需要将文件以不同的形式进行保存。

选择需要保存的文件，执行菜单栏中【文件】|【保存…】命令，如图1-4-8所示。此时会弹出如图1-4-9所示的【保存绘图】对话框。在该对话框中【保存在】下拉列表框中选择要存放的路径，在【文件名】文本框中输入文件的名称，然后在【保存类型】下拉列表框中选择保存类型，最后单击【保存】按钮即可对文件进行保存。

图1-4-10 【选项】对话框

如果当前的图形已被保存过，那么再执行【文件】|【保存】命令时将不会出现【保存绘图】对话框，只会自动以增量的方式保存该图形的相关编辑处理，新的修改会添加到保存的文件中。

如果要将目前的图形保存为一个新图形，而且不影响原图，可以执行【文件】|【另存为…】命令，或者按下Shift+Ctrl+S快捷键，再次打开【保存绘图】对话框，用一个新名称、类型或者新路径来另存该文件。

图1-4-8 【保存…】命令

> **提示**
>
> 新建空白文件后并未进行任何编辑操作时，或者对图像进行保存后而又未再次编辑时，【保存…】命令为灰色显示，表示该命令处于不可用状态，如图1-4-11所示。

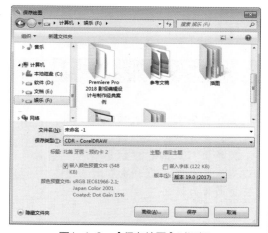

图1-4-9 【保存绘图】对话框

> **提示**
>
> 在【保存绘图】对话框的右下方还提供了【高级…】按钮，单击即可弹出【选项】对话框，并展示多项【保存】设置项目，如图1-4-10所示，有需要的话可以自行设置。

图1-4-11 【保存…】命令不可用状态

1.4.4 关闭文件

当文件保存完成后且不再使用软件时，就要对文件进行关闭操作，执行菜单栏中的【文件】|【关闭】命令或在绘图窗口的标题栏中单击【关闭】按钮 ╳，即可将文件关闭。

如果文件经过编辑后，但并未进行保存，在菜单栏中执行【文件】|【关闭】命令后会弹出警告对话框，如果需要保存编辑后的内容，单击【是】按钮；如果不需要保存编辑后的内容，单击【否】按钮；如果不想关闭文件单击【取消】按钮。

1.5 使用页面的辅助功能

页面辅助功能可以在我们绘制图形时提供辅助帮助，以便我们更好、更快地进行绘图操作。各种辅助功能的使用和设置方式，是本节的重点内容。

1.5.1 页面大小与方向设置

执行菜单栏中【布局】|【页面设置…】命令，如图1-5-1所示。此时会弹出【选项】对话框，在【选项】对话框的左边栏中选择【页面尺寸】选项，此时在右边栏中就会显示与它相关的设置，如图1-5-2所示。用户可以在【大小】下拉列表中选择所需的预设页面大小；也可以在【宽度】与【高度】文本框中输入所需的数值，来自定页面大小；如果只需调整当前页面大小，请勾选【只将大小应用到当前页面】复选框。

图1-5-2 【页面尺寸】选项

> **提示**
>
> 在【页面大小】列表 A4 中选择所需的预设页面大小；在【页面度量】文本框中可以输入所需的纸张大小；单击【纵向】按钮 □，可以将页面设为纵向；单击【横向】按钮 □，可以将页面设为横向。

图1-5-1 【页面设置…】命令

1.5.2 页面版面设置

在【选项】对话框的左边栏中选择【布局】选项，就会在右边栏中显示它的相关设置，如图1-5-3所示。用户可以在其中的【布局】下拉列表中选择所需的版式，如果需要对开页，可以勾选【对开页】复选框。

图1-5-3 【布局】选项

1.5.3 设置辅助线

辅助线是可以放置在绘图窗口中任何位置的线条，用来帮助放置对象。辅助线分为三种类型：水平、垂直和倾斜。可以显示/隐藏添加到绘图窗口的辅助线。添加辅助线后可对辅助线进行"选择""移动""旋转""锁定"或"删除"操作。

01 打开【辅助线素材.cdr】素材文件，移动鼠标指针到水平标尺上，按住鼠标左键，向下拖曳，如图1-5-4所示。

图1-5-4 拖曳辅助线

02 释放鼠标即可创建一条水平的辅助线，完成后的效果如图1-5-5所示。

图1-5-5 创建一条水平的辅助线

03 如果需要对辅助线进行设置，在【选项】对话框的左边栏中选择【辅助线】选项，单击选项前加号按钮可以展开其他选项，选择需要设置的选项在右边栏中进行设置，如图1-5-6所示。

图1-5-6 选择【辅助线】选项

04 如果需要对辅助线进行移动，选择工具箱中的【选择工具】，然后移动鼠标指针到辅助线上，此时鼠标指针呈现如图1-5-7所示的双箭头形状。

图1-5-7 呈现双箭头状态

05 按住鼠标左键进行拖动，松开鼠标左键即可完成辅助线的移动，完成后的效果如图1-5-8所示。

图1-5-8 移动辅助线

> **提示**
>
> 选择菜单栏中的【视图】|【辅助线】命令，即可显示或隐藏辅助线。

要删除辅助线，首先选择工具箱中的选择工具，在绘图页中选择想要删除的辅助线，等辅助线变成红色后（表示选择了这条辅助线），按Delete键即可。

> **提示**
>
> 在【选项】对话框中单击【删除】按钮，也可以将辅助线删除。如果选择多条辅助线，配合Shift键单击辅助线即可。

1.5.4　使用动态辅助线

在CorelDRAW 2017中用户可以使用动态辅助线来准确地移动、对齐和绘制对象。动态辅助线是临时辅助线，可以从对象的下列贴齐点中拉出——中心、节点、象限和文本基线。

1. 启用与禁止动态辅助线

在菜单栏中执行【视图】|【动态辅助线】命令，如图1-5-9所示。可以显示/隐藏动态辅助线。当【动态辅助线】命令前显示对号时表示已经启用了动态辅助线，如果【动态辅助线】命令前没有对号时，则表示已经禁用了动态辅助线，如图1-5-10所示。

图1-5-9　启用"动态辅助线"命令

图1-5-10　禁用"动态辅助线"命令

2. 使用动态辅助线

01 先启用"动态辅助线"命令，单击工具箱中的【艺术笔工具】按钮，在属性栏中单击【喷涂】按钮，在"喷涂"列表中选择一种喷涂样式，然后在绘图页中绘制图形，如图1-5-11所示。

图1-5-11　绘制图形

02 确定绘制的图形处于选择状态，沿动态辅助线拖动对象，可以查看对象与用于创建动态辅助线的贴齐点之间的距离，如图1-5-12所示。

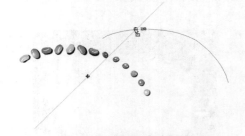

图1-5-12　沿动态辅助线拖放对象

03 松开鼠标左键完成图形的移动，

如图1-5-13所示。

图1-5-13　拖放对象后的效果

1.5.5　设置网格

在菜单栏中执行【视图】|【网格】|【文档网格】命令，如图1-5-14所示，可以显示/隐藏网格。如图1-5-15所示为显示网格时的状态。

图1-5-14　【网格】命令

图1-5-15　显示网格效果

在【选项】对话框中选择【网格】选项，如图1-5-16所示，可以对网格进行设置。

图1-5-16　【网格】选项

1.5.6　设置页面背景

在【选项】对话框的左边栏中选择【背景】选项，就会在右边栏中显示它的相关设置，如图1-5-17所示，用户可以在其中选择【纯色】或【位图】单选框来设置所需的背景颜色或图案，默认状态下为无背景。

图1-5-17　【背景】选项

如果选择【纯色】单选框，其后的按钮呈活动状态，这时可以打开调色板，用户可以在其中设置所需的背景颜色，如图1-5-18所示，选择好后在【选项】对话框中单击【确定】按钮，即可将页面背景设为如图1-5-19所示的颜色。

图1-5-18　选择背景颜色

图1-5-19 背景颜色效果

如果需要将位图图像设为背景，可以选择【位图】单选框，其后的【浏览…】按钮呈活动状态，如图1-5-20所示，单击该按钮会弹出【导入】对话框，用户可在其中选择要作为背景的文件，如图1-5-21所示。选择好后单击【导入】按钮，其中的【来源】选项呈活动状态，并且还显示了导入位图的路径，如图1-5-22所示，单击【确定】按钮，即可将选择的文件导入到新建文件中，并自动排列为文件的背景，这里将页面大小设置为120mm、118mm，如图1-5-23所示。

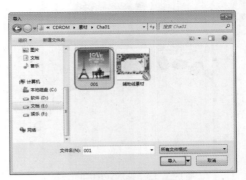

图1-5-21 【导入】对话框

图1-5-22 显示导入位图路径效果

图1-5-23 设置完背景后的效果

图1-5-20 【位图】单选框

> **提示**
>
> 在【导入】对话框中勾选【预览】复选框，可以对选择的图片进行预览。

小结

通过本章的学习，读者可以很快熟悉CorelDRAW 2017的操作方法，为后面的学习打下坚实的基础，本章的内容都是CorelDRAW 2017的基本操作知识，应熟练掌握。

第2章 CorelDRAW 2017的基本操作

本章将介绍CorelDRAW 2017的基本操作，其中主要包括常用的绘图工具、文字排版工具、立体化工具、阴影工具等，只有掌握这些工具的使用方法与应用，才能使我们在制作的过程中运用自如，并且能随意地修改制作的效果。

2.1 平面设计常用的绘图工具

在CorelDRAW中，用户可以根据需要利用一些形状工具绘制出各种图形、线条、箭头以及不同的图案等，本节将主要介绍平面设计中一些常用的绘图工具。

2.1.1 使用手绘工具绘制曲线

下面介绍使用手绘工具绘制曲线，操作步骤如下。

01 启动CorelDRAW 2017，新建一个空白文档，在工具箱中选择【手绘工具】，如图2-1-1所示。

图2-1-1 选择【手绘工具】

02 在绘图窗口中单击鼠标，并进行拖动，得到所需的长度与形状后松开左键，即可绘制出一条曲线（同时它还处于选择状态，这样便于用户对其进行修改），如图2-1-2所示。

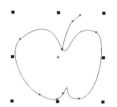

图2-1-2 绘制图形

同样，在CorelDRAW中，用户也可以使用手绘工具绘制直线或箭头，其具体操作步骤如下。

01 启动CorelDRAW 2017，在工具箱中选择【手绘工具】，在绘图窗口中单击鼠标，确定第一个点，如图2-1-3所示。

图2-1-3 确定直线的第一个点

02 然后再单击鼠标确定第二个点，然后使用同样的方法绘制其他直线，绘制后的效果如图2-1-4所示。

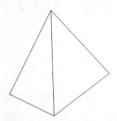

图2-1-4 绘制后的效果

提示：使用手绘工具绘制直线的过程中，如果配合Ctrl键进行绘制，即可将用手绘工具创建的线条限制为预定义的角度，称为限制角度。绘制垂直直线和水平直线时，此功能非常有用。

下面介绍使用手绘工具绘制箭头，其操作步骤如下所述。

01 在工具箱中选择【手绘工具】，然后再在属性栏的【终止箭头】选择器中选择所需的箭头，如图2-1-5所示。

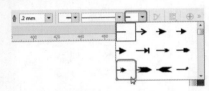

图2-1-5 选择箭头

02 选择好箭头后弹出【轮廓笔】对话框，在该对话框中勾选【图形】复选框，如图2-1-6所示。

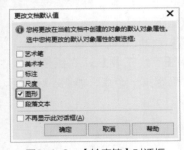

图2-1-6 【轮廓笔】对话框

03 然后单击【确定】按钮，再在属性栏中将轮廓宽度设置为2.5mm，在弹出的对话框中单击【确定】按钮，在绘图窗口中单击鼠标，确定第一个点，然后再单击鼠标，确定第二个点，即可绘制箭头，效果如图2-1-7所示。

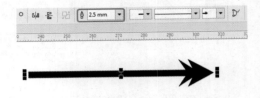

图2-1-7 绘制箭头

2.1.2 钢笔工具

在CorelDRAW中，利用【钢笔工具】可以绘制各种各样的直线、曲线，以及更多的复杂图形。如果在选择【钢笔工具】时没有在绘图窗口中选择任何对象，其属性中的部分选项将以灰暗显示，如果在画面中选择了对象以后，其属性栏中一些不可用的就成为活动可用动态，用户可以根据属性栏中的参数来改变选择对象的属性。

使用钢笔工具不仅可以绘制直线，还可以绘制曲线，在绘图窗口中单击确定第一个点，然后单击确定第二个点的同时拖曳鼠标，即可绘制曲线，同时会显示控制柄和控制点以便调节曲线的方向，双击或者按Esc键均可结束绘制。

下面将介绍使用【钢笔工具】绘制一些简单的图形，具体操作步骤如下。

01 启动CorelDRAW 2017，执行【文件】|【新建…】命令，打开【创建新文档】对话框，设置【宽度】为115mm，【高度】为108mm，如图2-1-8所示。

图2-1-8 【创建新文档】对话框

02 设置完成后，单击【确定】按钮，使用【矩形工具】绘制【宽度】和【高度】分别为115mm、108mm的矩形，将CMYK值设置为30、0、89、0，将【轮廓颜色】设置为"无"，如图2-1-9所示。

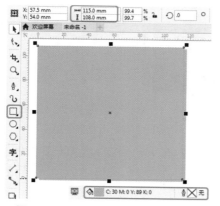

图2-1-9　设置矩形的填充和轮廓颜色

03 在工具箱中单击【钢笔工具】，在绘图窗口中绘制一个如图2-1-10所示的图形。

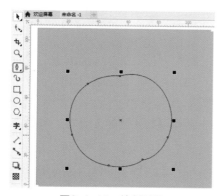

图2-1-10　绘制图形

04 按Shift+F11组合键，弹出【编辑填充】对话框，将CMYK值设置为0、20、80、0，单击【确定】按钮，如图2-1-11所示。

图2-1-11　设置填充颜色

05 在调色板上右键单击【无】按钮⊠，将图形的轮廓设置为无，如图2-1-12所示。

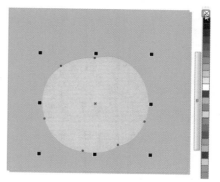

图2-1-12　设置轮廓颜色

06 使用【钢笔工具】绘制如图2-1-13所示的线段。

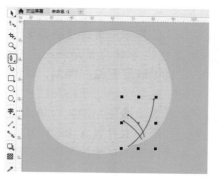

图2-1-13　绘制线段后的效果

07 选择绘制的线段，将轮廓宽度设置为0.3mm，如图2-1-14所示。

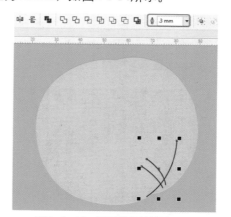

图2-1-14　设置线段的轮廓宽度

08 使用同样的方法绘制其他图形并填充颜色，完成后的效果如图2-1-15所示。

图2-1-15　绘制图形后的效果

2.1.3　椭圆工具

在CorelDRAW中，用户可以使用椭圆工具绘制出各种大小不同的椭圆、圆形、饼形以及弧等，如果绘图页中没有选择任何对象，在工具箱中选择【椭圆形工具】○，则属性栏中就会显示部分选项。用户可先在其中确定要绘制椭圆、饼图、弧线，以及饼图与弧线的起始和终止角度，然后再在画面中按住左键向对角拖动来绘制所需的图形；也可以直接在绘图页中按住左键向对角拖动来绘制所需的图形，如果对所绘制的图形形状与大小不满意，可在属性栏中进行更改。

下面介绍椭圆工具的使用方法。

01 继续上面的操作，在工具箱中单击【椭圆形工具】按钮○，在绘图窗口中绘制多个椭圆形，如图2-1-16所示。

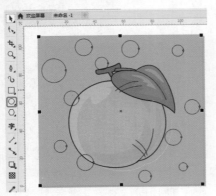

图2-1-16　绘制多个椭圆

02 选择绘制的所有椭圆，按Shift+F11组合键，弹出【编辑填充】对话框，将CMYK值设置为0、15、50、0，单击【确定】按钮，如图2-1-17所示。

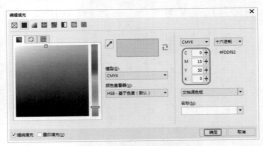

图2-1-17　设置填充颜色

03 在调色板上右击【无】按钮☒，将图形的轮廓设置为无，如图2-1-18所示。

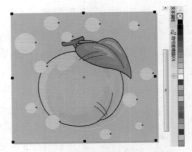

图2-1-18　设置椭圆的轮廓颜色

04 选择背景，右击，在弹出的快捷菜单中选择【锁定对象】命令，如图2-1-19所示。

图2-1-19　选择【锁定对象】命令

05 按住Shift键选择绘制的所有椭圆，右击，在弹出的快捷菜单中选择【顺序】|【置于此对象前…】命令，如图2-1-20所示。

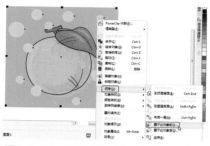

图2-1-20　选择【置于此对象前…】命令

> **提示**

　　当在工具箱中选择【椭圆形工具】时，配合键盘上的Ctrl键进行绘制，即可绘制正圆形。

　　06 当鼠标指针变为黑色箭头时，单击背景，如图2-1-21所示。

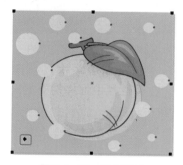

图2-1-21　单击背景

　　07 执行【置于此对象前…】命令后的效果如图2-1-22所示。

图2-1-22　执行【置于此对象前…】命令后的效果

2.1.4　星形工具的使用

　　本节将介绍星形工具的使用方法，在工具箱中选择【星形工具】，如果画面中没有选择任何对象，则属性栏中只有【点数或边数】和【锐度】中的选项为可用状态，可以在其中指定星形的边数与锐度，也可以直接在绘图窗口中绘制好星形后在属性栏中更改其大小、边数、位置与锐度等属性。使用星形工具的具体操作步骤如下。

　　01 启动CorelDRAW 2017，按Ctrl+N组合键，打开【创建新文档】对话框，设置【宽度】为62mm，【高度】为52mm，如图2-1-23所示。

图2-1-23　【创建新文档】对话框

　　02 设置完成后，单击【确定】按钮，单击属性栏上的【导入】按钮，导入素材图片"星星背景.jpg"导入后的效果如图2-1-24所示。

图2-1-24　导入素材文件

　　03 在工具箱中单击【星形工具】按钮，在绘图窗口中按住鼠标进行绘制，绘制后的效果如图2-1-25所示。

图2-1-25 绘制星形

04 将星形的填充颜色设置为白色，将轮廓颜色设置为无，如图2-1-26所示。

图2-1-26 设置填充和轮廓颜色

05 设置完成后，单击【确定】按钮，然后对星形进行复制以及调整，效果如图2-1-27所示。

图2-1-27 复制星形后的效果

2.1.5 标题形状工具的使用

本节将介绍标题形状工具的使用方法，其具体操作步骤如下。

01 启动CorelDRAW 2017，按Ctrl+N组合键，打开【创建新文档】对话框，设置【宽度】为496mm，【高度】为310mm，如图2-1-28所示。

02 设置完成后，单击【确定】按钮，再单击属性栏上的【导入】按钮，导入素材图片"003.jpg"后的效果如图2-1-29所示。

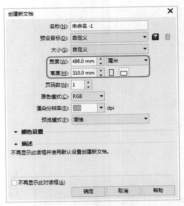

图2-1-28 【创建新文档】对话框

图2-1-29 导入的素材文件

03 在工具箱中单击【标题形状工具】，在属性栏中选择需要的形状，如图2-1-30所示。

图2-1-30 选择需要的形状

04 单击绘图窗口并进行绘制，释放鼠标后，即可绘制选中的图形，绘制后的效果如图2-1-31所示。

图2-1-31 绘制后的图形

05 将填充颜色设置为白色，在默认的 CMYK调色板中右击⊠色块，将轮廓设置为 无轮廓，设置后的效果如图2-1-32所示。

图2-1-32　填充颜色后的效果

06 在工具箱中单击【文本工具】按钮字，再单击绘制的图形，然后输入文字，将输入的文字选中，在属性栏中将字体设置为【汉仪书魂体简】，字体大小设置为48pt，如图2-1-33所示。

07 再次将文字选中，在默认的CMYK调色板中右击CMYK分别设为100、0、0、0的色块，然后在属性栏中将旋转角度设置为12.5，按Enter键确认，效果如图2-1-34所示。

图2-1-33　输入文字后的效果

图2-1-34　旋转角度后的效果

2.2 文字排版工具

CorelDRAW 2017为用户提供了强大的文字排版工具，用户只要通过对文字进行一些简单的修改，就能制作出灵活多变的、美观大方的版式。

2.2.1 编辑文本

本节将介绍如何编辑文本，具体操作步骤如下。

01 打开【编辑文本.cdr】素材文件，如图2-2-1所示。

02 选择文本对象，在属性栏中单击【编辑文本】按钮ab|，如图2-2-2所示。

图2-2-1　打开素材文件

图2-2-2　单击【编辑文本】按钮

03 单击该按钮后，即可打开【编辑文本】对话框，在该对话框中选中要设置的文字，在该对话框中将字体设置为【方正隶书简体】，如图2-2-3所示。

图2-2-3 【编辑文本】对话框

04 设置完成后，单击【确定】按钮，即可对文字进行修改，完成后的效果如图2-2-4所示。

图2-2-4 设置文字后的效果

2.2.2 段落文本

1. 输入段落文本

为了适应编排各种复杂版面的需要，CorelDRAW中的段落文本应用了排版系统的框架理念，可以任意地缩放、移动文字框架。

输入段落文本之前必须先画一个段落文本框。段落文本框可以是一个任意大小的矩形虚线框，输入的文本受文本框大小的限制。输入段落文本时如果文字超过了文本框的宽度，文字将自动换行。如果输入的文字量超过了文本框所能容纳的大小，那么超出的部分将会隐藏起来。输入段落文本的具体操作步骤如下。

01 打开【001.cdr】素材文件，如图2-2-5所示。

图2-2-5 导入素材文件

02 在工具箱中单击【文本工具】按钮 **字**，在绘图窗口中按住鼠标进行拖动，绘制一个文本框，如图2-2-6所示。

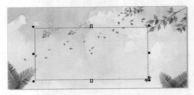

图2-2-6 绘制文本框

03 输入所需要的文本，在此文本框内输入的文本即为段落文本，设置字体和大小，如图2-2-7所示。

图2-2-7 输入文字

2. 段落文本框架的调整

如果创建的文本框架不能容纳所输入的文字内容，则可通过调整文本框架来解决。具体的操作步骤如下。

01 继续上面的操作，选择工具箱中的"选择工具"后，在绘图窗口中单击段落文本，将文本的框架范围和控制点显示出来。

02 按住文本框架上方的控制点 **口** 上下拖曳，即可增加或者缩短框架的长度，也可以拖曳其他的控制点来调整文本框架的大小。

03 如果文本框架下方正中的控制点变成 ▼ 形状，则表示文本框架中的文字没有完全显示出来，如图2-2-8所示；若框架下方正中的控制点呈 ◻ 形状，则表示文本框架内的文字已全部显示出来了，如图2-2-9所示。

图2-2-8　文字没有完全显示出来的效果

图2-2-9　文字全部显示出来的效果

3. 框架间文字的连接

将一个框架中隐藏的段落文本放到另一个框架中的具体操作步骤如下。

01 输入一段段落文本，并且文本框架没有将文字全部显示出来，单击工具箱中的【选择工具】，在文本框架正下方的控制点 ▼ 上单击，等指针变成 ⬛ 形状后，在页面的适当位置按住鼠标左键拖曳出一个矩形，如图2-2-10所示。

图2-2-10　拖曳出矩形框

02 松开鼠标，这时会出现另一个文本框架，未显示完的文字会自动地流向新的文本框架，如图2-2-11所示。

图2-2-11　连接后的效果

2.2.3　使文本适合路径

使用CorelDRAW中的文本适合路径功能，可以将文本对象嵌入到不同类型的路径中，使文字具有更多变化的外观。此外，还可以设定文字排列的方式、文字的走向及位置等。

1. 直接将文字填入路径

直接将文字填入路径的操作步骤如下。

01 启动CorelDRAW 2017，单击工具箱中的【基本形状工具】按钮 ⬚，在属性栏中选择需要的图形，如图2-2-12所示。

图2-2-12　选择图形

02 在绘图窗口中绘制一个心形，在工具属性栏中将旋转角度设置为13.2，绘制的心形如图2-2-13所示。

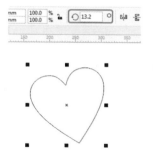

图2-2-13　绘制的心形

03 右击打开快捷菜单，选择【转换为曲线】命令，如图2-2-14所示。

图2-2-14　选择【转换为曲线】命令

04 在工具箱中单击【形状工具】按钮，在文档窗口中对其进行调整，调整后的效果如图2-2-15所示。

图2-2-15　调整心形形状

05 使用同样的方法绘制另外一个心形，并对其进行调整，调整后的效果如图2-2-16所示。

图2-2-16　绘制心形

06 选择两个心形对象，右击打开快捷菜单，选择【合并】命令，如图2-2-17所示。

图2-2-17　选择【合并】命令

07 选中合并后的心形，将CMYK值设置为0、96、15、0，如图2-2-18所示。

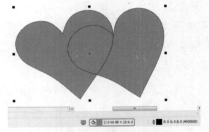

图2-2-18　填充颜色

08 在工具箱中单击【文本工具】按钮，然后移动鼠标指针到心形上，当鼠标指针变为时单击然后输入文字。输入文字后的效果如图2-2-19所示。

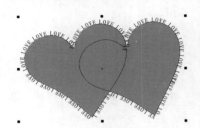

图2-2-19　输入文字

09 在属性栏中将字体设置为【汉仪书魂体简】，将字体大小设置为21pt，设置完成后的效果如图2-2-20所示。

图2-2-20　设置字体后的效果

2. 用鼠标将文字填入路径

通过拖曳鼠标右键的方式将文字填入路径的操作步骤如下。

01 继续上面的操作，将在路径中输入的文字删除，在工具箱中单击【文本工具】按钮，在心形的下方输入文字，如图2-2-21所示。

爱，伸出双手握不住，想你的夜晚没有你，只有，思念成灾一往情深的自己。就像一只孤独的大雁，周旋着缓慢的翅膀，望天也迷茫，望水也迷茫，春去了夏，夏走了秋，秋将来了冬，轮回中你依旧是我的唯一。

图2-2-21　输入文字

02 在工具箱中单击【选择工具】按钮，按住鼠标右键将文字拖曳到心形路径上，鼠标指针将变成如图2-2-22所示。

图2-2-22　拖动文字到路径上

03 松开鼠标，在弹出的快捷菜单中选择【使文本适合路径】命令，如图2-2-23所示。

图2-2-23　选择【使文本适合路径】命令

04 将该文字填入路径后，适当地调整文本的大小，效果如图2-2-24所示。

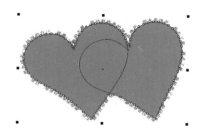

图2-2-24　将文字填入路径后的效果

3. 使用传统方式将文字填入路径

使用传统方式将文字填入路径的操作步骤如下。

01 在工具箱中单击【星形工具】☆，绘制一个星形，将填充颜色设置为黄色，将轮廓颜色设置为无，如图2-2-25所示。

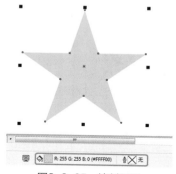

图2-2-25　绘制星形

02 使用【选择工具】选择要填入路径的文字，执行【文本】|【使文本适合路径】命令，如图2-2-26所示。

图2-2-26　选择【使文本适合路径】命令

03 执行该命令后，在星形上为文字指定与路径之间的距离，如图2-2-27所示。

图2-2-27　指定与路径之间的距离

04 设置好距离后，单击鼠标确认，即可将文字填入路径，完成后的效果如

图2-2-28所示。

图2-2-28　完成后的效果

2.2.4　文本适配图文框

当用户在段落文本框或者图形对象中输入文字后，其中的文字大小不会随文本框或者图形对象的大小而变化。为此可以通过【使文本适合框架】命令或者调整图形对象来让文本适合框架。

1. 使段落文本适合框架

要使段落文本适合框架，可以通过缩放字体大小使文字将框架填满，也可以选择菜单栏中的【文本】|【段落文本框】|【使文本适合框架】命令来实现。如果文字超出了文本框的范围，文字的字体会自动缩小以适应框架；如果文字未填满文本框，文字会自动放大填满框架；如果在段落文本里使用了不同的字体大小，将保留差别并相应地调整大小以填满框架；如果有链接的文本框使用该项命令，将调整所有链接的文本框中的文字直到填满这些文本框。具体的操作步骤如下。

01 打开【002.cdr】素材文件，如图2-2-29所示。

图2-2-29　打开素材文件

02 在工具箱中单击【选择工具】按钮，选中输入的文字后，右击鼠标，在弹出的快捷菜单中选择【使文本合适框架】命令，如图2-2-30所示。

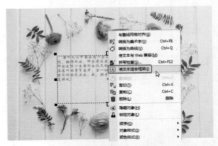

图2-2-30　选择【使文本合适框架】命令

03 执行该命令后，即可将选中的文字适合框架显示，如图2-2-31所示。

图2-2-31　使文本适合框架

2. 将段落文本置入对象中

"将段落文本置入对象中"顾名思义就是将段落文本嵌入到封闭的图形对象中，这样可以使文字的编排更加灵活多样。在图形对象中输入的文本对象，其属性和其他的文本对象一样，其具体的操作步骤如下。

01 继续上面的操作，在工具箱中单击【星形工具】按钮，绘制一个星形，如图2-2-32所示。

图2-2-32　绘制星形

02 在工具箱中单击【选择工具】按钮，选择要置入对象中的段落文本，右击将文本对象拖曳到绘制的星形上，当鼠标指针变成如图2-2-33所示的十字环状后释放鼠标，在弹出的快捷菜单中选择【内置文本】命令，如图2-2-34所示。

图2-2-33　移动文本

图2-2-34　选择【内置文本】命令

03 执行该命令后，即可将选中的文本置入到星形中，使用【文本工具】将文字选中，在属性栏中将字体大小设置为9pt，完成后的效果如图2-2-35所示。

图2-2-35　完成后的效果

3. 分隔对象与段落文本

将段落文本置入图形对象中后，文字将会随着图形对象的变化而变化。如果不想让图形对象和文本对象一起移动，则可分隔它们。具体的操作步骤如下。

01 继续上面的操作，选中星形，按Ctrl+K组合键。

02 执行该命令后，使用【选择工具】选择文本，然后将其移动，即可调整文本的位置，效果如图2-2-36所示。

图2-2-36　移动文本后的效果

2.3 立体化工具的使用

使用【立体化工具】 ![icon] 可以将简单的二维平面图形转换为立体化（即三维）效果。立体化效果会添加额外的表面，将简单的二维图形转换为三维效果。本节将对其进行简单的介绍。

下面来介绍立体化工具的属性栏。

(1) 在【立体化类型】下拉列表 ![box] 中可以选择所需的立体化类型。

(2) 在【深度】文本框 ![box] 中可以输入立体化延伸的长度。

(3) 在【灭点坐标】文本框  中可以输入所需的灭点坐标，从而达到更改

立化效果的目的。在【灭点属性】列表中可以选择所需的选项（例如，【锁到对象上的灭点】【锁到页上的灭点】【复制灭点，自……】【共享灭点】）来确定灭点位置与是否与其他立体化对象共享灭点等。

(4) 【页面或对象灭点】按钮❀：当【页面或对象灭点】按钮❀处于当前选择状态时移动灭点，它的坐标值是相对于对象的。

(5) 【立体的旋转】按钮❀：单击该按钮，将弹出一个面板，用户可以直接拖动3字圆形按钮，来调整立体的方向；也可以在其中单击人按钮，面板将自动变成旋转值面板，用户可以在其中输入所需的旋转值，来调整立体的方向，如果返回到3字按钮面板，请再次单击右下方的人按钮。

(6) 【立体化颜色】按钮❀：如果用户需要更改立体化的颜色，可以单击【立体化颜色】按钮，弹出【颜色】面板，用户可以在其中编辑与选择所需的颜色。用户可以在该面板中通过单击【使用对象填充】按钮❏、【使用纯色】按钮❏与【使用递减的颜色】按钮❀来设置所需的颜色。如果选择的立体化效果设置了斜角，则可以在其中设置所需的斜角边颜色。

(7) 【立体化倾斜】按钮❀：单击该按钮，弹出一个面板，用户可以在其中选择【使用斜角修饰边】选项，然后在其中的文本框中输入所需的斜角深度与角度来设定斜角修饰边，也可以勾选【只显示斜角修饰边】复选框，只显示斜角修饰边。

(8) 【立体化照明】按钮❀：单击该按钮，将弹出一个面板，用户可以在左边单击相应的光源来为立体化对象添加光源，用户还可以设定光源的强度，以及是否使用全色范围。

下面将介绍立体模型的创建。

01 打开【003.cdr】素材文件，如图2-3-1所示。

图2-3-1 导入素材文件

02 单击工具箱中的【文本工具】按钮字，输入文本，在属性栏中将字体设置为【汉仪书魂体简】，将字体大小设置为160pt，如图2-3-2所示。

图2-3-2 输入文字

03 按Shift+F11组合键，弹出【编辑填充】对话框，将RGB值设置为249、245、14，单击【确定】按钮，如图2-3-3所示。

图2-3-3 设置填充颜色

04 单击工具箱中的【立体化工具】按钮❀，在绘图窗口中拖动鼠标，为文字添加立体化效果，单击【立体化颜色】按钮，在弹出的下拉列表中选择【使用递减的颜色】按钮，将【从：】的RGB值设置为249、15、65，将【到：】的RGB值设置为237、212、71，如图2-3-4所示。

图2-3-4 添加立体化效果后的文字

05 最终效果如图2-3-5所示。

图2-3-5 最终效果

2.4 为对象添加透视效果

通过缩短对象的一边或两边，可以创建透视效果。这种效果使对象看起来像是沿一个或两个方向后退，从而产生单点透视或两点透视效果。

在对象或群组对象中可以添加透视效果。在链接的群组（例如轮廓图、调和、立体模型和用艺术笔工具创建的对象）中也可以添加透视效果。

在应用透视效果后，可以把它复制到图形中的其他对象中进行调整，或从对象中移除透视效果。

2.4.1 制作立方体

下面通过立体化工具制作立方体效果。

01 启动CorelDRAW 2017，新建一个空白文档，单击工具箱中的【矩形工具】按钮□，绘制一个高度和宽度都为29mm的矩形，如图2-4-1所示。

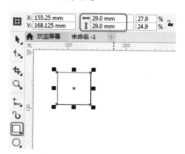

图2-4-1 绘制矩形

02 选中绘制的矩形，在默认的CMYK调色板中单击CMYK分别为100、0、0、0的色块，单击工具箱中的【轮廓笔】按钮，在弹出的快捷菜单中选择0.1mm，如图2-4-2所示。

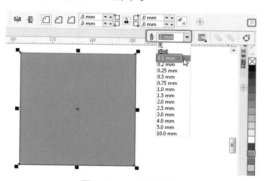

图2-4-2 填充颜色

03 使用同样的方法绘制其他矩形，并填充不同的颜色，如图2-4-3所示。

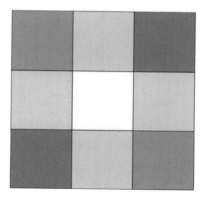

图2-4-3 绘制其他矩形后的效果

04 选中绘制的矩形，按Ctrl+G组合键将其成组，单击工具箱中的【矩形工具】按钮▢，沿着成组的矩形绘制一个矩形，如图2-4-4所示。

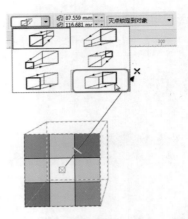

图2-4-5 选择立体化类型

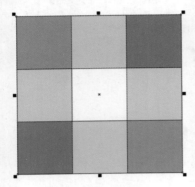

图2-4-4 绘制矩形

05 再在工具箱中单击【立体化工具】按钮▧，然后在创建的正方形上拖曳鼠标指针，为上面创建的正方形添加立体化效果，在属性栏【立体化类型】下拉列表中选择如图2-4-5所示的立体化类型，然后对立体化图形进行调整，调整后的效果如图2-4-6所示。

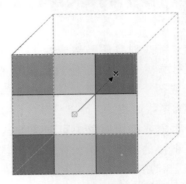

图2-4-6 添加立体化的效果

2.4.2 使用"添加透视"命令应用透视效果

使用【添加透视】命令，对图形进行调整，制作出立方体效果。

01 继续上面的操作，单击工具箱中的【选择工具】按钮，然后选择如图2-4-7所示的图形。

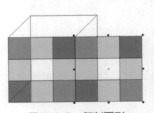

图2-4-8 复制图形

03 执行【效果】|【添加透视】命令，如图2-4-9所示。

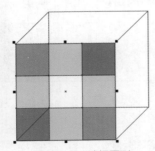

图2-4-7 选择图形

02 复制一个相同的图形，然后使用【选择工具】将其调整到合适的位置上，如图2-4-8所示。

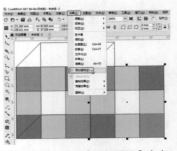

图2-4-9 执行【添加透视】命令

04 执行该命令后，即可在选择的对象中显示网格，然后拖动控制点，对控制点进行调整，调整后的效果如图2-4-10所示。

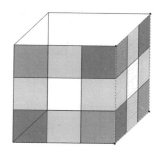

图2-4-10 调整后的效果

05 使用同样的方法为其他面添加成组的图形，效果如图2-4-11所示。

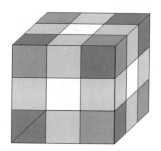

图2-4-11 完成后的效果

2.4.3 复制对象的透视效果

本节将介绍如何复制对象的透视效果，其具体操作步骤如下。

01 继续上面的操作，使用工具箱中的【选择工具】，选择正面的图案，按Ctrl+D组合键对其进行复制且调整对象的位置，复制后的效果如图2-4-12所示。

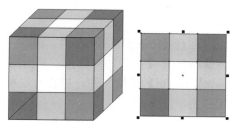

图2-4-12 复制后的效果

02 在菜单栏中选择【效果】|【复制

效果】|【建立透视点自】命令，如图2-4-13所示。

图2-4-13 选择【建立透视点自…】命令

03 执行该命令后，鼠标指针将呈箭头状，然后单击要复制的透视效果，如图2-4-14所示。

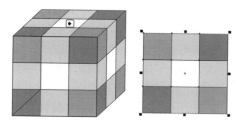

图2-4-14 单击要复制的透视效果

04 执行该操作后，即可完成复制透视效果，其效果如图2-4-15所示。

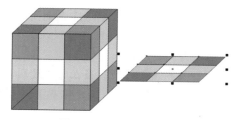

图2-4-15 复制透视效果

2.4.4 清除对象的透视效果

在CorelDRAW中，除了可以为对象添加透视效果外，还可以对透视效果进行清除，下面将介绍如何清除对象的透视效果，其具体操作步骤如下。

01 继续上面的操作，选择要清除透视效果的对象，执行【效果】|【清除透视点】命令，如图2-4-16所示。

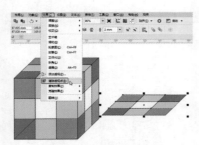

图2-4-16　执行【清除透视点】命令

02 执行该命令后，即可清除选中对象的透视效果，完成后的效果如图2-4-17所示。

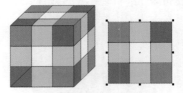

图2-4-17　清除透视效果

2.5　阴影工具

在CorelDRAW中，用户可以根据需要使用交互式阴影工具为对象添加阴影效果，并模拟光源照射对象时产生的阴影效果，除了可以为对象添加阴影以外，还可以根据需要对阴影进行编辑，本节将介绍阴影工具的使用方法。

下面对交互式阴影工具的属性栏进行简单的介绍。

(1) 【阴影偏移】选项：当在【预设列表】中选择【平面右上】【平面右下】、【平面左下】【平面左上】【大型辉光】【中等辉光】与【小型辉光】时，该选项呈活动可用状态，用户可以在其中输入所需的偏移值。

(2) 【阴影角度】选项：当在【预设列表】中选择【透视右上】【透视右下】【透视左上】与【透视左下】时，该选项呈活动可用状态，用户可以在其中输入所需的阴影角度值。

(3) 【阴影的不透明】选项：用户可以在其文本框中输入所需的阴影不透明度值。

(4) 【阴影羽化】选项：在其文本框中可以输入所需的阴影羽化值。

(5) 【羽化方向】按钮：用户可以在其下拉列表中选择所需的阴影羽化的方向。

(6) 【羽化边缘】按钮：用户可以在其下拉列表中选择羽化边缘的类型。

(7) 【阴影淡出】选项：在其文本框中可以设置阴影的淡出值，也可以通过拖动滑杆上的滑块来调整淡出值。

(8) 【阴影延展】选项：在其文本框中可以设置阴影的延伸值，也可以通过拖动滑杆上的滑块来调整延伸值。

(9) 【透明度操作】选项：在其下拉列表中可以为阴影设置各种所需的模式，例如，【常规】【添加】【减少】【差异】【乘】【除】【如果更亮】【如果更暗】【底纹化】【色度】【反显】【和】【或】【异或】【红】【绿】【蓝】等。

(10) 【阴影颜色】选项：在其下拉调色板中可以选择与设置所需的阴影颜色。

2.5.1　给对象添加阴影

下面将介绍如何为对象添加阴影效果，其具体操作步骤如下。

01 启动CorelDRAW 2017，按Ctrl+O组合键，打开【打开】对话框，打开【节日美女插画.cdr】素材文件，打开的效果如图2-5-1所示。

02 选择要添加阴影的对象，单击工具箱中的【阴影工具】按钮□，按住鼠标左键并拖动鼠标，为选中的对象添加阴影效果，如图2-5-2所示。

图2-5-1　打开素材文件

图2-5-2　添加阴影效果

2.5.2　编辑阴影

添加完阴影后，还可以对阴影进行编辑，其具体操作步骤如下。

01　在绘图页中将黑色控制柄向右下方拖动，调整阴影的位置，调整后如图2-5-3所示。

图2-5-3　调整阴影的位置

02　再在属性栏中单击【羽化方向】按钮，在弹出的【羽化方向】下拉列表

中选择【向内】选项，如图2-5-4所示。

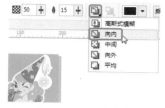

图2-5-4　选择羽化方向类型

03　在属性栏中将【阴影的不透明度】参数设置为74，效果如图2-5-5所示。

图2-5-5　设置阴影的不透明度

04　在其属性栏中单击【羽化边缘】按钮，然后在弹出的【羽化边缘】下拉列表中选择【反白方形】，如图2-5-6所示。

图2-5-6　设置羽化边缘后的效果

05　在属性栏中单击【阴影颜色】右侧的下三角按钮，在弹出的下拉列表中选择【显示调色板】，在弹出的对话框中将阴影颜色的CMYK参数设置为0、100、100、0，如图2-5-7所示。

06　设置完成后，单击【确定】按钮，单击空白处，取消对象的选择，更改阴影颜色后的效果如图2-5-8所示。

图2-5-7 设置阴影颜色

图2-5-8 更改阴影颜色后的效果

2.6 创建符号

符号只需要定义一次，就可以在多个场景中使用，从而大大地提高工作效率。本节将介绍如何创建符号，具体操作步骤如下。

01 打开【004.cdr】素材文件，如图2-6-1所示。

图2-6-1 打开的场景文件

02 单击工具箱中的【选择工具】按钮，选择要创建符号的对象，执行【编辑】|【符号】|【新建符号…】命令，如图2-6-2所示。

图2-6-2 选择【新建符号…】命令

03 执行该命令后，即可弹出【创建新符号】对话框，在该对话框中将【名称】命名为"花"，如图2-6-3所示。

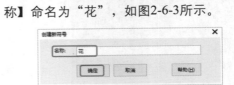

图2-6-3 【创建新符号】对话框

04 设置完成后，单击【确定】按钮，即可将选择的对象创建为符号，如图2-6-4所示，此时的选择控制柄呈蓝色显示。

图2-6-4 创建符号后的效果

05 执行【窗口】|【泊坞窗】|【符号管理器】命令，如图2-6-5所示。

06 在打开的【符号管理器】泊坞窗中可以看到创建的符号，如图2-6-6所示。添加完成符号后，用户可以根据需要在场景中插入该符号。

图2-6-5 选择【符号管理器】命令

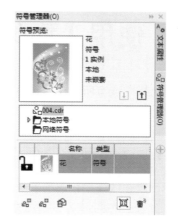

图2-6-6 【符号管理器】泊坞窗

2.7 标准填充

标准填充是CorelDRAW 2017中最基本的填充方式，它默认的调色板模式为CMYK模式。在进行标准填充之前，需要先选中要进行标准填充的对象，然后单击调色板中所需的颜色即可完成填充。本节将介绍如何为对象进行标准填充，具体操作步骤如下。

01 按Ctrl+O组合键，打开【005.cdr】素材文件，为了方便对象的选择，执行【窗口】|【泊坞窗】|【对象管理器】命令，打开【对象管理器】泊坞窗，选择如图2-7-1所示的对象。

02 在CMYK调色板中单击【白色】色块，即可为选择的对象填充该颜色，填充颜色后的效果如图2-7-2所示。

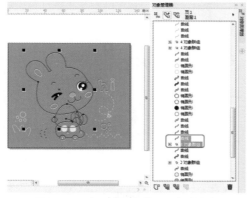

图2-7-1 打开【对象管理器】泊坞窗

图2-7-2 填充颜色

> ➔ **提示**
>
> 执行【窗口】|【调色板】命令，在其子菜单中集合了全部的CorelDRAW调色板。从中选择一项后，调色板就会立即出现在窗口的右侧。

2.8 使用【均匀填充】对话框

当调色板中没有所需要的颜色时，用户可以根据需要在【均匀填充】对话框中设置所需的颜色，下面介绍如何使用【均匀填充】对话框为对象填充颜色。

2.8.1 【模型】选项卡

用户可以在【模型】选项卡中任意地选择所需的色彩为图形填充。

01 继续2.7节的操作，选择蓝色的背景部分，如图2-8-1所示。

02 按Shift+F11组合键，弹出【编辑填充】对话框，选择【模型】选项卡，将CMYK值设置为0、0、20、0，单击【确定】按钮，如图2-8-2所示。

图2-8-1 选择蓝色背景

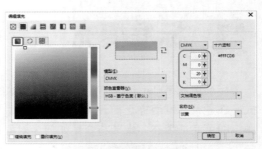

图2-8-2 设置填充颜色

03 更改背景颜色后的效果如图2-8-3所示。

图2-8-3 更改背景颜色后的效果

2.8.2 【混合器】选项卡

下面将介绍如何使用【混合器】选项卡设置填充颜色，具体操作步骤如下。

01 继续上面的操作，选择兔子的眼睛部分，如图2-8-4所示。

02 按Shift+F11组合键，在弹出的

【编辑填充】对话框中选择【混合器】选项卡，将CMYK值设置为0、60、60、40，单击【确定】按钮，如图2-8-5所示。

图2-8-4 选择对象

图2-8-5 设置填充颜色

突破平面 CorelDRAW 2017设计与制作剖析

03 即可为选中的对象填充所设置的颜色，效果如图2-8-6所示。

图2-8-6　填充颜色后的效果

2.8.3　【调色板】选项卡

本节将介绍如何使用【调色板】选项卡设置填充颜色。【调色板】选项卡和【混和器】选项卡基本相似。但它比【混和器】选项卡多了【淡色】滑动条。

01 继续上面的操作，选择如图2-8-7所示的对象。

02 按Shift+F11组合键，在弹出的对话框中选择【调色板】选项卡，在色谱上拖动滑块至适当位置，再在调色盒中选择一种颜色，或在【名称】文本框中输入"PANTONE 670 C"，如图2-8-8所示。

03 设置完成后，单击【确定】按钮，即可为选中的对象填充所设置的颜色，效果如图2-8-9所示。

图2-8-7　选择【01】对象

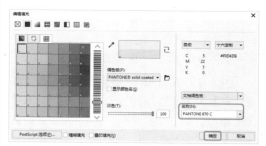

图2-8-8　设置颜色

图2-8-9　填充颜色后的效果

2.9 渐变填充

本节将介绍渐变填充的使用方法，渐变填充是给对象增加深度的两种或多种颜色的平滑渐变。渐变填充有4种类型：线性渐变、辐射渐变、圆锥渐变和正方形渐变。线性渐变填充沿着对象作直线流动，辐射渐变填充从对象中心向外辐射，圆锥渐变填充产生光线落在圆锥上的效果，而正方形渐变填充则以同心方形的形式从对象中心向外扩散。

可以为对象应用预设渐变填充、双色渐变填充和自定义渐变填充。自定义渐变填充可以包含两种或两种以上颜色，用户可以在填充渐变的任何位置定位这些颜色。创建自定义渐变填充之后，可以将其保存为预设。

应用渐变填充时，可以指定所选填充类型的属性；例如，填充的颜色调和方向、填充的角度、边界和中点。还可以通过指定渐变步长值来调整渐变填充的打印和显示质量。

下面将介绍如何使用双色渐变填充，其具体操作步骤如下。

01 按Ctrl+O组合键，打开【006.cdr】素材文件，选择藤蔓对象，如图2-9-1所示。

图2-9-1　打开的素材文件

02 按Shift+F11组合键，弹出【编辑填充】对话框，将0%位置处的CMYK值设置为77、51、99、13，将100%位置处的CMYK值设置为47、4、82、0，将旋转设置为84，单击【确定】按钮，如图2-9-2所示。

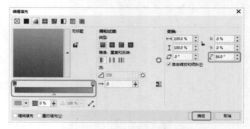

图2-9-2　打开的素材文件

03 设置渐变后效果如图2-9-3所示。

图2-9-3　打开的素材文件

2.10　图样填充

在CorelDRAW 2017中提供预设的图样填充，用户可以直接应用于对象，也可以更改图样填充的平铺大小。还可以通过设置平铺原点来准确指定这些填充的起始位置。本节将简单介绍图案填充的使用方法，其具体操作步骤如下。

01 继续上面的操作，选择如图2-10-1所示的花朵。

图2-10-1　选择对象

02 打开【编辑填充】对话框，单击【双色图样填充】按钮，参照图2-10-2设置参数，单击【确定】按钮。

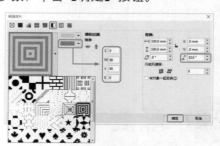

图2-10-2　选择图案设置参数

03 最终效果如图2-10-3所示。

图2-10-3　设置完成后的最终效果

2.11　底纹填充

在CorelDRAW中，用户可以根据需要为对象添加底纹填充，使用底纹填充可以赋予对象自然的外观，在CorelDRAW中提供了许多预设的底纹填充，而且每种底纹均有一组可以更改的选项，用户可以在【底纹填充】对话框中使用任一颜色或调色板中的颜色来自定义底纹填充，底纹填充只能包含RGB颜色。

01 启动CorelDRAW 2017，新建一个空白文档，单击工具箱中的【矩形工具】按钮，绘制一个【宽度】和【高度】为100mm的矩形，如图2-11-1所示。

图2-11-1　绘制矩形

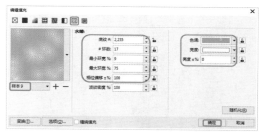

图2-11-2　设置底纹

02 打开【编辑填充】对话框，单击【底纹填充】按钮，打开【底纹填充】对话框，设置【底纹库】为样本9，在底纹列表框中选择【水蟒】，设置【底纹#】为2,235，【#环数】为17，【最小环宽】为9，【最大环宽】为75，将【相位偏移±%】设置为100，将【色调】的RGB值设置为10、194、255，【亮度】为白色，【亮度±%】为0，设置完成后，单击【确定】按钮，如图2-11-2所示。

03 右键单击调色板上的【透明色】按钮，取消轮廓颜色，效果如图2-11-3所示。

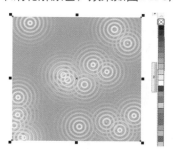

图2-11-3　填充底纹后的效果

2.12　交互式填充工具

使用交互式填充工具可以进行标准填充、双色图样填充、全色图样填充、位图图样填充、底纹填充和PostScript填充等。本节将介绍使用交互式填充工具为对象填充颜色，具体操作步骤如下。

01 打开【007.cdr】素材文件，如图2-11-4所示。

02 单击工具箱中的【文本工具】按钮字，输入文字，选中输入的文字，在属性栏中将字体设置为【汉仪书魂体简】，将字体大小设置为58pt，调整文字的位置，如图2-11-5所示。

图2-11-4　打开素材文件

图2-11-5　输入文字

03 单击工具箱中的【交互式填充工具】按钮  ，为选中的文字添加交互式填充，如图2-11-6所示。

图2-11-6　添加交互式填充

04 将左侧色块的CMYK值设置为0、

0、100、0，右侧色块的CMYK值设置为0、100、60、0，如图2-11-7所示。

图2-11-7　设置填充颜色

05 将鼠标指针放置在如图2-11-8所示的位置处双击，为其添加色块。

图2-11-8　添加色块

06 选中新添加的色块，将其CMYK值设置为0、100、0、0，效果如图2-11-9所示。

图2-11-9　完成后的效果

小结

本章介绍的内容都是CorelDRAW 2017中非常重要的知识，通过本章的学习，读者可以熟练地掌握CorelDRAW 2017。

第3章　基本绘图技巧

本章将学习基本绘图技巧。以大量小实例练习直线与曲线以及规则图形工具的绘图技巧。掌握绘图造型的技巧和填色技巧，为后面章节的学习奠定坚实的基础。

3.1　绘制卡通路标

3.1.1　技能分析

　　本节将介绍如何绘制卡通路标案例，本例的制作比较简单，主要用【钢笔工具】进行绘制并填充适合的颜色，最终达到完美的效果。

3.1.2　制作步骤

　　01 新建一个【宽】和【高】分别为171mm、128mm的新文档，按Ctrl+I组合键，弹出【导入】对话框。在弹出的对话框中选择【木板背景.jpg】素材文件，如图3-1-1所示。

图3-1-1　选择素材文件

　　02 单击【导入】按钮，将选中的素材文件导入到绘图页中，并调整其位置，效果如图3-1-2所示。

图3-1-2　导入素材文件

　　03 在工具箱中单击【钢笔工具】按钮，在绘图页中绘制一个图形，如图3-1-3所示。

图3-1-3　绘制图形

　　04 选中该图形，按Shift+F11组合键，在弹出的对话框中将RGB值设置为121、196、8，如图3-1-4所示。

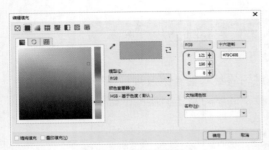

图3-1-4 设置均匀填充

05 设置完成后，单击【确定】按钮，继续选中该图形，按F12键，在弹出的对话框中将【颜色】的RGB值设置为67、122、20，将【宽度】设置为0.4mm，勾选【填充之后】复选框，如图3-1-5所示。

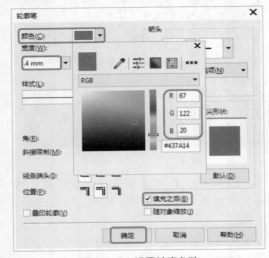

图3-1-5 设置轮廓参数

06 设置完成后，单击【确定】按钮，填充颜色并调整轮廓后的效果如图3-1-6所示。

图3-1-6 填充颜色并调整轮廓后的效果

07 在工具箱中单击【钢笔工具】，在绘图页中绘制一个图形，为其填充黑色，并取消轮廓色，效果如图3-1-7所示。

图3-1-7 绘制图形并填充黑色

08 在工具箱中单击【钢笔工具】按钮，在绘图页中绘制一个图形，如图3-1-8所示。

图3-1-8 绘制图形

09 选中绘制的图形，按Shift+F11组合键，在弹出的对话框中将RGB值设置为117、84、39，如图3-1-9所示。

图3-1-9 设置均匀填充

10 设置完成后，单击【确定】按钮，在默认调色板中右键单击⊠按钮，取消轮廓色，并调整其位置，效果如图3-1-10所示。

图3-1-10　填充颜色并取消轮廓色后的效果

11 在工具箱中单击【钢笔工具】按钮，在绘图页中绘制如图3-1-11所示的图形，为其填充黑色，并取消轮廓，效果如图3-1-11所示。

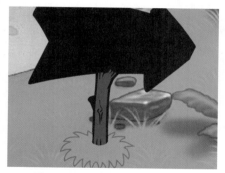

图3-1-11　绘制图形并填充颜色

12 在工具箱中单击【钢笔工具】按钮，在绘图页中绘制如图3-1-12所示的图形，将其填充颜色的RGB值设置为67、122、20，取消其轮廓色，如图3-1-12所示。

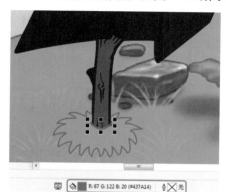

图3-1-12　绘制图形并填充颜色

13 在工具箱中单击【钢笔工具】按钮，在绘图页中绘制一个如图3-1-13所示的图形。

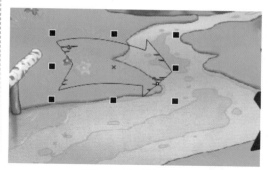

图3-1-13　绘制图形

14 选中该图形，按Shift+F11组合键，在弹出的对话框中将CMYK值设置为6、18、42、0，如图3-1-14所示。

图3-1-14　设置均匀填充

15 设置完成后，单击【确定】按钮，在默认调色板中右击⊠按钮，取消轮廓颜色，并在绘图页中调整该图形的位置，效果如图3-1-15所示。

图3-1-15　取消轮廓色并调整对象位置

16 使用钢笔工具在绘图页中绘制一个图形，将其填充颜色的CMYK值设置为2、25、53、0，取消轮廓，效果如图3-1-16所示。

图3-1-16 绘制图形并填充颜色

17 使用钢笔工具绘制一个如图3-17所示的图形，将其填充颜色的CMYK值设置为24、45、77、0，取消轮廓，效果如图3-1-17所示。

18 使用同样的方法绘制其他图形，并对其进行相应的设置，效果如图3-1-18所示。

图3-1-17 设置填充和轮廓颜色

图3-1-18 绘制图形并填充颜色

3.2 绘制卡通表情

3.2.1 技能分析

本案例将介绍如何绘制卡通表情，该案例主要通过【矩形工具】【钢笔工具】等来绘制表情的轮廓，然后通过为绘制的图形填充颜色来完成表情的制作。

3.2.2 制作步骤

01 按Ctrl+N组合键，弹出【创建新

文档】对话框，将【名称】设置为【卡通表情】，将【宽度】和【高度】设置为123mm，单击【确定】按钮，如图3-2-1所示。

02 在菜单栏中选择【布局】|【页面背景…】命令，如图3-2-2所示。

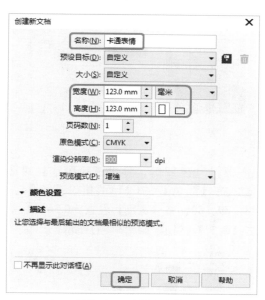

图3-2-1 创建新文档

图3-2-2 选择【页面背景…】选项

03 弹出【选项】对话框，勾选【纯色】复选框，将RGB值设置为14、168、228，单击【确定】按钮，如图3-2-3所示。

图3-2-3 设置纯色填充

04 使用【钢笔工具】绘制脸部轮廓，如图3-2-4所示。

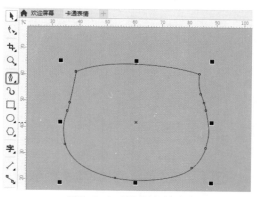

图3-2-4 绘制脸部轮廓

05 按Shift+F11组合键，弹出【编辑填充】对话框，将RGB值设置为253、196、129，单击【确定】按钮，如图3-2-5所示。

图3-2-5 设置填充颜色

06 将轮廓颜色设置为无，如图3-2-6所示。

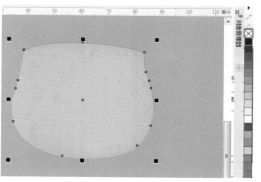

图3-2-6 设置轮廓颜色

07 使用【钢笔工具】绘制图形，如图3-2-7所示。

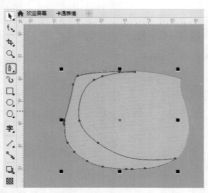

图3-2-7 绘制图形

08 将填充颜色的RGB值设置为248、165、121，将轮廓颜色设置为无，如图3-2-8所示。

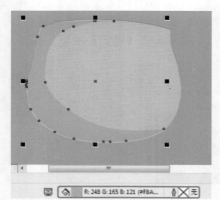

图3-2-8 设置填充和轮廓颜色

09 使用【钢笔工具】绘制眼睛部分，如图3-2-9所示。

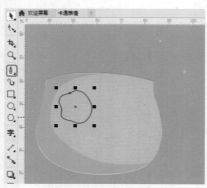

图3-2-9 绘制眼睛部分

10 按Shift+F11组合键，弹出【编辑填充】对话框，将RGB值设置为0、111、180，单击【确定】按钮，如图3-2-10所示。

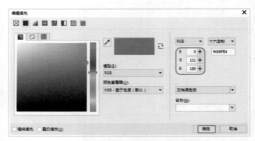

图3-2-10 设置填充颜色

11 按F12键，弹出【轮廓笔】对话框，将【颜色】的CMYK值设置为93、88、89、80，将【宽度】设置为0.5mm，单击【确定】按钮，如图3-2-11所示。

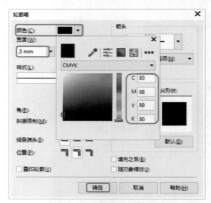

图3-2-11 设置轮廓颜色和宽度

12 使用【钢笔工具】绘制图形并将其颜色设置为白色，如图3-2-12所示。

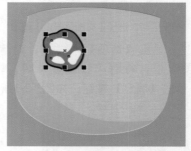

图3-2-12 设置完成后的效果

13 使用同样的方法绘制眼睛和嘴巴部分，如图3-2-13所示。

14 使用【钢笔工具】绘制如图3-2-14所示的图形。

15 将填充颜色的RGB值设置为240、90、40，将轮廓颜色设置为无，如图3-2-15所示。

突破平面 CoreIDRAW 2017设计与制作剖析

图3-2-13　绘制完成后的效果

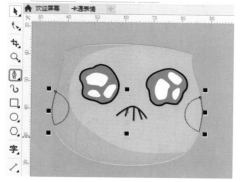

图3-2-14　绘制图形

图3-2-15　设置填充和轮廓颜色

16 使用【钢笔工具】绘制脸部线条，将轮廓宽度设置为0.75mm，如图3-2-16所示。

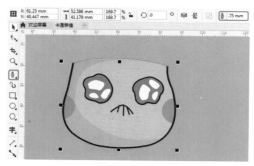

图3-2-16　绘制脸部线条

17 使用【钢笔工具】绘制图形，将填充颜色的CMYK值设置为0、41、54、0，将轮廓颜色设置为无，如图3-2-17所示。

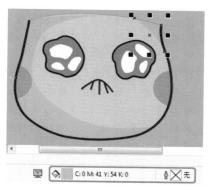

图3-2-17　设置填充和轮廓颜色

18 使用【钢笔工具】绘制图形，将填充颜色的RGB值设置为90、178、179，将轮廓颜色设置为无，如图3-2-18所示。

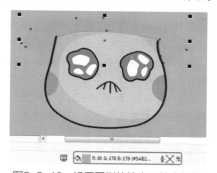

图3-2-18　设置图形的填充和轮廓颜色

19 使用【钢笔工具】绘制图形，将填充颜色的RGB值设置为0、72、84，将轮廓颜色设置为无，如图3-2-19所示。

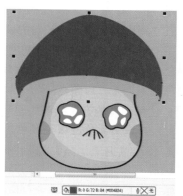

图3-2-19　设置图形的填充和轮廓颜色

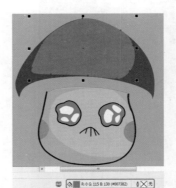

图3-2-20 设置图形的填充和轮廓颜色

图3-2-21 制作其他部分

图3-2-22 设置图形的填充和轮廓颜色

知识链接

面部是最有效的表情器官，面部表情的发展在根本上来源于价值关系的发展，人类面部表情的丰富性来源于人类价值关系的多样性和复杂性。人的面部表情主要表现为眼、嘴、鼻、面部肌肉的变化。

眼：眼睛是心灵的窗户，能够最直接、最完整、最深刻、最丰富地表现人的精神状态和内心活动，它能够冲破习俗的约束，自由地沟通彼此的心灵，能够创造无形的、适宜的情绪气氛，代替词汇贫乏的表达，促成无声的对话，使两颗心相互进行神秘的、直接的窥探。眼睛通常是情感的第一个自发表达者，透过眼睛可以看出一个人是欢乐还是忧伤，是烦恼还是悠闲，是厌恶还是喜欢。

嘴：嘴部表情主要体现在口形变化上。伤心时嘴角下撇，欢快时嘴角提升，委屈时撅起嘴巴，惊讶时张口结舌，忿恨时咬牙切齿，忍耐痛苦时咬住下唇。

鼻：厌恶时耸起鼻子，轻蔑时嗤之以鼻，愤怒时鼻孔张大，鼻翕抖动；紧张时鼻腔收缩，屏息敛气。

面部：面部肌肉松弛表明心情愉快、轻松、舒畅，肌肉紧张表明痛苦、严峻、严肃。

一般来说，面部各个器官是一个有机整体，协调一致地表达出同一种情感。当人感到尴尬、有难言之隐或想有所掩饰时，其五官将出现复杂而不和谐的表情。

20 使用【钢笔工具】绘制图形，将填充颜色的RGB值设置为0、115、130，将轮廓颜色设置为无，如图3-2-20所示。

21 使用同样的方法绘制如图3-2-21所示的图形，并设置对象的填充颜色。

22 使用【钢笔工具】绘制图形，将填充颜色的RGB值设置为72、123、106，将轮廓颜色设置为无，如图3-2-22所示。

23 使用【钢笔工具】绘制头部的线段部分，将轮廓宽度设置为0.75mm，最终效果如图3-2-23所示。

图3-2-23 最终效果

3.3 绘制播放器按钮

3.3.1 技能分析

制作本例的主要目的是使读者了解并掌握如何在CorelDRAW 2017软件中绘制播放器按钮。先利用【椭圆工具】和【渐变填充工具】绘制出播放器按钮的立体效果，再使用【钢笔工具】绘制音符图形，在绘制中使用【渐变填充】和【透明度工具】等制作出按钮的各种效果，从而完成最终效果。

3.3.2 制作步骤

01 按Ctrl+N组合键，在弹出的【创建新文档】对话框中输入【名称】为【播放器按钮】，将【宽度】设置为170mm，将【高度】设置为55mm，将【原色模式】设置为CMYK，将【渲染分辨率】设置为300dpi，然后单击【确定】按钮，如图3-3-1所示。

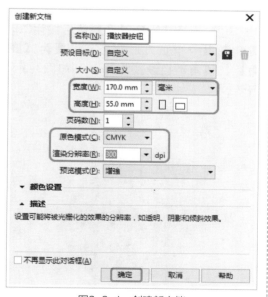

图3-3-1 创建新文档

02 在工具箱中选择【椭圆形工具】，在绘图页中按住【Ctrl】键绘制正圆，如图3-3-2所示。

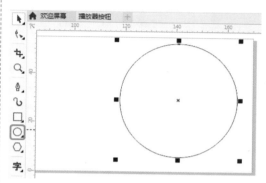

图3-3-2 绘制正圆

03 选择绘制的正圆，按Shift+F11组合键弹出【编辑填充】对话框，将左侧节点的RGB值设置为239、239、242，在50%位置处的RGB值设置为176、176、186，将右侧节点的CMYK值设置为0、0、0、0，在【变换】选项组中，将旋转设置为38°，单击【确定】按钮，如图3-3-3所示。

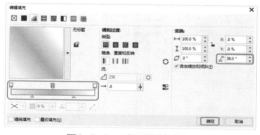

图3-3-3 对正圆进行设置

04 按F12键，弹出【轮廓笔】对话框，将【颜色】的CMYK值设置为65、56、53、2，将【宽度】设置为【细线】，单击【确定】按钮，如图3-3-4所示。

05 用上述方法再绘制一个正圆，调整位置，如图3-3-5所示。

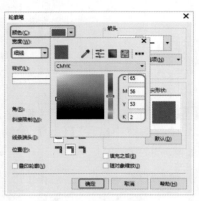

图3-3-4 设置轮廓颜色

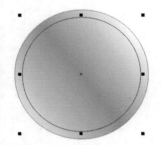

图3-3-5 绘制正圆

06 选择绘制的正圆，按Shift+F11组合键弹出【编辑填充】对话框，将左侧节点的RGB值设置为72、180、252，将右侧节点的CMYK值设置为0、0、0、0，在【变换】选项组中，将旋转设置为303°，单击【确定】按钮，如图3-3-6所示。

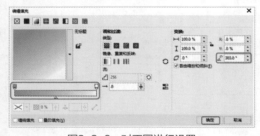

图3-3-6 对正圆进行设置

07 将颜色的CMYK值设置为65、56、53、2，将【宽度】设置为【细线】，利用【钢笔工具】绘制图形，如图3-3-7所示。

08 选中此图形，将其轮廓宽度设置为无，按Shift+F11组合键弹出【编辑填充】对话框，将第一个节点的RGB值设置

为5、156、254，在17%的位置添加一个节点将其节点的RGB值设置为5、156、254，在41%的位置添加一个节点将其节点的RGB值设置为69、188、245，在70%的位置添加一个节点将其节点的RGB值设置为132、210、251，将最后一个节点的RGB值设置为64、186、245，在【变换】选项组中，将旋转设置为24.9°，单击【确定】按钮，如图3-3-8所示。

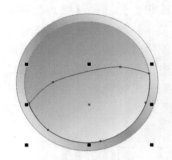

图3-3-7 绘制图形

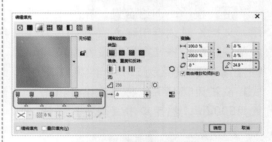

图3-3-8 对图形进行设置

09 选择【矩形工具】然后按住Ctrl键绘制出一个正方形，将其设置为【圆角】，转角半径设置为2mm，如图3-3-9所示。

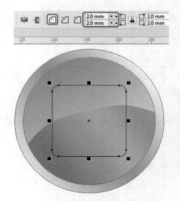

图3-3-9 绘制圆角正方形

10 选择此图形，将其轮廓宽度设置为无，将其填充颜色设置为白色，完成后的效果如图3-3-10所示。

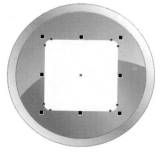

图3-3-10　完成后的效果

11 用上述同样的方法再次绘制出一个圆角正方形，完成后的效果如图3-3-11所示。

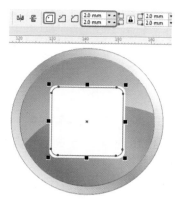

图3-3-11　绘制图形

12 选择此图形，将其轮廓宽度设置为无，按Shift+F11组合键弹出【编辑填充】对话框，将左侧节点的RGB值设置为216、216、216，将右侧节点的CMYK值设置为0、0、0、0，在【变换】选项组中，将旋转设置为306°，单击【确定】按钮，如图3-3-12所示。

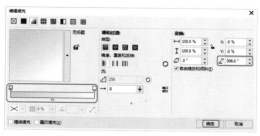

图3-3-12　对图形进行设置

13 完成后的效果如图3-3-13所示。

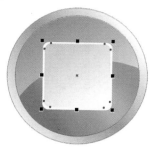

图3-3-13　完成后的效果

14 继续绘制图形，效果如图3-3-14所示。

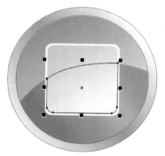

图3-3-14　绘制图形

15 选择此图形，将其轮廓宽度设置为无，按Shift+F11组合键弹出【编辑填充】对话框，将左侧节点的RGB值设置为175、175、174，将右侧节点的CMYK值设置为0、0、0、0，在【变换】选项组中，将旋转设置为290°，单击【确定】按钮，如图3-3-15所示。

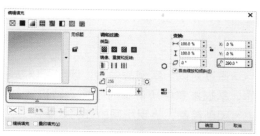

图3-3-15　对图形进行设置

16 继续绘制图形如图3-3-16所示。

17 选中此图形，将轮廓宽度设置为无，按Shift+F11组合键弹出【编辑填充】对话框，将RGB设置为3、208、255，单击【确定】按钮，如图3-3-17所示。

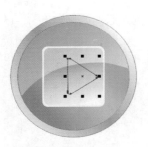

图3-3-16　绘制图形

图3-3-17　对图形进行设置

18 完成后的效果如图3-3-18所示。

图3-3-18　完成后的效果

19 选中图形对其进行阴影设置，将其阴影角度设置为269，阴影延展设置为50，阴影淡出设置为0，阴影的不透明度设置为50，阴影羽化设置为15，羽化方向设

置为"平均"，阴影颜色设置为黑色，如图3-3-19所示。

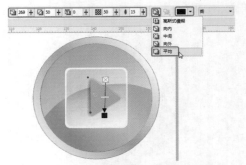

图3-3-19　对其图形进行阴影设置

20 使用【矩形工具】绘制矩形，然后添加相同的阴影效果，如图3-3-20所示。

图3-3-20　添加阴影效果

21 使用同样的方法制作其他播放器，效果如图3-3-21所示。

图3-3-21　播放器效果

小结

通过对以上案例的学习，读者可以掌握和了解CorelDRAW 2017的基本绘图技巧和操作，掌握本章中所讲解的各种工具和命令的使用方法，可以在以后熟练使用CorelDRAW进行图画绘制，表现所需的任何效果。

第4章 插画绘图技巧

无论是传统画笔，还是使用电脑绘制插画，插画的绘制都是一个相对比较独立的创作过程，有很强烈的个人情感表现。使用CorelDRAW 2017软件进行插画绘制，通过对绘图技巧的应用，可以在绘制过程中将创作表现具象，也可抽象，创作的自由度极高。

4.1 绘制可爱女孩儿

4.1.1 技能分析

本节案例将介绍可爱女孩儿插画的绘制，首先使用基本绘图工具绘制女孩儿，然后导入背景图片，完成最终效果的制作。

4.1.2 制作步骤

01 按Ctrl+N组合键，在弹出的【创建新文档】对话框中输入【名称】为【可爱女孩】，将【宽度】设置为55mm，将【高度】设置为82mm，然后单击【确定】按钮，如图4-1-1所示。

图4-1-1 创建新文档

02 在工具箱中单击【钢笔工具】按钮，在绘图页中绘制图形，如图4-1-2所示。

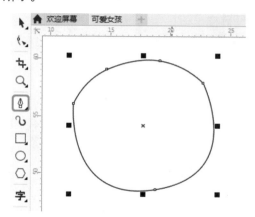

图4-1-2 绘制图形

03 选择绘制的图形，按Shift+F11组合键弹出【编辑填充】对话框，将CMYK值设置为0、26、31、0，单击【确定】按钮，如图4-1-3所示。

图4-1-3 设置颜色

04 为绘制的图形填充该颜色后，在默认CMYK调色板上右击⊠色块，取消轮廓线的填充，然后使用同样的方法，继续绘制图形并填充颜色，效果如图4-1-4所示。

图4-1-4　绘制图形并填充颜色

05 在工具箱中单击【钢笔工具】按钮，在绘图页中绘制图形，如图4-1-5所示。

图4-1-5　绘制图形

06 选择绘制的图形，按Shift+F11组合键弹出【编辑填充】对话框，将左侧节点的CMYK值设置为0、49、47、0，在77%位置处添加一个节点，将其CMYK值设置为0、26、31、0，将右侧节点的CMYK值设置为0、26、31、0，在【变换】选项组中，将旋转设置为27°，单击【确定】按钮，如图4-1-6所示。

07 为绘制的图形填充该颜色后，在默认CMYK调色板上右击⊠色块，取消轮廓线的填充，然后使用同样的方法，继续绘制图形并填充渐变颜色，效果如图4-1-7所示。

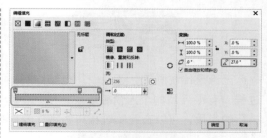

图4-1-6　设置渐变颜色

图4-1-7　绘制图形并填充渐变颜色

08 在工具箱中单击【钢笔工具】按钮，在绘图页中绘制图形，并为绘制的图形填充黑色，然后取消轮廓线的填充，如图4-1-8所示。

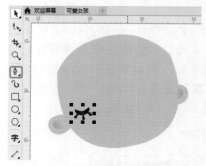

图4-1-8　绘制图形并填充黑色

09 然后在绘图页中绘制其他图形，并填充颜色，效果如图4-1-9所示。

图4-1-9　绘制图形并填充颜色

10 在工具箱中单击【椭圆形工具】按钮○，在按住Ctrl键的同时绘制正圆，如图4-1-10所示。

图4-1-10　绘制正圆

11 选择绘制的正圆，按Shift+F11组合键弹出【编辑填充】对话框，将CMYK值设置为14、87、53、0，单击【确定】按钮，如图4-1-11所示。

图4-1-11　设置颜色

12 为绘制的正圆填充该颜色后，并取消轮廓线的填充。然后在工具箱中单击【透明度工具】按钮▨，在属性栏中单击【渐变透明度】按钮▨，然后单击【椭圆形渐变透明度】按钮▨，并调整节点的位置，添加透明度后的效果如图4-1-12所示。

图4-1-12　添加透明度

13 然后按Ctrl+D组合键复制添加透明度后的正圆，效果如图4-1-13所示。

图4-1-13　复制正圆

14 继续复制正圆，并在绘图页中调整复制后的正圆的位置，效果如图4-1-14所示。

图4-1-14　复制正圆并调整位置

15 在工具箱中单击【钢笔工具】按钮，在绘图页中绘制图形，作为头发，效果如图4-1-15所示。

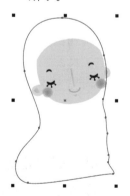

图4-1-15　绘制图形

16 选择绘制的图形，按Shift+F11组合键弹出【编辑填充】对话框，将左侧节点的CMYK值设置为44、69、100、5，将右侧节点的CMYK值设置为54、80、100、31，在【变换】选项组中，取消勾选【自由缩放和倾斜】复选框，将填充宽度设置为34%，将旋转设置为65°，单击【确定】按钮，如图4-1-16所示。

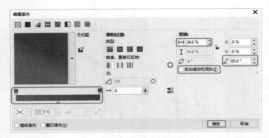

图4-1-16　设置渐变颜色

17 为绘制的图形填充该颜色后，取消轮廓线的填充。然后右击图形，在弹出的快捷菜单中选择【顺序】|【到图层后面】命令，如图4-1-17所示。

图4-1-17　选择【到图层后面】命令

18 调整图形的排列顺序后，使用同样的方法制作出前面的图形，然后在工具箱中单击【钢笔工具】按钮，在绘图页中绘制图形，如图4-1-18所示。

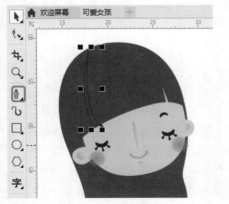

图4-1-18　绘制图形

19 选择绘制的图形，按Shift+F11组

合键弹出【编辑填充】对话框，将左侧节点的CMYK值设置为29、46、100、0，将右侧节点的CMYK值设置为49、71、100、13，在【变换】选项组中，取消勾选【自由缩放和倾斜】复选框，将填充宽度设置为114%，将旋转设置为86°，单击【确定】按钮，如图4-1-19所示。

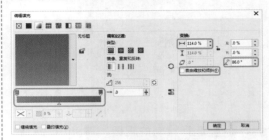

图4-1-19　设置渐变颜色

20 为绘制的图形填充该颜色后，取消轮廓线的填充。使用同样的方法，继续绘制图形并填充渐变颜色，效果如图4-1-20所示。

图4-1-20　绘制图形并填充渐变颜色

21 在工具箱中单击【钢笔工具】按钮，在绘图页中绘制出女孩儿的脖子，填充颜色与脸部相同，然后绘制女孩儿的裙子图形，如图4-1-21所示。

22 选择绘制的图形，按Shift+F11组合键弹出【编辑填充】对话框，将左侧节点的CMYK值设置为0、91、0、0，将右侧节点的CMYK值设置为2、0、16、0，在【变换】选项组中，取消勾选【自由缩放和倾斜】复选框，将填充宽度设置为25%，

突破平面 CorelDRAW 2017设计与制作剖析

将旋转设置为88°，单击【确定】按钮，如图4-1-22所示。

图4-1-21 绘制图形

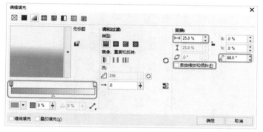

图4-1-22 设置渐变颜色

23 为绘制的图形填充该颜色后，取消轮廓线的填充。继续使用【钢笔工具】✒在绘图页中绘制图形，如图4-1-23所示。

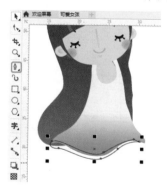

图4-1-23 绘制图形

24 选择绘制的图形，按Shift+F11组合键弹出【编辑填充】对话框，将左侧节点的CMYK值设置为0、100、62、0，将右侧节点的CMYK值设置为6、11、79、0，在【变换】选项组中，取消勾选【自由缩放和倾斜】复选框，将填充宽度设置为

52%，将旋转设置为-69°，单击【确定】按钮，如图4-1-24所示。

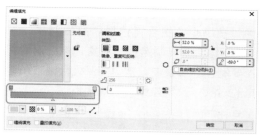

图4-1-24 设置渐变颜色

25 为绘制的图形填充该颜色后，取消轮廓线的填充。然后在图形上右击，在弹出的快捷菜单中选择【顺序】|【置于此对象后…】命令，如图4-1-25所示。

图4-1-25 选择【置于此对象后…】命令

26 当鼠标指针变为 ➤ 时，单击裙子，然后在绘图页中绘制女孩儿的四肢，并填充颜色，效果如图4-1-26所示。

图4-1-26 绘制完成后的效果

27 使用【阴影工具】，对腿部添加阴影效果，如图4-1-27所示。

28 打开【可爱女孩背景.cdr】素材文件，按Ctrl+A组合键选择所有的对象，按Ctrl+C组合键复制选择的对象，然后返回到当前制作的场景中，按Ctrl+V组合键粘贴选择的对象，效果如图4-1-28所示。

图4-1-29　选择【到图层后面】命令

图4-1-27　添加阴影效果　图4-1-28　复制对象

29 在复制的对象上右击，在弹出的快捷菜单中选择【顺序】|【到图层后面】命令，如图4-1-29所示。

30 调整复制对象的排列顺序后，调整卡通女孩儿的位置，最终效果如图4-1-30所示。

图4-1-30　最终效果

4.2　绘制时尚少女

4.2.1　技能分析

本例将介绍时尚少女插画的绘制，该插画的核心部分也是最难的部分在少女的头部，然后绘制身子并添加背景，从而完成最终制作。

4.2.2　制作步骤

01 按Ctrl+N组合键，在弹出的【创建新文档】对话框中输入【名称】为【时尚少女】，将【宽度】设置为151mm，将【高度】设置为152mm，然后单击【确定】按钮，如图4-2-1所示。

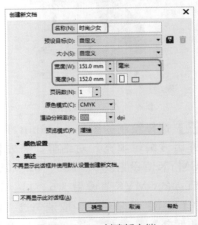

图4-2-1　创建新文档

突破平面　CorelDRAW 2017设计与制作剖析

02 在工具箱中选择【钢笔工具】，在绘图页中绘制图形，如图4-2-2所示。

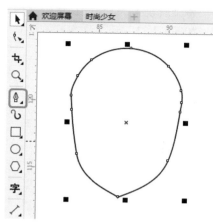

图4-2-2 绘制图形

03 选择绘制的图形，按Shift+F11组合键弹出【编辑填充】对话框，将CMYK值设置为0、25、30、0，单击【确定】按钮，如图4-2-3所示。

图4-2-3 设置颜色

04 为绘制的图形填充该颜色后，取消轮廓线的填充，然后继续绘制图形并为其填充颜色，效果如图4-2-4所示。

图4-2-4 绘制图形并填充颜色

05 在工具箱中选择【椭圆形工具】，在按住Ctrl键的同时绘制正圆，如图4-2-5所示。

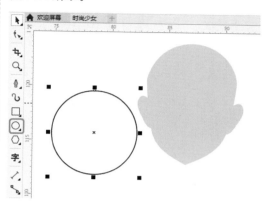

图4-2-5 绘制正圆

06 选择绘制的正圆，按Shift+F11组合键弹出【编辑填充】对话框，在【调和过渡】选项组中单击【椭圆形渐变填充】按钮，然后将左侧节点的CMYK值设置为0、0、0、0，将右侧节点的CMYK值设置为0、33、24、0，单击【确定】按钮，如图4-2-6所示。

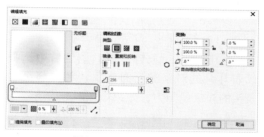

图4-2-6 设置渐变颜色

07 为绘制的正圆填充该颜色后，取消轮廓线的填充，然后在工具箱中选择【透明度工具】，在属性栏中单击【均匀透明度】按钮，将合并模式设置为【减少】，将透明度设置为0，加透明度后的效果如图4-2-7所示。

08 然后按Ctrl+D组合键复制正圆，并在绘图页中调整两个正圆的位置，效果如图4-2-8所示。

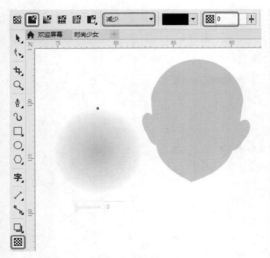

图4-2-7　添加透明度

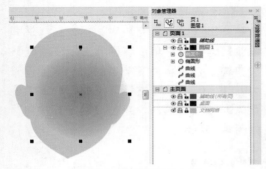

图4-2-8　复制并调整正圆

09 在【对象管理器】泊坞窗中选择代表耳朵的对象和正圆对象，将其移至代表头的对象的下方，效果如图4-2-9所示。

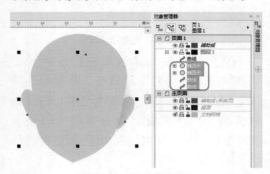

图4-2-9　调整排列顺序

10 在工具箱中选择【钢笔工具】，在绘图页中绘制眉毛，如图 4-2-10 所示。

11 选择绘制的图形，按Shift+F11组合键弹出【编辑填充】对话框，将左侧节点的CMYK值设置为29、47、49、0，将

右侧节点的CMYK值设置为45、62、62、1，在【变换】选项组中，取消勾选【自由缩放和倾斜】复选框，将填充宽度设置为52%，将旋转设置为152°，单击【确定】按钮，如图4-2-11所示。

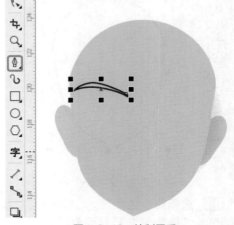

图4-2-10　绘制眉毛

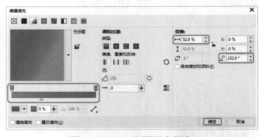

图4-2-11　设置渐变颜色

12 为绘制的眉毛填充该颜色后，取消轮廓线的填充，然后在工具箱中选择【钢笔工具】，在绘图页中绘制图形，如图4-2-12所示。

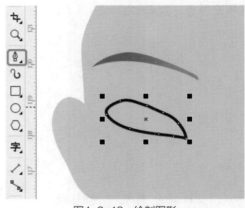

图4-2-12　绘制图形

CorelDRAW 2017设计与制作剖析

13 选择绘制的图形，按Shift+F11组合键弹出【编辑填充】对话框，在【调和过渡】选项组中单击【椭圆形渐变填充】按钮，然后将左侧节点的CMYK值设置为0、0、0、0，将右侧节点的CMYK值设置为40、54、54、0，在【变换】选项组中，取消勾选【自由缩放和倾斜】复选框，将填充宽度设置为97%，将水平偏移设置为-1%，将垂直偏移设置为1.7%，单击【确定】按钮，如图4-2-13所示。

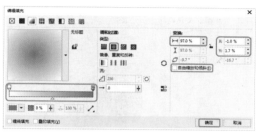

图4-2-13 设置渐变颜色

14 在工具箱中选择【钢笔工具】，在绘图页中绘制图形，并为其填充白色，然后取消轮廓线的填充，效果如图4-2-14所示。

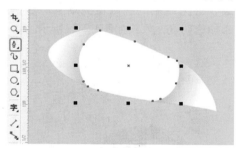

图4-2-14 绘制图形并填充白色

15 继续使用【钢笔工具】在绘图页中绘制图形，如图4-2-15所示。

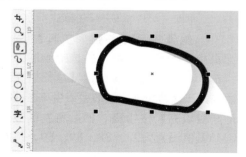

图4-2-15 绘制图形

16 选择绘制的图形，按Shift+F11组

合键弹出【编辑填充】对话框，在【调和过渡】选项组中单击【椭圆形渐变填充】按钮，然后将左侧节点的CMYK值设置为82、73、45、7，将右侧节点的CMYK值设置为84、62、40、1，在【变换】选项组中，取消勾选【自由缩放和倾斜】复选框，将填充宽度设置为99%，将水平偏移设置为0.6%，将垂直偏移设置为2.7%，单击【确定】按钮，如图4-2-16所示。

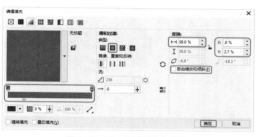

图4-2-16 设置渐变颜色

17 为绘制的图形填充颜色后，取消轮廓线的填充，然后在工具箱中选择【钢笔工具】，在绘图页中绘制图形，如图4-2-17所示。

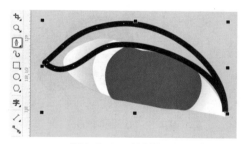

图4-2-17 绘制图形

18 选择绘制的图形，按Shift+F11组合键弹出【编辑填充】对话框，将CMYK值设置为55、75、85、24，单击【确定】按钮，如图4-2-18所示。

图4-2-18 设置颜色

19 为绘制的图形填充该颜色后，取消轮廓线的填充，然后在工具箱中选择【透明度工具】，在属性栏中单击【均匀透明度】按钮，将合并模式设置为【乘】，将透明度设置为42，添加透明度后的效果如图4-2-19所示。

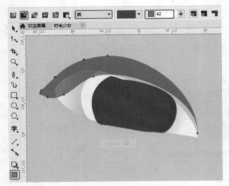

图4-2-19　添加透明度

20 在工具箱中选择【椭圆形工具】，在绘图页中绘制椭圆，效果如图4-2-20所示。

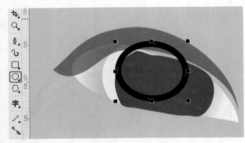

图4-2-20　绘制椭圆

21 选择绘制的椭圆，按Shift+F11组合键弹出【编辑填充】对话框，在【调和过渡】选项组中单击【椭圆形渐变填充】按钮，然后将左侧节点的CMYK值设置为0、0、0、0，将右侧节点的CMYK值设置为74、73、81、51，在【变换】选项组中，取消勾选【自由缩放和倾斜】复选框，将填充宽度设置为107%，将水平偏移设置为0.04%，将垂直偏移设置为0.03%，单击【确定】按钮，如图4-2-21所示。

22 为绘制的椭圆填充该颜色后，取消轮廓线的填充，然后在工具箱中选择【透明度工具】，在属性栏中单击【均匀透明度】按钮，将合并模式设置为【减少】，将透明度设置为27，添加透明度后的效果如图4-2-22所示。

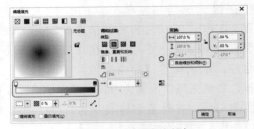

图4-2-21　设置渐变颜色

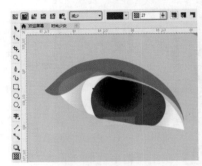

图4-2-22　添加透明度

23 使用同样的方法，继续绘制两个椭圆，并为绘制的椭圆填充渐变颜色，然后添加透明度，效果如图4-2-23所示。

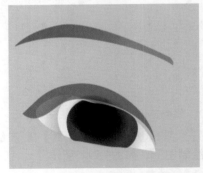

图4-2-23　绘制并编辑椭圆

24 继续使用【椭圆形工具】在绘图页中绘制一个正圆，并选择绘制的正圆，按Shift+F11组合键弹出【编辑填充】对话框，在【调和过渡】选项组中单击【椭圆形渐变填充】按钮，然后将左侧节点的CMYK值设置为93、88、89、80，将右侧节点的CMYK值设置为0、0、0、0，在【变换】选项组中，取消勾选【自由缩放

突破平面 CorelDRAW 2017设计与制作剖析

和倾斜】复选框，将填充宽度设置为93%，单击【确定】按钮，如图4-2-24所示。

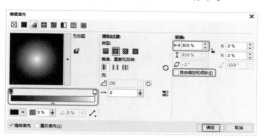

图4-2-24　设置渐变颜色

25 为绘制的正圆填充该颜色后，取消轮廓线的填充，然后在工具箱中选择【透明度工具】▧，在属性栏中单击【均匀透明度】按钮▩，将合并模式设置为【屏幕】，将透明度设置为0，添加透明度后的效果如图4-2-25所示。

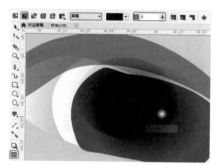

图4-2-25　添加透明度

26 然后按Ctrl+D组合键复制正圆，并在绘图页中调整其位置，效果如图4-2-26所示。

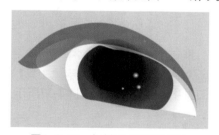

图4-2-26　复制正圆并调整位置

27 使用【钢笔工具】▧绘制图形，并为绘制的图形填充CMYK值为38、51、49、0的颜色，然后取消轮廓线的填充，效果如图4-2-27所示。

28 在工具箱中选择【钢笔工具】▧，在绘图页中绘制图形，如图 4-2-28 所示。

图4-2-27　绘制图形并填充颜色

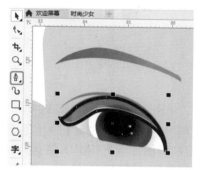

图4-2-28　绘制图形

29 选择绘制的图形，按Shift+F11组合键弹出【编辑填充】对话框，将CMYK值设置为73、85、84、67，单击【确定】按钮，如图4-2-29所示。

图4-2-29　设置颜色

30 为绘制的图形填充颜色后，取消轮廓线的填充。继续使用【钢笔工具】▧绘制图形，并填充颜色，效果如图4-2-30所示。

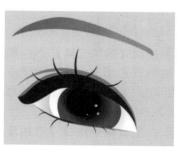

图4-2-30　绘制图形并填充颜色

31 选择眉毛和眼睛对象，并水平镜像复制选择的对象，然后在绘图页中调整其位置和旋转角度，效果如图4-2-31所示。

图4-2-31 水平镜像复制对象

32 使用【钢笔工具】 ✎ 绘制图形，并为绘制的图形填充CMYK值为38、53、51、0的颜色，然后取消轮廓线的填充，效果如图4-2-32所示。

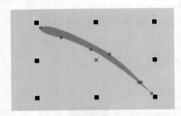

图4-2-32 绘制图形并填充颜色

33 选择新绘制的图形，并水平镜像复制选择的对象，然后在绘图页中调整其位置和旋转角度，效果如图4-2-33所示。

图4-2-33 水平镜像复制对象

34 使用【钢笔工具】 ✎ 绘制图形，并为绘制的图形填充CMYK值为0、40、31、0的颜色，然后取消轮廓线的填充，效果如图4-2-34所示。

35 在工具箱中选择【透明度工具】 ▦ ，在属性栏中单击【均匀透明度】按钮

，将合并模设置为【乘】，将透明度设置为68，添加透明度后的效果如图4-2-35所示。

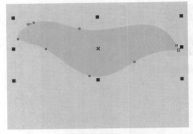

图4-2-34 绘制图形并填充颜色

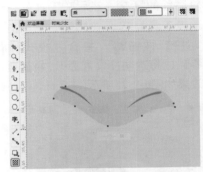

图4-2-35 添加透明度

36 使用前面介绍的方法，继续绘制图形并添加透明度，效果如图4-2-36所示。

图4-2-36 绘制图形并添加透明度

37 在工具箱中选择【钢笔工具】 ✎ ，在绘图页中绘制图形，如图4-2-37所示。

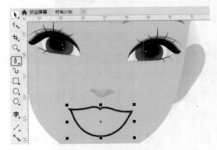

图4-2-37 绘制图形

38 选择绘制的图形，按Shift+F11组合键弹出【编辑填充】对话框，将CMYK值设置为0、60、33、0，单击【确定】按钮，如图4-2-38所示。

图4-2-38　设置颜色

39 为绘制的图形填充该颜色后，取消轮廓线的填充，然后在工具箱中选择【网状填充工具】☶，在绘图页中选择如图4-2-39所示的节点，并将该节点的CMYK值设置为0、75、44、0。

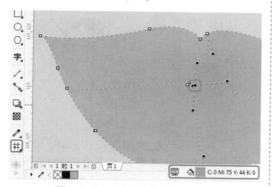

图4-2-39　选择节点并填充颜色

40 然后选择如图4-2-40所示的节点，为其填充CMYK值为0、60、33、0的颜色。

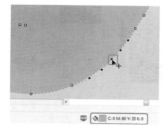

图4-2-40　为选择节点填充颜色

41 在绘图页中调整节点的位置，效果如图4-2-41所示。

42 使用【钢笔工具】☰绘制图形，并为绘制的图形填充CMYK值为38、53、

51、0的颜色，然后取消轮廓线的填充，效果如图4-2-42所示。

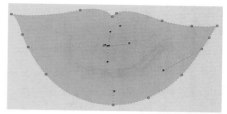

图4-2-41　调整节点位置

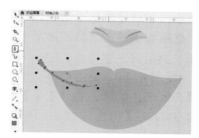

图4-2-42　绘制图形并填充颜色

43 选择新绘制的图形，并水平镜像复制选择的对象，然后在绘图页中调整其位置和旋转角度，效果如图4-2-43所示。

图4-2-43　水平镜像复制对象

44 使用【钢笔工具】☰绘制图形，并为绘制的图形填充白色，然后取消轮廓线的填充，效果如图4-2-44所示。

图4-2-44　绘制图形并填充颜色

45 在工具箱中选择【钢笔工具】☰，在绘图页中绘制图形，如图4-2-45所示。

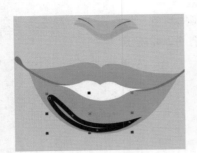

图4-2-45 绘制图形

46 选择绘制的图形，按Shift+F11组合键弹出【编辑填充】对话框，在【调和过渡】选项组中单击【椭圆形渐变填充】按钮，然后将左侧节点的CMYK值设置为93、88、89、80，将右侧节点的CMYK值设置为0、0、0、0，在【变换】选项组中，取消勾选【自由缩放和倾斜】复选框，将填充宽度设置为78%，单击【确定】按钮，如图4-2-46所示。

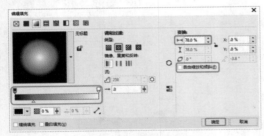

图4-2-46 设置渐变颜色

47 为绘制的图形填充该颜色后，并取消轮廓线的填充，然后在工具箱中选择【透明度工具】，在属性栏中单击【均匀透明度】按钮，将合并模式设置为【屏幕】，将透明度设置为0，添加透明度后的效果如图4-2-47所示。

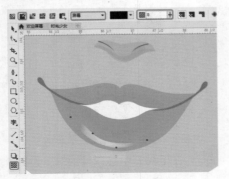

图4-2-47 添加透明度效果

48 使用同样的方法，继续绘制图形并添加透明度，效果如图4-2-48所示。

图4-2-48 绘制图形并添加透明度

49 在工具箱中选择【钢笔工具】，在绘图页中绘制图形，如图4-2-49所示。

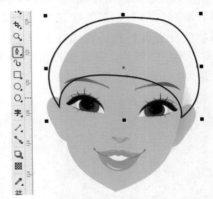

图4-2-49 绘制图形

50 选择绘制的图形，按Shift+F11组合键弹出【编辑填充】对话框，将CMYK值设置为67、97、100、65，单击【确定】按钮，如图4-2-50所示。

图4-2-50 设置颜色

51 为绘制的图形填充该颜色后，取消轮廓线的填充，使用同样的方法，继续绘制图形并填充颜色，然后将新绘制的图形移至最底层，效果如图4-2-51所示。

图4-2-51 绘制新图形

52 在工具箱中选择【钢笔工具】 👆 ，在绘图页中绘制裙子，效果如图4-52所示。

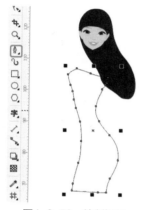

图4-2-52 绘制裙子

53 选择绘制的裙子，按Shift+F11组合键弹出【编辑填充】对话框，将CMYK值设置为1、100、100、0，单击【确定】按钮，如图4-2-53所示。

图4-2-53 设置颜色

54 为绘制的裙子填充该颜色后，取消轮廓线的填充，结合前面介绍的方法，绘制四肢，并调整四肢的排列顺序，效果如图4-2-54所示。

图4-2-54 绘制四肢

55 在工具箱中选择【钢笔工具】 👆 ，在绘图页中绘制鞋底，如图4-2-55所示。

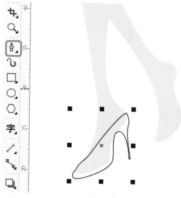

图4-2-55 绘制鞋底

56 选择绘制的鞋底，按Shift+F11组合键弹出【编辑填充】对话框，将CMYK值设置为55、84、100、37，单击【确定】按钮，如图4-2-56所示。

图4-2-56 设置颜色

57 为绘制的鞋底填充该颜色后，取消轮廓线的填充，然后在绘图页中绘制鞋面，并为绘制的鞋面填充黑色，取消轮廓线的填充，效果如图4-2-57所示。

图4-2-57　绘制鞋面

58 结合前面介绍的方法，绘制另一只高跟鞋，效果如图4-2-58所示。

图4-2-58　绘制另一只高跟鞋

59 然后使用【钢笔工具】✎绘制一缕头发，并填充颜色，效果如图4-2-59所示。

图4-2-59　绘制一缕头发

60 按Ctrl+O组合键弹出【打开绘图】对话框，在该对话框中选择随书附带光盘中的素材文件【时尚少女背景.cdr】，单击【打开】按钮，如图4-2-60所示。

61 打开选择的素材文件，按Ctrl+A组合键选择所有的对象，按Ctrl+C组合键复制选择的对象，然后返回到当前制作的

场景中，按Ctrl+V组合键粘贴选择的对象，右击复制的对象，在弹出的快捷菜单中选择【顺序】|【到图层后面】命令，如图4-2-61所示。

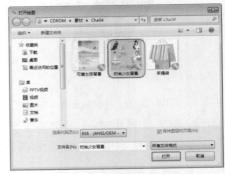

图4-2-60　选择素材文件

图4-2-61　选择【到图层后面】命令

62 调整复制对象的排列顺序后，效果如图4-2-62所示。

图4-2-62　调整顺序

63 按Ctrl+O组合键弹出【打开绘图】对话框，在该对话框中选择随书附带光盘中的素材文件【手提袋.cdr】，单击【打开】按钮，如图4-2-63所示。

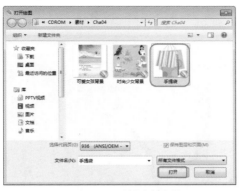

图4-2-63 选择素材文件

64 打开选择的素材文件，按Ctrl+A组合键选择所有的对象，按Ctrl+C组合键复制选择的对象，然后返回到当前制作的场景中，按Ctrl+V组合键粘贴选择的对象，调整素材文件的位置，最终效果如图4-2-64所示。

图4-2-64 最终效果

4.3 绘制卡通兔子

4.3.1 技能分析

本例将介绍卡通兔子的绘制，首先打开提供的素材，然后使用基本绘图工具绘制兔子，通过【编辑填充】对话框填充颜色，从而完成最终效果的制作。

4.3.2 制作步骤

01 打开【卡通兔子素材.cdr】素材文件，使用【钢笔工具】绘制兔子轮廓，如图4-3-1所示。

图4-3-1 绘制兔子轮廓

02 将填充颜色设置为白色，将轮廓颜色设置为无，如图4-3-2所示。

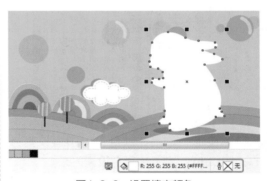

图4-3-2 设置填充颜色

03 使用【钢笔工具】绘制图形对象，如图4-3-3所示。

图4-3-3 绘制图形对象

04 按Shift+F11组合键，弹出【编辑填充】对话框，将RGB值设置为31、139、206，单击【确定】按钮，如图4-3-4所示。

图4-3-4 设置填充颜色

05 将轮廓颜色设置为无，如图4-3-5所示。

图4-3-5 设置轮廓颜色

06 使用【钢笔工具】绘制如图4-3-6所示的图形，将填充颜色的RGB值设置为17、110、165，将轮廓颜色设置为无。

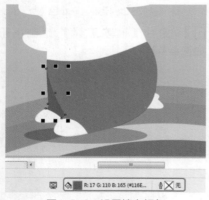

图4-3-6 设置填充颜色

07 使用【钢笔工具】绘制如图4-3-7所示的线段，将轮廓宽度设置为0.2mm。

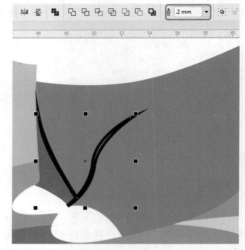

图4-3-7 绘制图形

08 将填充颜色和轮廓颜色的RGB值设置为61、125、186，如图4-3-8所示。

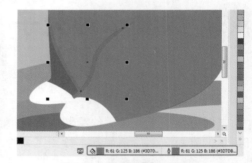

图4-3-8 设置填充和轮廓色

09 使用【钢笔工具】绘制如图4-3-9所示的图形，将填充颜色的RGB值设置为101、143、186，将轮廓颜色设置为无。

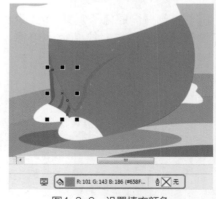

图4-3-9 设置填充颜色

10 使用【钢笔工具】绘制其他图形，如图4-3-10所示。

图4-3-10　绘制其他图形

11 按Shift+F11组合键，弹出【编辑填充】对话框，将RGB值设置为149、181、230，单击【确定】按钮，如图4-3-11所示。

图4-3-11　设置填充颜色

12 将轮廓颜色设置为无，如图4-3-12所示。

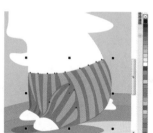

图4-3-12　设置轮廓颜色

13 选择如图4-3-13所示的线段，右击，在弹出的快捷菜单中选择【顺序】|【到图层前面】选项。

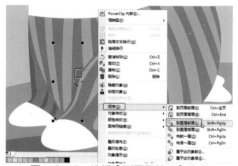

图4-3-13　选择【到图层前面】选项

14 使用【钢笔工具】，绘制阴影部分，将填充颜色的RGB值设置为207、205、206，将轮廓颜色设置为无，如图4-3-14所示。

图4-3-14　设置填充和轮廓颜色

15 使用【钢笔工具】绘制背带部分，将填充颜色的RGB值设置为122、190、232，将轮廓颜色设置为无，如图4-3-15所示。

图4-3-15　设置填充和轮廓颜色

16 使用【钢笔工具】绘制嘴巴和眼睛部分，将填充颜色设置为黑色，如图4-3-16所示。

图4-3-16　绘制嘴巴和眼睛部分

17 使用【椭圆工具】绘制椭圆，如图4-3-17所示。

图4-3-17　绘制椭圆

18 选择绘制的椭圆对象，按Shift+F11组合键，弹出【编辑填充】对话框，将CMYK值设置为0、20、10、0，单击【确定】按钮，如图4-3-18所示。

图4-3-18　设置填充颜色

19 按F12键，弹出【轮廓笔】对话框，将【颜色】的RGB值设置为236、154、151，将【宽度】设置为0.2mm，单击【确定】按钮，如图4-3-19所示。

图4-3-19　设置轮廓颜色和宽度

20 使用【钢笔工具】绘制如图4-3-20所示的图形。

21 按Shift+F11组合键，弹出【编辑填充】对话框，将RGB值设置为252、188、0，单击【确定】按钮，如图4-3-21所示。

图4-3-20　绘制图形

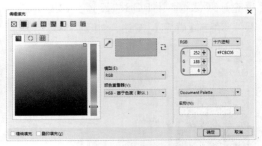

图4-3-21　设置填充颜色

22 将图形的轮廓颜色设置为无，如图4-3-22所示。

图4-3-22　设置轮廓颜色

23 右击图形，在弹出的快捷菜单中选择【顺序】|【置于此对象后…】选项，如图4-3-23所示。

图4-3-23　选择【置于此对象后…】选项

24 当鼠标指针变为黑色箭头时，单击兔子身体部分，如图4-3-24所示。

图4-3-24　单击兔子身体部分

25 使用【钢笔工具】绘制如图4-3-25所示的两条线段。

图4-3-25　绘制线段

26 按F12键，弹出【轮廓笔】对话框，将【颜色】的CMYK值设置为0、0、60、0，将【宽度】设置为0.2mm，单击【确定】按钮，如图4-3-26所示。

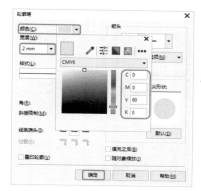

图4-3-26　设置轮廓颜色和宽度

27 最终效果如图4-3-27所示。

图4-3-27　最终效果

小结

通过对以上案例的学习，读者可以掌握和了解插画绘图的技巧应用和操作，掌握本章中所讲解的各种工具，并对工具的使用进行熟练应用和相互搭配使用，可以在绘制插画时绘制出高自由度的精美插画，而不受到任何限制。

第5章　写实绘图技巧

写实绘图是指将现实生活中的事物通过绘画的形式表现出来。使用CorelDRAW 2017软件进行写实绘画，可以非常方便地制作出高光效果，从而使事物更具真实感。

5.1　制作面具

5.1.1　技能分析

本案例将介绍如何绘制面具，本案例主要使用【钢笔工具】和【贝塞尔工具】绘制图形，然后为绘制的图形填充颜色。

5.1.2　制作步骤

01 按Ctrl+N组合键，弹出【创建新文档】对话框，将【名称】设置为【面具】，将【单位】设置为【毫米】，将【宽度】设置为670mm，将【高度】设置为305mm，将【原色模式】设置为RGB，单击【确定】按钮，如图5-1-1所示。

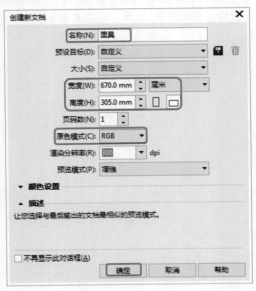

图5-1-1　创建新文档

02 在菜单栏中选择【文件】|【导入…】命令，如图5-1-2所示。

图5-1-2　选择【导入…】命令

03 弹出【导入】对话框，选择【面具背景.jpg】素材文件，单击【导入】按钮，如图5-1-3所示。

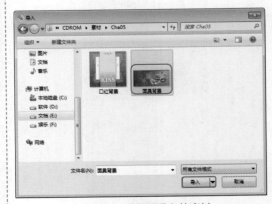

图5-1-3　选择要导入的素材

04 在文档中拖动鼠标进行绘制，将图片与文档对齐，如图5-1-4所示。

图5-1-4　导入后的效果

05 在空白位置处，使用【钢笔工具】，绘制如图5-1-5所示的图形对象。

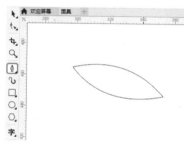

图5-1-5　绘制图形对象

06 按Shift+F11组合键，弹出【编辑填充】对话框，将RGB值设置为216、118、45，单击【确定】按钮，如图5-1-6所示。

图5-1-6　设置填充

07 右击调色板上的【透明色】按钮 ☒，取消轮廓颜色，如图5-1-7所示。

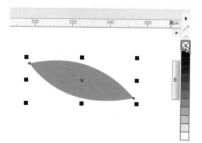

图5-1-7　设置轮廓颜色

08 使用【钢笔工具】，绘制如图5-1-8所示的图形对象。

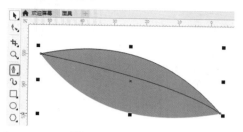

图5-1-8　绘制图形

09 将其填充颜色的RGB值设置为236、183、143，将轮廓颜色设置为无，如图5-1-9所示。

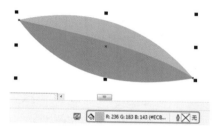

图5-1-9　设置填充和轮廓颜色

10 使用【钢笔工具】，绘制如图5-1-10所示的图形对象。

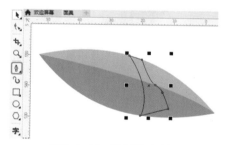

图5-1-10　绘制图形对象

11 将其填充颜色的RGB值设置为162、78、42，将轮廓颜色设置为无，如图5-1-11所示。

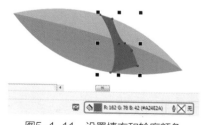

图5-1-11　设置填充和轮廓颜色

12 使用【钢笔工具】，绘制如图5-1-12所示的图形对象。

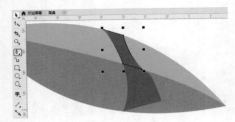

图5-1-12 绘制图形对象

13 将其填充颜色的RGB值设置为205、158、142，将轮廓颜色设置为无，如图5-1-13所示。

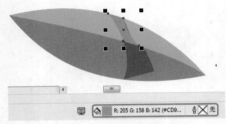

图5-1-13 设置填充和轮廓颜色

14 使用同样的方法，绘制图形，效果如图5-1-14所示。

图5-1-14 绘制完成后的效果

15 使用【贝塞尔工具】，绘制如图5-1-15所示的图形。

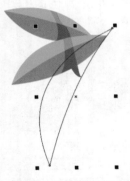

图5-1-15 绘制图形

16 按Shift+F11组合键，弹出【编辑填充】对话框，将左侧色块的RGB值设置为216、118、45，将右侧色块的RGB值设置为232、143、47，在【变换】选项组中取消勾选【自由缩放和倾斜】复选框，将填充宽度设置为340%，将水平偏移设置为-1.2%，将垂直偏移设置为-37%，将旋转设置为-101.6°，单击【确定】按钮，如图5-1-16所示。

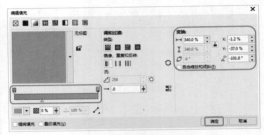

图5-1-16 设置渐变填充

17 右击调色板上的【透明色】按钮，取消轮廓颜色，如图5-1-17所示。

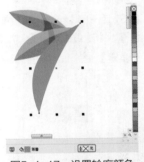

图5-1-17 设置轮廓颜色

18 使用【贝塞尔工具】，绘制如图5-1-18所示的图形。

图5-1-18 绘制图形

CorelDRAW 2017设计与制作剖析

19 将填充颜色的RGB值设置为236、183、143，将轮廓颜色设置为无，如图5-1-19所示。

图5-1-19 设置填充和轮廓颜色

20 选择绘制的两个图形对象，右击，在弹出的快捷菜单中选择【顺序】|【置于此对象后…】命令，如图5-1-20所示。

图5-1-20 选择【置于此对象后…】命令

21 在如图5-1-21所示的位置处单击。

图5-1-21 单击鼠标

22 调整完顺序后的效果如图5-1-22所示。

图5-1-22 调整后的效果

23 使用【钢笔工具】，绘制如图5-1-23所示的图形。

图5-1-23 绘制图形

24 按Shift+F11键，弹出【编辑填充】对话框，将左侧色块的RGB值设置为229、138、47，将右侧色块的RGB值设置为249、219、94，在【变换】选项组中取消勾选【自由缩放和倾斜】复选框，将填充宽度设置为110%，将水平偏移设置为0%，将垂直偏移设置为0%，将旋转设置为45.3°，单击【确定】按钮，如图5-1-24所示。

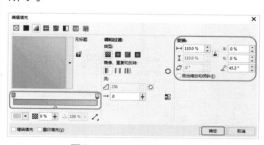

图5-1-24 设置渐变填充

25 将轮廓颜色设置为无，效果如图5-1-25所示。

图5-1-25 设置轮廓颜色

26 使用【钢笔工具】，绘制如图5-1-26所示的图形。

图5-1-26 绘制图形

27 按Shift+F11组合键，弹出【编辑填充】对话框，将左侧色块的RGB值设置为244、202、160，将右侧色块的RGB值设置为248、227、174，在【变换】选项组中取消勾选【自由缩放和倾斜】复选框，将填充宽度设置为290%，将水平偏移设置为-0.005%，将垂直偏移设置为0%，将【旋转】设置为19.6°，单击【确定】按钮，如图5-1-27所示。

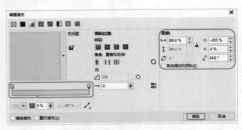

图5-1-27 设置渐变填充

28 将轮廓颜色设置为无，如图5-1-28所示。

图5-1-28 设置轮廓颜色

29 使用同样的方法，绘制如图5-1-29所示的图形对象。

图5-1-29 绘制图形

30 使用【钢笔工具】，绘制如图5-1-30所示的图形。

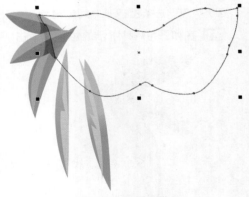

图5-1-30 绘制图形

31 按Shift+F11组合键，弹出【编辑填充】对话框，在【调和过渡】选项组中，设置【类型】为【椭圆形渐变填充】，将0%位置处色块的RGB值设置为236、178、55，将13%位置处的RGB值设置为236、178、55，将37%位置处色块的RGB值设置为229、124、78，将71%位置处的RGB值设置为244、214、110，将100%位置处色块的RGB值设置为246、207、88，在【变换】选项组中取消勾选【自由缩放和倾斜】复选框，将填充宽度设置为190%，将水平偏移设置为−39%，将垂直偏移设置为−34%，单击【确定】按钮，如图5-1-31所示。

提示

在【渐变填充】对话框的【自定义】渐变控制条上双击，可增加一个控制点，再次双击，即可删除该控制点。同时选中增加的控制点，可左右拖移控制该控制点颜色的影响范围。

34 按Shift+F11组合键，弹出【编辑填充】对话框，将RGB颜色值设置为248、221、192，单击【确定】按钮，如图5-1-34所示。

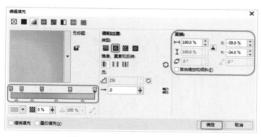

图5-1-31 设置渐变填充

图5-1-34 设置填充颜色

32 右击调色板上的【透明色】按钮⊠，取消轮廓颜色，如图5-1-32所示。

35 右击调色板上的【透明色】按钮⊠，取消轮廓颜色，如图5-1-35所示。

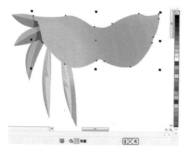

图5-1-32 设置轮廓颜色

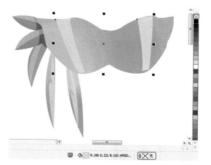

图5-1-35 设置轮廓颜色

33 使用【钢笔工具】，绘制如图5-1-33所示的图形。

36 使用【钢笔工具】，绘制如图5-1-36所示的图形。

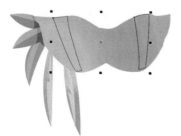

图5-1-33 绘制图形

图5-1-36 绘制图形

37 按Shift+F11组合键，弹出【编辑填充】对话框，将RGB值设置为20、85、151，单击【确定】按钮，如图5-1-37所示。

图5-1-37　设置填充颜色

38 右击调色板上的【透明色】按钮⊠，取消轮廓颜色，如图5-1-38所示。

图5-1-38　设置轮廓颜色

39 使用【钢笔工具】，绘制如图5-1-39所示的图形。

图5-1-39　绘制图形

40 按Shift+F11组合键，弹出【编辑填充】对话框，在【调和过渡】选项组中，设置【类型】为【椭圆形渐变填充】，将0%位置处色块的RGB值设置为126、161、199，将57%位置处的RGB值设置为58、133、191，将100%位置处色块的RGB值设置为10、121、189，在【变换】选项组中取消勾选【自由缩放和倾斜】复

选框，将填充宽度设置为136%，将水平偏移设置为10%，将垂直偏移设置为-30%，单击【确定】按钮，如图5-1-40所示。

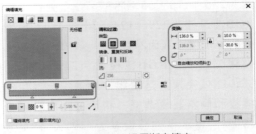

图5-1-40　设置渐变填充

41 将轮廓颜色设置为无，如图5-1-41所示。

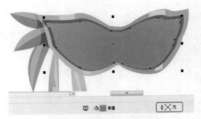

图5-1-41　设置轮廓颜色

42 使用【钢笔工具】，绘制图形，如图5-1-42所示。

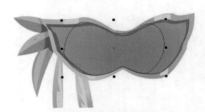

图5-1-42　绘制图形

43 按Shift+F11组合键，弹出【编辑填充】对话框，在【调和过渡】选项组中，设置【类型】为【椭圆形渐变填充】，将左侧色块的RGB值设置为14、109、177，将右侧色块的RGB值设置为0、159、227，在【变换】选项组中取消勾选【自由缩放和倾斜】复选框，将填充宽度设置为135%，将水平偏移设置为0.3%，将垂直偏移设置为31%，单击【确定】按钮，如图5-1-43所示。

44 将轮廓颜色设置为无，如图5-1-44所示。

突破平面 CorelDRAW 2017设计与制作剖析

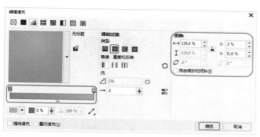

图5-1-43 设置渐变填充

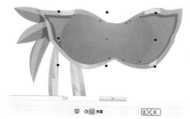

图5-1-44 设置轮廓颜色

45 使用【贝塞尔工具】，绘制图形如图5-1-45所示。

图5-1-45 绘制图形

46 按Shift+F11组合键，弹出【编辑填充】对话框，将左侧色块的RGB值设置为4、146、210，将右侧色块的RGB值设置为105、193、238，在【变换】选项组中取消勾选【自由缩放和倾斜】复选框，将填充宽度设置为142%，将水平偏移设置为-0.005%，将垂直偏移设置为-0.008%，将旋转设置为-46°，单击【确定】按钮，如图5-1-46所示。

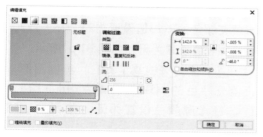

图5-1-46 设置渐变填充

47 将轮廓颜色设置为无，如图5-1-47所示。

图5-1-47 设置轮廓颜色

48 使用【贝塞尔工具】，绘制图形如图5-1-48所示。

图5-1-48 绘制图形

49 按Shift+F11组合键，弹出【编辑填充】对话框，将0%位置处色块的RGB值设置为236、178、55，将52%位置处的RGB值设置为241、221、132，将100%位置处色块的RGB值设置为246、207、88，在【变换】选项组中取消勾选【自由缩放和倾斜】复选框，将填充宽度设置为98%，将水平偏移设置为-0.8%，将垂直偏移设置为-0.86%，将旋转设置为7°，单击【确定】按钮，如图5-1-49所示。

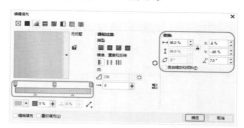

图5-1-49 设置渐变填充

50 将轮廓颜色设置为无，如图5-1-50所示。

51 使用【贝塞尔工具】，绘制图形，将填充颜色的RGB值设置为119、4、1，将轮廓颜色设置为无，如图5-1-51所示。

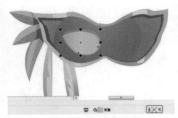

图5-1-50 设置轮廓颜色

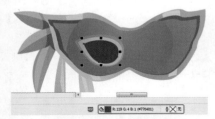

图5-1-51 设置填充和轮廓颜色

52 选择绘制的眼睛部分，在菜单栏中选择【编辑】|【克隆】命令，如图5-1-52所示。

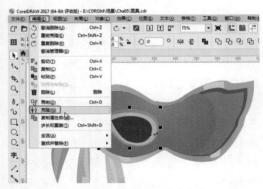

图5-1-52 选择【克隆】命令

53 然后在属性栏中单击【水平镜像】按钮，适当地调整对象的位置，如图5-1-53所示。

图5-1-53 调整后的效果

54 使用【钢笔工具】，绘制如图5-1-54所示的图形。

图5-1-54 绘制图形

55 按Shift+F11组合键，弹出【编辑填充】对话框，将左侧色块的RGB值设置为0、153、221，将右侧色块的RGB值设置为211、235、248，在【变换】选项组中取消勾选【自由缩放和倾斜】复选框，将填充宽度设置为80%，将水平偏移设置为0%，将垂直偏移设置为0%，将旋转设置为25.7°，单击【确定】按钮，如图5-1-55所示。

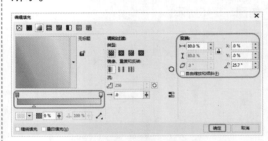

图5-1-55 设置渐变填充

56 将轮廓颜色设置为无，如图5-1-56所示。

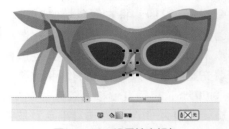

图5-1-56 设置轮廓颜色

57 使用【钢笔工具】，绘制图形，将填充颜色的RGB值设置为23、75、122，将轮廓颜色设置为无，如图5-1-57所示。

58 使用【钢笔工具】，绘制图形，将填充颜色的RGB值设置为144、128、79，将轮廓颜色设置为无，如图5-1-58所示。

图5-1-57　设置填充和轮廓颜色

图5-1-58　设置填充和轮廓颜色

59 打开【宝石.cdr】素材文件，如图5-1-59所示。

60 选择宝石对象，按Ctrl+C组合键，切换至【面具】文档中，按Ctrl+V组合键，将宝石进行粘贴，调整宝石的位置，如图5-1-60所示。

61 选择绘制的面具，调整对象的位置，效果如图5-1-61所示。

图5-1-59　打开素材文件

图5-1-60　粘贴后的效果

图5-1-61　最终效果

5.2　制作口红

5.2.1　技能分析

制作本例的主要目的是了解并掌握如何在CorelDRAW 2017软件中制作口红，本实例主要讲解的重点是使用【矩形工具】【贝塞尔工具】【椭圆工具】【钢笔工具】绘制形状，通过【渐变填充】和【均匀填充】制作出立体效果等。

5.2.2　制作步骤

01 按Ctrl+N组合键，弹出【创建新文档】对话框，将【名称】设置为【口红】，将【单位】设置为【毫米】，将【宽度】设置为232mm，将【高度】设置为232mm，将【原色模式】设置为RGB，

单击【确定】按钮，如图5-2-1所示。

图5-2-1　创建新文档

02 使用【矩形工具】，绘制矩形，如图5-2-2所示。

03 按Shift+F11组合键，弹出【编辑填充】对话框，将RGB值设置为230、29、76，单击【确定】按钮，如图5-2-3所示。

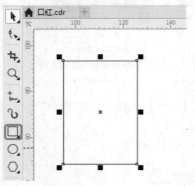

图5-2-2 绘制矩形

图5-2-3 设置填充颜色

04 右击调色板上的【透明色】按钮⊠，取消轮廓颜色，如图5-2-4所示。

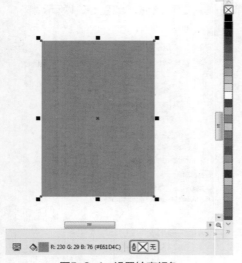

图5-2-4 设置轮廓颜色

05 使用【矩形工具】，绘制矩形，如图5-2-5所示。

图5-2-5 绘制矩形

06 将填充颜色的CMYK值设置为0、100、60、0，将轮廓颜色设置为无，单击矩形中心，转换为旋转状态，将鼠标指针移动至垂直中间的控制点，向上拖移，形成倾斜效果如图5-2-6所示。

图5-2-6 填充颜色并倾斜对象

> **➡ 提示**
>
> 当图形在被选中的状态下，再次单击图形的中心，将转换为【旋转和倾斜状态】，将鼠标指针移至四角控制点时为旋转，中间处的控制点分别控制垂直和水平方向的倾斜。

07 使用【矩形工具】，绘制矩形，如图5-2-7所示。

图5-2-7 绘制矩形

08 按Shift+F11组合键，弹出【编辑填充】对话框，将左侧色块的RGB值设置为240、133、25，将右侧色块的RGB值设置为255、240、0，在【变换】选项组中取消勾选【自由缩放和倾斜】复选框，将填充宽度设置为97.5%，将水平偏移设置为-1.1%，将垂直偏移设置为-0.001%，将旋转设置为180°，单击【确定】按钮，如图5-2-8所示。

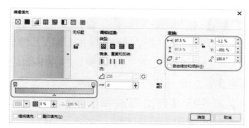

图5-2-8　设置渐变填充

09 将轮廓颜色设置为无，如图5-2-9所示。

图5-2-9　设置轮廓颜色

10 使用【贝塞尔工具】，绘制如图5-2-10所示的图形对象。

图5-2-10　绘制图形

11 按Shift+F11组合键，弹出【编辑填充】对话框，将左侧色块的RGB值设置为240、133、25，将右侧色块的RGB值设置为255、240、0，在【变换】选项组中取消勾选【自由缩放和倾斜】复选框，将

填充宽度设置为335%，将水平偏移设置为-117%，将垂直偏移设置为-33%，将旋转设置为0°，单击【确定】按钮，如图5-2-11所示。

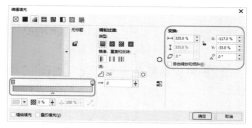

图5-2-11　设置渐变填充

12 将轮廓颜色设置为无，如图5-2-12所示。

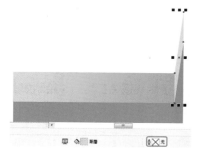

图5-2-12　设置轮廓颜色

13 使用【钢笔工具】，绘制图形，效果如图5-2-13所示。

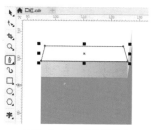

图5-2-13　绘制图形

14 按Shift+F11组合键，弹出【编辑填充】对话框，将左侧色块的RGB值设置为240、133、25，将右侧色块的RGB值设置为255、240、0，在【变换】选项组中取消勾选【自由缩放和倾斜】复选框，将填充宽度设置为96%，将水平偏移设置为1.98%，将垂直偏移设置为0%，将旋转设置为0°，单击【确定】按钮，如图5-2-14所示。

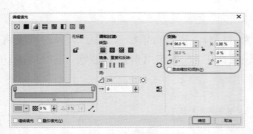

图5-2-14 设置渐变填充

15 将轮廓颜色设置为无，如图5-2-15所示。

图5-2-15 设置轮廓颜色

16 使用【钢笔工具】，绘制如图5-2-16所示的图形。

图5-2-16 绘制图形

17 对绘制的图形进行渐变填充，效果如图5-2-17所示。

图5-2-17 设置渐变颜色后的效果

18 使用【矩形工具】，绘制矩形，如图5-2-18所示。

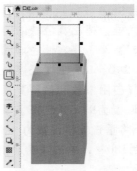

图5-2-18 绘制矩形

19 按Shift+F11组合键，弹出【编辑填充】对话框，将左侧色块的CMYK值设置为0、60、100、0，将右侧色块的RGB值设置为0、0、100、0，在【变换】选项组中取消勾选【自由缩放和倾斜】复选框，将填充宽度设置为100%，将水平偏移设置为0%，将垂直偏移设置为0%，将旋转设置为0°，单击【确定】按钮，如图5-2-19所示。

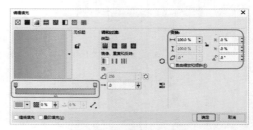

图5-2-19 设置渐变填充

20 将填充颜色设置为无，如图5-2-20所示。

图5-2-20 设置轮廓颜色

21 使用【椭圆形工具】，绘制椭圆，如图5-2-21所示。

22 按Shift+F11组合键，弹出【编辑填充】对话框，将左侧色块的CMYK值设置为0、60、100、0，将右侧色块的RGB值设置为0、0、100、0，在【变换】选项组中取消勾选【自由缩放和倾斜】复选框，将填充宽度设置为100%，将水平偏移设置为0%，将垂直偏移设置为0%，将旋转设置为0°，单击【确定】按钮，如图5-2-22所示。

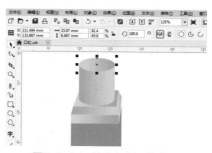

图5-2-24　镜像复制后的效果

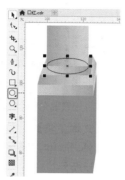

图5-2-21　绘制椭圆

图5-2-25　绘制图形

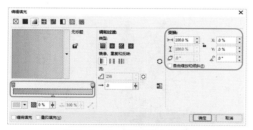

图5-2-22　设置渐变填充

23 将轮廓颜色设置为无，如图5-2-23所示。

图5-2-23　设置轮廓颜色

24 选择绘制的椭圆对象，对图形进行复制，然后单击属性栏中的【水平镜像】按钮，调整对象的位置，如图5-2-24所示。

25 使用【钢笔工具】，绘制如图5-2-25所示的图形。

26 按Shift+F11组合键，弹出【编辑填充】对话框，将0%位置处的CMYK值设置为0、90、70、0，将60%位置处的CMYK值设置为0、100、100、20，将100%位置处的CMYK值设置为0、100、80、0，在【变换】选项组中取消勾选【自由缩放和倾斜】复选框，将填充宽度设置为60%，将水平偏移设置为0%，将垂直偏移设置为0%，将旋转设置为0°，单击【确定】按钮，如图5-2-26所示。

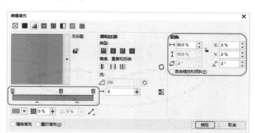

图5-2-26　设置渐变填充

27 将轮廓颜色设置为无，如图5-2-27所示。

28 使用【钢笔工具】，绘制如图5-2-28所示的线段，将轮廓宽度设置为0.5mm，将轮廓颜色设置为白色。

图5-2-27 设置轮廓颜色

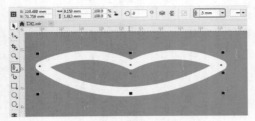

图5-2-28 设置轮廓宽度

29 使用【钢笔工具】，绘制如图5-2-29所示的线段，将轮廓宽度设置为0.3mm，将轮廓颜色设置为白色。

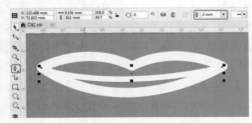

图5-2-29 设置轮廓宽度

30 使用【钢笔工具】，绘制如图5-2-30所示的线段，将轮廓宽度设置为0.2mm。

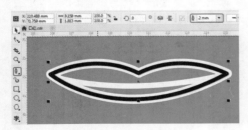

图5-2-30 设置轮廓宽度

31 使用【钢笔工具】，绘制如图5-2-31所示的线段，将轮廓宽度设置为0.1mm。

32 选择绘制的两条线段，将填充颜色设置为无，将轮廓颜色的CMYK值设置为0、100、60、0，如图5-2-32所示。

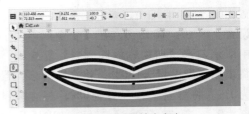

图5-2-31 设置轮廓宽度

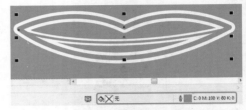

图5-2-32 设置填充和轮廓颜色

33 使用【文本工具】，输入文本，将字体设置为Freestyle Script，将字体大小设置为27pt，如图5-2-33所示。

图5-2-33 输入文本并设置

34 在菜单栏中选择【文件】|【导入…】命令，如图5-2-34所示。

图5-2-34 选择【导入…】命令

35 在弹出的【导入】对话框中，选择【口红背景.jpg】素材文件，单击【导入】按钮，如图5-2-35所示。

图5-2-35　选择要导入的素材

36 将其调整至与文档大小相同，导入完成后的效果如图5-2-36所示。

图5-2-36　导入后的效果

37 右击选择导入的背景，在弹出的快捷菜单中选择【顺序】|【到图层后面】命令，如图5-2-37所示。

图5-2-37　将背景置于底层

38 适当地调整口红的大小和位置，效果如图5-2-38所示。

图5-2-38　最终效果

5.3　制作苹果

5.3.1　技能分析

本案例将介绍如何绘制苹果，该案例主要使用【钢笔工具】绘制图形，然后为绘制的图形填充颜色，从而制作出最终效果。

5.3.2　制作步骤

01 按Ctrl+N组合键，弹出【创建新文档】对话框，将【名称】设置为【苹果】，将【单位】设置为【毫米】，将【宽度】设置为100mm，将【高度】设置为100mm，将【原色模式】设置为RGB，单击【确定】按钮，如图5-3-1所示。

图5-3-1　创建新文档

02 使用【钢笔工具】，绘制苹果图形，如图5-3-2所示。

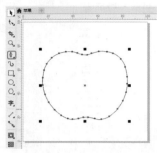

图5-3-2　绘制图形

03 按Shift+F11组合键，弹出【编辑填充】对话框，在【调和过渡】选项组中，设置【类型】为【椭圆形渐变填充】，将0%位置处的RGB值设置为142、196、64，将15%位置处的RGB值设置为196、216、39，将73%位置处的RGB值设置为75、161、54，将100%位置处的RGB值设置为141、196、65，在【变换】选项组中取消勾选【自由缩放和倾斜】复选框，将填充宽度设置为250%，将水平偏移设置为2%，将垂直偏移设置为-14%，单击【确定】按钮，如图5-3-3所示。

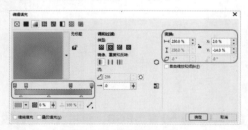

图5-3-3　设置填充颜色

04 设置苹果轮廓颜色为无，如图5-3-4所示。

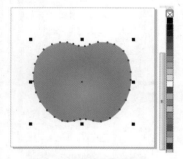

图5-3-4　设置轮廓颜色

05 使用【钢笔工具】，绘制图形，如图5-3-5所示。

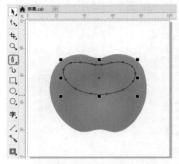

图5-3-5　绘制图形

06 按Shift+F11组合键，弹出【编辑填充】对话框，将0%位置处的RGB值设置为136、193、50，将38%位置处的RGB值设置为124、186、65，将60%位置处的RGB值设置为140、189、82，将100%位置处的RGB值设置为194、222、124，在【变换】选项组中取消勾选【自由缩放和倾斜】复选框，将填充宽度设置为100%，将水平偏移设置为0%，将垂直偏移设置为0%，将旋转设置为90°，单击【确定】按钮，如图5-3-6所示。

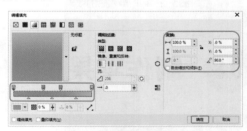

图5-3-6　设置渐变填充

07 将轮廓颜色设置为无，如图5-3-7所示。

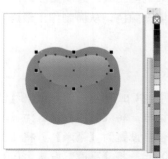

图5-3-7　设置轮廓颜色

08 使用【钢笔工具】，绘制图形，如图5-3-8所示。

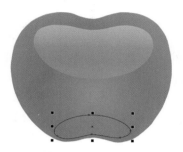

图5-3-8　绘制图形

09 按Shift+F11组合键，弹出【编辑填充】对话框，将0%位置处的RGB值设置为96、180、60，将68%位置处的RGB值设置为117、187、47，将100%位置处的RGB值设置为89、176、67，在【变换】选项组中取消勾选【自由缩放和倾斜】复选框，将填充宽度设置为100%，将水平偏移设置为0%，将垂直偏移设置为0%，将旋转设置为3.8°，单击【确定】按钮，如图5-3-9所示。

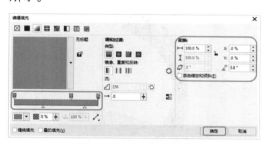

图5-3-9　设置渐变填充

10 将图形的轮廓颜色设置为无，如图5-3-10所示。

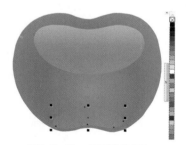

图5-3-10　设置轮廓颜色

11 使用【钢笔工具】，绘制图形，如图5-3-11所示。

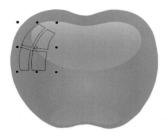

图5-3-11　绘制图形

12 按Shift+F11组合键，弹出【编辑填充】对话框，将0%位置处的RGB值设置为149、199、62，将100%位置处的RGB值设置为255、255、255，单击【确定】按钮，如图5-3-12所示。

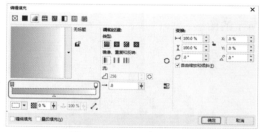

图5-3-12　设置渐变填充

13 将轮廓颜色设置为无，如图5-3-13所示。

图5-3-13　设置轮廓颜色

14 使用【钢笔工具】，绘制图形，如图5-3-14所示。

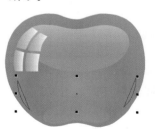

图5-3-14　绘制图形

15 将填充颜色的RGB值设置为149、199、62，将轮廓颜色设置为无，如图5-3-15所示。

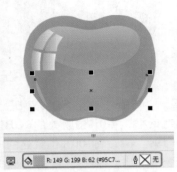

图5-3-15　设置填充颜色

16 使用【钢笔工具】，绘制如图5-3-16所示的图形。

图5-3-16　绘制图形

17 将填充颜色的RGB值设置为129、119、0，将轮廓颜色设置为无，如图5-3-17所示。

图5-3-17　设置填充和轮廓颜色

18 使用【钢笔工具】，绘制图形，将填充颜色的RGB值设置为228、212、148，将轮廓颜色设置为无，如图5-3-18所示。

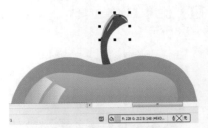

图5-3-18　设置填充和轮廓颜色

19 使用【钢笔工具】，绘制图形对象，如图5-3-19所示。

图5-3-19　绘制图形

20 将填充颜色的RGB值设置为85、78、0，将轮廓颜色设置为无，如图5-3-20所示。

图5-3-20　设置填充和轮廓颜色

21 使用【钢笔工具】，绘制图形对象，如图5-3-21所示。

图5-3-21　绘制图形

CorelDRAW 2017 设计与制作剖析

22 按Shift+F11组合键，弹出【编辑填充】对话框，将0%位置处的RGB值设置为124、190、47，将100%位置处的RGB值设置为71、148、55，单击【确定】按钮，如图5-3-22所示。

图5-3-22　设置渐变填充

23 将轮廓颜色设置为无，如图5-3-23所示。

图5-3-23　设置轮廓颜色

24 使用【贝塞尔工具】，绘制图形，如图5-3-24所示。

图5-3-24　绘制图形

25 按Shift+F11组合键，弹出【编辑填充】对话框，将0%位置处的RGB值设置为149、199、62，将100%位置处的RGB值设置为247、250、240，单击【确定】按钮，如图5-3-25所示。

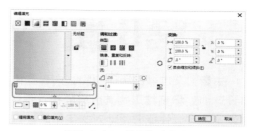

图5-3-25　设置渐变填充

26 将轮廓颜色设置为无，如图5-3-26所示。

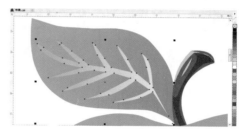

图5-3-26　设置轮廓颜色

27 使用【钢笔工具】，绘制图形，将填充颜色的RGB设置为200、255、84，如图5-3-27所示。

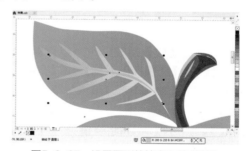

图5-3-27　设置图形的填充和轮廓颜色

28 最终效果如图5-3-28所示。

图5-3-28　最终效果

小结

通过对以上案例的学习，读者可以了解并掌握在CorelDRAW 2017中进行写实绘画的技巧应用和操作，通过对【矩形工具】【椭圆形工具】【钢笔工具】和【文本工具】等的使用，可以制作出色彩丰富、形象生动的写实事物。

第6章 文字排版与设计

书籍、杂志等出版印刷物、广告宣传、网站网页等都会涉及文字的排版，而文字排版与设计的好坏直接影响其版面的视觉传达效果，使用CorelDRAW 2017软件进行文字排版与设计，可以快捷方便地对文字排版进行各种美观的排列组合与设计，从而将原本死板单调的文字制作得生动活泼，使得作品的诉求力得到提升。

6.1 文字变形设计

6.1.1 技能分析

本例将讲解如何制作文字变形的设计。首先制作页面的背景，然后输入标题文本并对文本进行变形处理，为了与背景呼应，为标题文本添加颜色，导入蝴蝶和金色花纹素材，最后再次输入其他的文本信息并设置文本。

6.1.2 制作步骤

01 启动软件后按Ctrl+N组合键弹出【创建新文档】对话框，在该对话框中将【名称】设置为【文字变形设计】，【宽度】设置为499像素，【高度】设置为799像素，【原色模式】设置为RGB，【渲染分辨率】设置为300dpi，然后单击【确定】按钮，如图6-1-1所示。

02 然后按Ctrl+I组合键打开【导入】对话框，选择【七夕背景.jpg】素材图片，单击【导入】按钮，如图6-1-2所示。

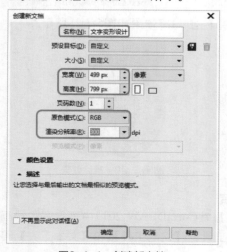

图6-1-1 创建新文档

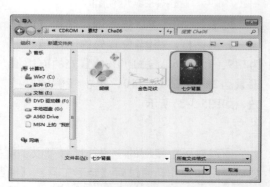

图6-1-2 【导入】对话框

03 导入完成后的效果如图6-1-3所示。

图6-1-3　导入完成后的效果

04 按F8键激活【文本工具】输入文本，选择【浪漫】文本将字体设置为"汉仪秀英体简"，字体大小设置为12pt，将颜色设置为白色，选择【七夕】，将字体设置为"汉仪行楷简"，字体大小设置为18pt，将颜色设置为白色，然后调整文本至适当位置，如图6-1-4所示。

图6-1-4　输入文本并设置

05 选中文本按Ctrl+K组合键将文本拆分，调整其位置，如图6-1-5所示。

06 然后选择所有文本并按Ctrl+Q组合键将文本转换为曲线。在工具箱中使用【形状工具】，调整文本节点位置，对文本进行变形操作，如图6-1-6所示。

图6-1-5　调整文本的位置

图6-1-6　调整文本节点的位置

07 按Ctrl+I组合键打开【导入】对话框，选择【蝴蝶.png】素材图片，单击【导入】按钮，如图6-1-7所示。

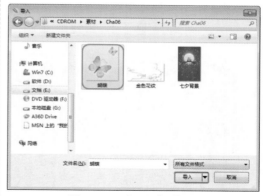

图6-1-7　【导入】对话框

08 然后调整位置和大小，导入完成后的效果，如图6-1-8所示。

图6-1-8　导入完成后的效果

09 再次按Ctrl+I组合键打开【导入】对话框，选择【金色花纹.png】素材图片，单击【导入】按钮，如图6-1-9所示。

10 然后调整位置和大小，导入完成后的效果，如图6-1-10所示。

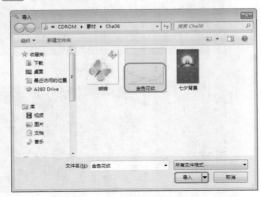

图6-1-9　【导入】对话框　　　　　　　图6-1-10　导入完成后的效果

11 按F8键激活【文本工具】输入文字【愿得一人心】，将字体设置为【文鼎CS大黑】，将字体大小设置为10pt，将颜色设置为白色，如图6-1-11所示。

12 再次按F8键激活【文本工具】输入文字【白首不相离】，将字体设置为【文鼎CS大黑】，将字体大小设置为10pt，将颜色设置为白色，如图6-1-12所示。

图6-1-11　输入文本并设置　　　　　　图6-1-12　输入文本并设置

13 最后的效果如图6-1-13所示。

图6-1-13　最后的效果

6.2 汽车宣传页排版设计

6.2.1 技能分析

本例将介绍如何制作汽车宣传页排版设计，主要使用【文本工具】在场景中输入文字，然后对文字进行设置。

6.2.2 制作步骤

01 按Ctrl+N组合键创建新文档，将【宽度】和【高度】设为1024像素、539像素，将【名称】设置为"汽车宣传页排版设计"，将【原色模式】设置为RGB，【渲染分辨率】设置为300dpi，单击【确定】按钮，如图6-2-1所示。

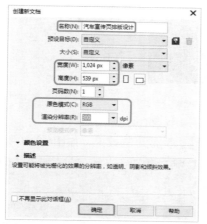

图6-2-1 创建新文档

02 按Ctrl+I组合键打开【导入】对话框，选择【汽车背景.jpg】素材图片，单击【导入】按钮，如图6-2-2所示。

图6-2-2 【导入】对话框

03 确定导入的素材处于选择状态，然后右击素材，在弹出的快捷菜单中选择【锁定对象】命令，如图6-2-3所示。

图6-2-3 选择【锁定对象】命令

04 执行后的效果，如图6-2-4所示。

图6-2-4 锁定后的效果

05 再次按Ctrl+I组合键打开【导入】对话框，选择【汽车背景.jpg】素材图片，单击【导入】按钮，如图6-2-5所示。

06 然后调整位置和大小，效果如图

6-2-6所示。

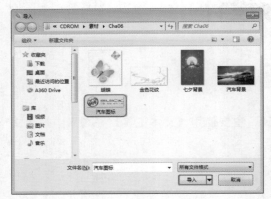

图6-2-5 【导入】对话框

图6-2-6 完成后的效果

07 按F8键激活【文本工具】，输入文本【别克全新一代君越】，将字体设置为"方正综艺简体"，将字体大小设置为10pt，将颜色设置为白色，如图6-2-7所示。

图6-2-7 输入文本并设置

08 按F8键激活【文本工具】，输入文本【创变格局的高级轿车】，将字体设置为"方正综艺简体"，将字体大小设置为10pt，效果如图6-2-8所示。

09 确定刚刚输入的文本处于选择状

态，按Shift+F11组合键弹出【编辑填充】对话框，在该对话框中将RGB值设置为102、52、52，单击【确定】按钮，如图6-2-9所示。

图6-2-8 输入文本并设置

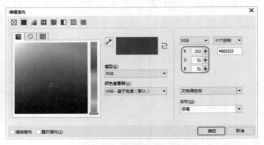

图6-2-9 更改填充颜色

10 完成后的效果，如图6-2-10所示。

图6-2-10 完成后的效果

11 按F8键激活【文本工具】，输入文本【德州别克4S店】，将字体设置为"汉仪菱心体简"，将字体大小设置为8pt，如图6-2-11所示。

12 确定刚刚输入的文本处于选择状态，按Shift+F11组合键弹出【编辑填充】对话框，在该对话框中将RGB值设置为230、33、41，单击【确定】按钮，如图6-2-12所示。

图6-2-11 输入文本并设置

图6-2-12 更改填充颜色

13 完成后的效果，如图6-2-13所示。

图6-2-13 完成后的效果

14 再次按F8键激活【文本工具】，输入文本【免费服务热线：0300-5626813】，将字体设置为"微软雅黑"，将字体大小设

置为3.5pt，如图6-2-14所示。

图6-2-14 输入文本并设置

15 使用相同的方法输入其他的文本，效果如图6-2-15所示。

16 最终的效果，如图6-2-16所示。

图6-2-15 输入其他的文本

图6-2-16 最终效果

6.3 画册排版设计

6.3.1 技能分析

本例将介绍如何制作科技公司宣传画册内页，主要使用【矩形工具】和【文本工具】

制作出画册的内容。

6.3.2 制作步骤

01 启动软件后，按Ctrl+N组合键，弹出【创建新文档】对话框，将【名称】设置为"画册排版设计"，将【宽度】和【高度】分别设置为420 mm、285 mm，将【原色模式】设置为RGB，将【渲染分辨率】设置为300dpi，单击【确定】按钮，如图6-3-1所示。

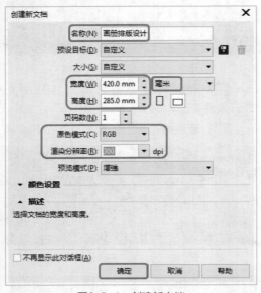

图6-3-1　创建新文档

02 使用【矩形工具】在绘图区中绘制矩形，将【宽度】和【高度】分别设置为210 mm、242 mm，将填充颜色RGB设置为0、0、0、0，将【轮廓颜色】设置为无颜色，然后调整矩形的位置，效果如图6-3-2所示。

图6-3-2　绘制矩形

03 使用【矩形工具】在绘图区中绘制矩形，将【宽度】和【高度】分别设置为210 mm和245 mm，按Shift+F11组合键弹出【编辑填充】对话框，将【颜色模型】的RGB值在0%处设置为190、190、191，在18%处设置为231、228、228，在49%处设置为242、241、243，在100%处设置为255、255、255，单击【确定】按钮，然后调整矩形的位置，完成后的效果如图6-3-3所示。

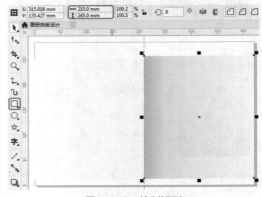

图6-3-3　绘制矩形

在菜单栏中选择【窗口】|【泊坞窗】|【辅助线】命令，在【辅助线】泊坞窗中也可以创建辅助线。

04 再次使用【矩形工具】在绘图区中绘制矩形，将【宽度】和【高度】分别设置为210 mm、26 mm，按Shift+F11组合键激活【编辑填充】对话框，将【颜色模型】的RGB值设置为10、224、252，单击【确定】按钮，设置完成后的效果如图6-3-4所示。

05 使用【矩形工具】绘制一个宽度为210 mm、高度为26 mm的矩形，按Shift+F11组合键激活【编辑填充】对话框，将【颜色模型】的RGB值在0%处设置为70、149、208，在50%处设置为119、203、238，在100%处设置为10、244、244，单击【确定】按钮，设置完成后的效果如图6-3-5所示。

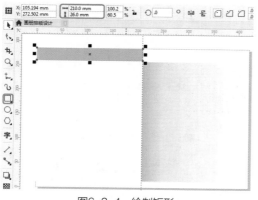

图6-3-4　绘制矩形

图6-3-5　绘制矩形

06 继续使用【矩形工具】绘制矩形，将"宽度"和"高度"分别设置为210mm、12 mm，按Shift+F11组合键激活【编辑填充】对话框，将【颜色模型】的RGB值设置为10、224、252，单击【确定】按钮，完成后的效果如图6-3-6所示。

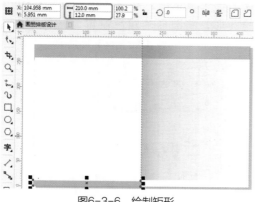

图6-3-6　绘制矩形

07 继续使用【矩形工具】绘制矩形，将"宽度"和"高度"分别设置为

210mm、12 mm，按Shift+F11组合键激活【编辑填充】对话框，将【颜色模型】的RGB值在0%处设置为70、149、208，在50%处设置为119、203、238，在100%处设置为10、244、244，单击【确定】按钮，完成后的效果如图6-3-7所示。

图6-3-7　绘制矩形并设置

08 按Ctrl+I组合键打开【导入】对话框，选择【网络背景.jpg】素材图片，单击【导入】按钮，如图6-3-8所示。

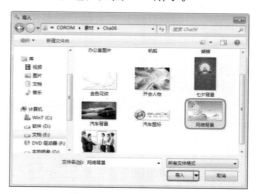

图6-3-8　选择素材文件

09 调整其位置和大小，完成后的效果如图6-3-9所示。

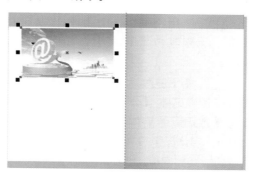

图6-3-9　调整后的效果

10 按F8键激活【文本工具】，在绘图区中输入文本【Synopsis】，将字体设置为Swis721 Hv BT，将字体大小设置为24pt，字体颜色设置为70、149、208，完成后的效果如图6-3-10所示。

图6-3-10 输入文本并设置

11 使用【矩形工具】，在绘图区中绘制矩形，将"宽度"和"高度"设置为4.474 mm、3.723mm。将其旋转322.267°，调整其位置和大小，如图6-3-11所示。

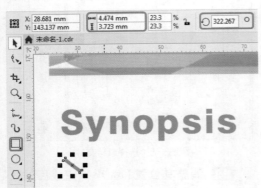

图6-3-11 创建矩形

12 使用相同的方法制作出其他的矩形，调整其位置和大小，如图6-3-12所示。

13 按F8键激活【文本工具】，在绘图区中输入文本【公司简介】，将字体设置为【方正黑体简体】，将字体大小设置为23pt，字体颜色设置为70、149、208，完成后的效果如图6-3-13所示。

图6-3-12 创建其他的矩形

图6-3-13 输入文本并设置

14 将第(11)和(12)步骤绘制的图形进行复制并粘贴，调整后的效果如图6-3-14所示。

图6-3-14 复制图形并调整

15 使用【圆形工具】，在绘图区中绘制一个【宽度】和【高度】都为1.1mm的圆形，将圆形的颜色设置为70、149、208，完成后的效果如图6-3-15所示。

图6-3-15 输入文本

16 使用相同的方法绘制出其他的矩

形，调整其位置和大小，完成后的效果如图6-3-16所示。

图6-3-16 绘制矩形并调整

17 按F8键激活【文本工具】，在绘图区中输入文本【Company profile】，将字体设置为【方正黑体简体】，将字体大小设置为8pt，字体颜色设置为0、0、0，完成后的效果如图6-3-17所示。

图6-3-17 输入文本并设置

18 按F8键激活【文本工具】，在绘图区中输入文本【顾客至上、诚信为本、专业精致、卓越创新】，将字体设置为【方正黑体简体】，将字体大小设置为19pt，字体颜色设置为70、149、208，完成后的效果如图6-3-18所示。

图6-3-18 输入文本并设置

19 按F8键激活【文本工具】，在绘图区中输入文本【公司机构设置】，将字体设置为【方正黑体简体】，将字体大小

设置为20pt，字体颜色设置为0、0、0，完成后的效果如图6-3-19所示。

图6-3-19 输入文本并设置

20 按F8键激活【文本工具】，在绘图区中输入文本【总经理室 财务部 网站运营部 产品部 销售部 客服部】，将字体设置为【方正黑体简体】，将字体大小设置为15pt，字体颜色设置为0、0、0，完成后的效果如图6-3-20所示。

图6-3-20 输入文本并设置

21 按Ctrl+I组合键打开【导入】对话框，选择【结构图.jpg】素材图片，单击【导入】按钮，完成后的效果如图6-3-21所示。

图6-3-21 选择素材文件

22 调整其位置和大小，完成后的效果如图6-3-22所示。

图6-3-22　调整完成后的效果

23 按Ctrl+I组合键打开【导入】对话框，选择【办公室图片.jpg】素材图片，单击【导入】按钮，如图6-3-23所示。

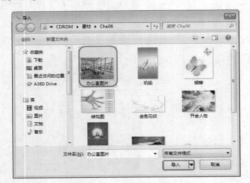

图6-3-23　选择素材文件

24 调整其位置和大小，完成后的效果如图6-3-24所示。

图6-3-24　调整完成后的效果

25 按F8键激活【文本工具】，在绘图区中输入文本【Superiority】，将字体设置为Swis721 Hv BT，将字体大小设置为24pt，字体颜色RGB设置为70、149、208，完成后的效果如图6-3-25所示。

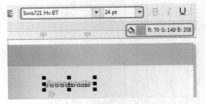

图6-3-25　输入文本并设置

26 复制并粘贴第(12)步骤的图形，完成后的效果如图6-3-26所示。

图6-3-26　复制图形并粘贴

27 按F8键激活【文本工具】，在绘图区中输入文本【企业优势】，将字体设置为【方正黑体简体】，将字体大小设置为24pt，字体颜色设置为70、148、208，如图6-3-27所示。

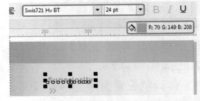

图6-3-27　输入文本并设置

28 复制并粘贴第(16)步骤的图形，按F8键激活【文本工具】，在绘图区中输入文本【Enterprise Advantage】，将字体设置为【方正黑体简体】，将字体大小设置为6pt，字体颜色设置为0、0、0，完成后的效果如图6-3-28所示。

图6-3-28　输入文字

突破平面　CorelDRAW 2017设计与制作剖析

29 按F8键激活【文本工具】，在绘图区中输入文本，将字体设置为【方正黑体简体】，将字体大小设置为15pt，字体颜色设置为0、0、0，完成后的效果如图6-3-29所示。

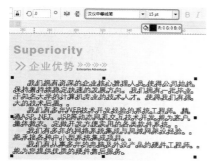

图6-3-29 输入文字

30 按Ctrl+I组合键打开【导入】对话框，选择【帆船.jpg】素材图片，单击【导入】按钮，如图6-3-30所示。

图6-3-30 打开素材文件

31 调整其位置和大小，完成后的效果如图6-3-31所示。

图6-3-31 完成后的效果

32 按Ctrl+I组合键打开【导入】对话框，选择【开会人物.jpg】素材图片，单击【导入】按钮。效果如图6-3-32所示。

图6-3-32 打开素材文件

33 调整其位置和大小，完成后的效果如图6-3-33所示。

图6-3-33 完成后的效果

34 按Ctrl+I组合键打开【导入】对话框，选择【握手合作.jpg】素材图片，单击【导入】按钮。效果如图6-3-34所示。

图6-3-34 打开素材文件

35 调整其位置和大小，完成后的效果如图6-3-35所示。

36 最终的效果如图6-3-36所示。

图6-3-35 完成后的效果

图6-3-36 最终效果

6.4 茶道宣传单排版设计

6.4.1 技能分析

本例介绍如何制作茶道宣传单排版设计，主要使用【钢笔工具】和【文本工具】完成。

6.4.2 制作步骤

01 启动软件后，按Ctrl+N组合键，弹出【创建新文档】对话框，将【名称】设置为"茶道宣传单排版设计"，将【宽度】和【高度】分别设置为514 px、319 px，将【原色模式】设置为RGB，将【渲染分辨率】设置为300dpi，单击【确定】按钮，如图6-4-1所示。

02 按Ctrl+I组合键打开【导入】对话框，选择【茶道背景.jpg】素材图片，单击【导入】按钮，如图6-1-2所示。

图6-4-1 创建新文档

图6-4-2 选择素材文件

03 导入完成后，在弹出的快捷菜单中右击选择【锁定对象】命令，如图6-4-3所示。

图6-4-3 选择【锁定对象】命令

04 锁定完成后的效果如图6-4-4所示。

图6-4-4 完成后的效果

05 按Ctrl+I组合键打开【导入】对话框，选择【茶道素材.png】素材图片，单击【导入】按钮，如图6-4-5所示。

图6-4-5 选择素材文件

06 导入后调整其大小和位置，如图6-4-6所示。

图6-4-6 调整大小和位置

07 然后使用【钢笔工具】在绘图区绘制一条直线，如图6-4-7所示。

图6-4-7 绘制直线

08 确定绘制的直线处于选择状态，在【对象属性】泊坞窗中单击【轮廓】按钮，将轮廓宽度设置为2px，将轮廓颜色的RGB值设置为46、40、40，如图6-4-8所示。

图6-4-8 设置轮廓宽度和颜色

09 再次使用【钢笔工具】在绘图区绘制一条图形，如图6-4-9所示。

10 确定绘制的图形处于选择状态，在【对象属性】泊坞窗中单击【填充】按

钮 ，然后再次单击【均匀填充】按钮，将【颜色模型】的RGB设置为46、40、40，如图6-4-10所示。

图6-4-9 绘制图形

图6-4-10 填充颜色

11 使用【文本工具】在绘图区中输入文本【西湖龙井】，在【文本属性】泊坞窗中将文本方向设置为"垂直"，将字体设置为"黑体"，字体大小设置为4pt，如图6-4-11所示。

图6-4-11 输入文本并设置

12 确定文本处于选择状态，然后调整其位置，效果如图6-4-12所示。

13 使用【选择工具】选择第7步和第9步所绘制的图形，进行复制粘贴，并单击【垂直镜像】按钮 ，然后调整至合适的位置，如图6-4-13所示。

图6-4-12 调整位置

图6-4-13 复制图形并镜像

14 按Ctrl+I组合键打开【导入】对话框，选择【茶道标志.png】素材图片，单击【导入】按钮，如图6-4-14所示。

图6-4-14 选择素材文件

15 导入后调整其大小和位置如图6-4-15所示。

图6-4-15 导入并调整大小和位置

16 使用【钢笔工具】在绘图区绘制一条直线，如图6-4-16所示。

17 确定刚刚绘制的直线处于选择状态，在属性栏中将【轮廓宽度】设置为1px，在【对象属性】泊坞窗中单击【填充】按钮，并再次单击【均匀填充】按钮，将颜色模型的RGB值设置为46、40、40，如图6-4-17所示。

图6-4-16　绘制直线

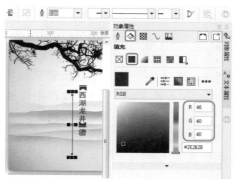
图6-4-17　设置参数

18 然后对上一步所设置的直线进行复制并粘贴，完成后效果如图6-4-18所示。

19 使用【文本工具】在绘图区输入文本，在【文本属性】中将文本方向设置为"垂直"，在属性栏中将【字体列表】设置为"黑体"，字体大小设置为2pt，如图6-4-19所示。

图6-4-18　复制直线

图6-4-19　输入文本并设置

20 然后使用相同的方法输入其他的文本，效果如图6-4-20所示。

21 最终的效果如图6-4-21所示。

图6-4-20　输入其他的文本

图6-4-21　最终效果

6.5.1　技能分析

制作本例的主要目的是使读者了解并掌握如何在CorelDRAW 2017软件中绘制艺术文字设计，先使用【文本工具】输入文字并将文字进行转曲，再使用【形状工具】调整文字的样式，使其看起来有艺术感，再使用【钢笔工具】绘制图形并填充颜色，完成最终效果。

6.5.2　制作步骤

01 按Ctrl＋N组合键，打开【创建新文档】对话框，将【名称】设置为"艺术文字设计"，将【宽度】设置为550px，【高度】设置为519px，【原色模式】设置为RGB，【渲染分辨率】设置为300dpi，单击【确定】按钮，如图6-5-1所示。

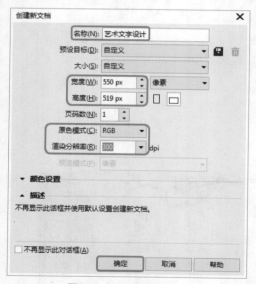

图6-5-1　设置新建参数

02 按Ctrl+I组合键打开【导入】对话框，选择【圣诞背景.jpg】素材图片，单击【导入】按钮，如图6-5-2所示。

图6-5-2　选择素材文件背景

03 确定导入的素材文件处于选择状态，在弹出的快捷菜单中右击选择【锁定对象】命令，如图6-5-3所示。

图6-5-3　选择【锁定对象】命令

04 锁定完成后的效果，如图6-5-4所示。

图6-5-4　锁定完成后的效果

05 使用【文本工具】输入文本【M】，然后在属性栏中将字体设置为Lucida Fax，字体大小设置为15pt，如图6-5-5所示。

图6-5-5 输入文本并设置

06 确定输入的文本处于选择状态，按Ctrl+Q组合键将选中的文本转换为曲线，使用【形状工具】调整文本的形状，效果如图6-5-6所示。

图6-5-6 设置文本的形状

→ 提示

使用【形状工具】调整文本的形状时，右击文本可以添加或删除节点，也可以在属性栏中单击【添加节点】按钮和【删除节点】按钮。

07 使用【文本工具】输入文本【ERRY】，然后在属性栏中将字体设置为

Lucida Fax，字体大小设置为7pt，效果如图6-5-7所示。

图6-5-7 输入文本并设置

08 确定刚刚输入的文本处于选择状态，按Ctrl+K组合键将其打散，再次按Ctrl+Q组合键将其依次转换为曲线，然后使用【形状工具】对其依次进行形状调整，效果如图6-5-8所示。

图6-5-8 调整形状

09 使用【文本工具】输入文本【M】，然后在属性栏中将字体设置为Lucida Fax，字体大小设置为15pt，在【文本属性】泊坞窗中单击【字符】按钮，然后将【均匀填充】的RGB值设置为231、15、18，将轮廓宽度设置为1px，如图6-5-9所示。

10 确定输入的文本处于选择状态，按Ctrl+Q组合键将选中的文本转换为曲线，

使用【形状工具】调整文本的形状，如图
6-5-10所示。

图6-5-9　输入文本并设置

图6-5-10　调整形状

11　使用【文本工具】输入文本
【ERRY】，然后在属性栏中将字体设置为
Lucida Fax，字体大小设置为7pt，在【文本
属性】泊坞窗中单击【字符】按钮，然后
将【均匀填充】的RGB值设置为231、15、
18，将轮廓宽度设置为1px，如图6-5-11
所示。

图6-5-11　输入文本并设置

12　确定刚刚输入的文本处于选择
状态，按Ctrl+K组合键将其打散，再次按
Ctrl+Q组合键将其依次转换为曲线，然后使
用【形状工具】对其依次进行调整形状，

如图6-5-12所示。

图6-5-12　调整形状

13　使用【文本工具】输入文本
【C】，然后在属性栏中将字体设置为
DFKai-SB，字体大小设置为16pt，如图6-5-13
所示。

图6-5-13　输入文本并设置

14　确定输入的文本处于选择状态，
按Ctrl+Q组合键将选中的文本转换为曲线，
使用【形状工具】调整文本的形状，如图
6-5-14所示。

图6-5-14　调整形状

15 使用【文本工具】输入文本【HRISTMAS】，然后在属性栏中将字体设置为DFKai-SB，字体大小设置为8pt，如图6-5-15所示。

图6-5-15 输入文本并设置

16 确定刚刚输入的文本处于选择状态，按Ctrl+K组合键将其打散，再次按Ctrl+Q组合键将其依次转换为曲线，然后使用【形状工具】对其依次进行调整形状，效果如图6-5-16所示。

图6-5-16 调整形状

17 使用【文本工具】输入文本【C】，然后在属性栏中将字体设置为DFKai-SB，字体大小设置为16pt，在【文本属性】泊坞窗中单击【字符】按钮，然后将【均匀填充】的RGB值设置为53、99、36，将轮廓宽度设置为1px，如图6-5-17所示。

18 确定输入的文本处于选择状态，按Ctrl+Q组合键将选中的文本转换为曲线，使用【形状工具】调整文本的形状，如图6-5-18所示。

图6-5-17 输入文本并设置

图6-5-18 调整形状

19 使用【文本工具】输入文本【HRISTMAS】，然后在属性栏中将字体设置为Lucida Fax，字体大小设置为8pt，在【文本属性】泊坞窗中单击【字符】按钮，然后将【均匀填充】的RGB值设置为53、99、36，将轮廓宽度设置为1px，如图6-5-19所示。

图6-5-19 输入文本并设置

20 确定刚刚输入的文本处于选择状态，按Ctrl+K组合键将其打散，再次按Ctrl+Q组合键将其依次转换为曲线，然后使用【形状工具】对其依次进行调整形状。效果如图6-5-20所示。

图6-5-20　调整形状

21 选择所有的字母图形，使用【选择工具】调整其位置，如图6-5-21所示。

图6-5-21　调整位置

22 使用【钢笔工具】绘制植物的绿叶，在【对象属性】泊坞窗中单击【轮廓】按钮，并将轮廓宽度设置为1px，如图6-5-22所示。

图6-5-22　绘制图形

23 确定刚刚绘制的绿叶处于选择状态，在【对象属性】泊坞窗中单击【填充】按钮，再单击【均匀填充】按钮，将【颜色模型】的RGB值设置为53、99、36，如图6-5-23所示。

图6-5-23　填充颜色

24 再次使用【钢笔工具】绘制植物的果实。在【对象属性】泊坞窗中单击【轮廓】按钮，并将轮廓宽度设置为1px，效果如图6-5-24所示。

图6-5-24　绘制图形

25 确定刚刚绘制的果实处于选择状态，在【对象属性】泊坞窗中单击【填充】按钮，再单击【均匀填充】按钮，将【颜色模型】的RGB值设置为231、15、18，如图6-5-25所示。

图6-5-25　填充颜色

26 再次使用【钢笔工具】绘制植物的其他绿叶和藤蔓。在【对象属性】泊坞窗中单击【轮廓】按钮，并将【轮廓宽度】设置为1px，如图6-5-26所示。

图6-5-26 绘制图形

27 使用相同的方法绘制另外一个植物并填充颜色，效果如图6-5-27所示。

图6-5-27 绘制其他的图形并设置

28 按Ctrl+I组合键打开【导入】对话框，选择【雪花.png】素材图片，单击【导入】按钮，如图6-5-28所示。

29 导入完成后调整到合适的位置，效果如图6-5-29所示。

30 最终的效果如图6-5-30所示。

图6-5-28 选择素材文件

图6-5-29 调整位置

图6-5-30 最终效果

小结

通过上面案例的学习，读者了解并掌握了CorelDRAW 2017绘制文字排版与设计的制作方法和运用技巧，通过对【形状工具】【钢笔工具】和【文本工具】等工具与命令的运用，掌握好本章的知识点，可以方便快捷地绘制出任何想要的版式设计与文字设计。

第7章　标志与VI设计

在注重品牌营销的今天，VI设计的重要性不言而喻。VI设计是展示企业形象和企业文化的重要手段，也是对外进行宣传和展示的主要窗口，本章将以装饰广告公司的VI设计为例进行设计理念和制作技巧的介绍。通过本章的学习，读者将可以在未来设计出展现企业灵魂的VI。

7.1　VI标志设计

7.1.1　技能分析

标志（logo）是品牌形象的核心部分，是表明事物特征的识别符号。它以单纯、显著、易识别的形象、图形或文字符号为直观语言，除表示什么、代替什么之外，还具有表达意义、情感和指令行动等作用。

标志设计不仅是实用物的设计，也是一种图形艺术的设计。它与其他图形艺术表现手段既有相同之处，又有自己的艺术规律。必须体现前述的特点，才能更好地发挥其功能。由于对其简练、概括、完美的要求十分苛刻，即要完美到几乎找不到更好的替代方案，其难度比其他任何图形艺术设计都要大得多。

制作本例的主要目的是使读者了解并掌握如何在CorelDRAW 2017软件中绘制标志，主要使用【钢笔工具】【矩形工具】【均匀填充工具】和【文本工具】绘制标志，完成最终效果的制作。

7.1.2　制作步骤

01 按Ctrl+N组合键，弹出【创建新文档】对话框，将【名称】设置为【VI标志设计】，将【单位】设置为【毫米】，将【宽度】和【高度】设置为200mm，将

【原色模式】设置为RGB，单击【确定】按钮，如图7-1-1所示。

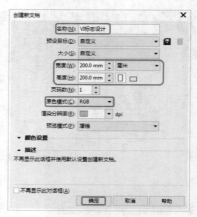

图7-1-1　创建新文档

02 使用【矩形工具】，绘制【宽度】和【高度】都为77mm的矩形，如图7-1-2所示。

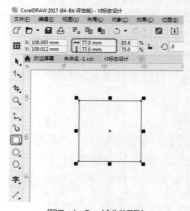

图7-1-2　绘制矩形

03 选择绘制的矩形，在属性栏中单击【圆角】按钮 ⬚，将转角半径设置为17mm，如图7-1-3所示。

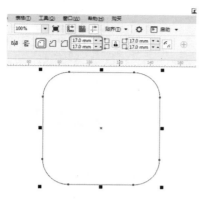

图7-1-3 设置矩形的转角半径

04 按Shift+F11组合键，弹出【编辑填充】对话框，将颜色模式设置为CMYK，将CMYK值设置为25、22、98、0，单击【确定】按钮，如图7-1-4所示。

图7-1-4 设置填充颜色

05 将矩形的轮廓颜色设置为无，效果如图7-1-5所示。

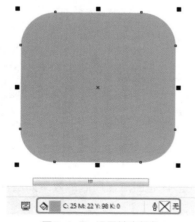

图7-1-5 设置轮廓颜色

06 使用【钢笔工具】，绘制图形，将【轮廓宽度】设置为0.75mm，如图7-1-6所示。

图7-1-6 设置轮廓宽度参数

07 按Shift+F11组合键，弹出【编辑填充】对话框，将CMYK值设置为0、0、40、0，单击【确定】按钮，如图7-1-7所示。

图7-1-7 设置填充颜色

08 按F12键，弹出【轮廓笔】对话框，将颜色模式设置为CMYK，将CMYK值设置为25、22、98、0，单击【确定】按钮，如图7-1-8所示。

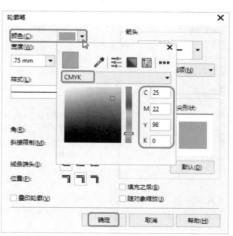

图7-1-8 设置轮廓颜色

09 设置完成后的效果如图7-1-9所示。

图7-1-9　设置完成后的效果

10 选择该对象，在属性栏中将旋转角度设置为30°，旋转后的效果如图7-1-10所示。

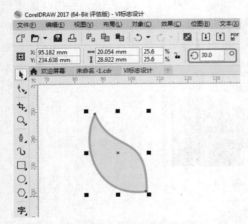

图7-1-10　设置旋转角度

11 在菜单栏中选择【对象】|【变换】|【旋转】命令，如图7-1-11所示。

图7-1-11　选择【旋转】命令

12 打开【变换】泊坞窗，将旋转角度设置为-15°，将【副本】设置为23，单击【应用】按钮，如图7-1-12所示。

13 选择如图7-1-13所示的图形对象，

按Delete键将对象删除。

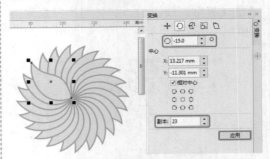

图7-1-12　设置完成后的效果

图7-1-13　删除选中的对象

14 选择如图7-1-14所示的两个图形对象，单击鼠标右键，在弹出的快捷菜单中选择【顺序】|【到图层前面】命令。

图7-1-14　选择【到图层前面】命令

15 调整图层顺序后的效果如图7-1-15所示。

16 使用【钢笔工具】，绘制如图7-1-16

所示的图形对象。

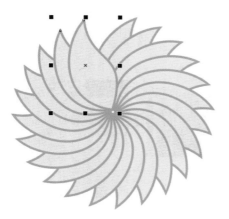

图7-1-15　执行命令后的效果

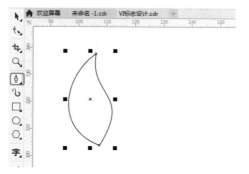

图7-1-16　绘制图形对象

17 按Shift+F11组合键，弹出【编辑填充】对话框，将CMYK值设置为25、22、98、0，单击【确定】按钮，如图7-1-17所示。

图7-1-17　设置填充颜色

18 按F12键，弹出【轮廓笔】对话框，将【宽度】设置为2mm，将颜色的CMYK值设置为0、0、40、0，如图7-1-18所示。

19 单击【确定】按钮，在文档中调整

对象的位置，调整后的效果如图7-1-19所示。

图7-1-18　设置轮廓颜色

图7-1-19　调整位置

20 使用【文本工具】，输入文本【天悦华府】，将字体设置为【汉仪长艺体简】，将字体大小设置为88pt，如图7-1-20所示。

图7-1-20　输入文本并设置

21 使用【文本工具】，输入文本【TIAN YUE HUA FU】，将字体设置为【方正大标宋简体】，将字体大小设置为35 pt，如图7-1-21所示。

图7-1-21 输入文本并设置

22 使用【文本工具】，输入文本【悦人·悦己·悦天下】，将字体设置为【汉仪综艺体简】，将字体大小设置为20 pt，如图7-1-22所示。

图7-1-22 输入文本并设置

23 使用【钢笔工具】，绘制如图7-1-23所示的两条图形。

图7-1-23 绘制图形

24 选择所有的文字，按Shift+F11

组合键，弹出【编辑填充】对话框，将CMYK值设置为100、64、84、43，单击【确定】按钮，如图7-1-24所示。

图7-1-24 设置填充颜色

25 选择绘制的两条线段，将填充颜色的CMYK值设置为100、64、84、43，将轮廓颜色设置为无，如图7-1-25所示。

图7-1-25 设置线段的填充和轮廓颜色

26 最终效果如图7-1-26所示。

图7-1-26 最终效果

→ **知识链接：标志的作用**

　　设计马达将具体的事物、事件、场景和抽象的精神、理念、方向通过特殊的图形固定下来，使人们在看到标志的同时，自然地产生联想，从而对企业产生认同。标志(logo设计)与企业的经营紧密相关，商标设计是企业日常经营活动、广告宣传、文化建设、对外交流必不可少的元素，随着企业的成长，其价值也不断增长，曾有人断言："即使一把火把可口可乐的所有资产烧光，可口可乐凭着其商标，就能重新起来"，可想而知，logo设计的重要性。因此，具有长远眼光的企业，十分重视logo设计，同时了解标志的作用，在企业建立初期，好的设计无疑是日后无形资产积累的重要载体。中国银行进行标志变更后，仅全国拆除更换的户外媒体，就造成了2000万的损失。

第一，借助于标志的帮助，可以使公司形象统一，同时统一日常工作中经常使用的名片、信纸、信封的设计等就会更加令人难忘，它所起的作用将比没使用前会大得多。

第二，标志能给企业一个特别的身份证明，人们正是通过标志传达的信息才来预订或购买的，很难想象麦当劳没有了金色的拱形门上的独特商标，耐克没有了圆滑流畅的弧线，人们还会记起它们吗？

第三，一个标志就是可以以货币计算的企业资产，它能成为一个区别于竞争对手的最好形式。

第四，标志是一个企业的名片，一个好的标志会让人无形中对该企业有更多的记忆。

7.2 VI名片设计

7.2.1 技能分析

名片，又称卡片，中国古代称之为名刺，是标示姓名及其所属组织、公司单位和联系方法的纸片。名片是新朋友互相认识、自我介绍的最快最有效的方法。交换名片是商业交往的第一个标准官方动作。

制作本例的主要目的是使读者了解并掌握如何在CorelDRAW 2017软件中绘制名片，在本案例中主要使用【矩形工具】【文本工具】【均匀填充】工具进行绘制，从而完成最终效果。

7.2.2 制作步骤

01 按Ctrl+N组合键，弹出【创建新文档】对话框，将【名称】设置为【VI名片设计】，将【单位】设置为【毫米】，将【宽度】设置为780mm，将【高度】设置为300mm，将【原色模式】设置为RGB，单击

【确定】按钮，如图7-2-1所示。

图7-2-1 创建新文档

02 使用【矩形工具】，绘制【长度】和【宽度】分别为348mm、210mm，将填充颜色设置为白色，轮廓颜色设置为黑色，如图7-2-2所示。

03 将绘制的logo粘贴至当前文档中，调整logo的位置，效果如图7-2-3所示。

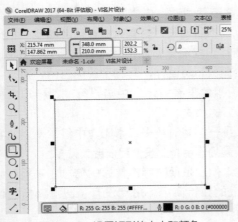

图7-2-2　设置矩形的大小和颜色

图7-2-3　调整logo的位置

04 使用【文本工具】，输入文本【刘佳】，将字体设置为【经典粗宋简】，将字体大小设置为65pt，如图7-2-4所示。

图7-2-4　输入文本并设置

05 使用【文本工具】，输入文本【置业顾问】，将【字体】设置为【黑体】，将【字体大小】设置为24 pt，如图7-2-5所示。

06 使用【文本工具】，输入文本【手机：138 8689 5688】，将字体设置

为【黑体】，将字体大小设置为30pt，如图7-2-6所示。

图7-2-5　输入文本并设置

图7-2-6　输入文本并设置

07 使用【文本工具】，输入文本【天悦华府开发公司】，将字体设置为【汉仪粗圆简】，将字体大小设置为40pt，如图7-2-7所示。

图7-2-7　输入文本并设置

08 使用【文本工具】，输入文本

【VIP:8888-8888888】，将字体设置为Broadway，将字体大小设置为30 pt，如图7-2-8所示。

图7-2-8　设置字体和大小

09　使用【钢笔工具】，绘制线段如图7-2-9所示。

图7-2-9　绘制线段

10　使用【文本工具】，输入文本，将字体设置为【经典粗宋简】，将字体大小设置为18 pt，如图7-2-10所示。

图7-2-10　输入文本并设置

11　选择右侧的文本和线段，如图7-2-11所示。

图7-2-11　选择文本和线段

12　按Shift+F11组合键，弹出【编辑填充】对话框，将CMYK值设置为100、64、84、43，单击【确定】按钮，如图7-2-12所示。

图7-2-12　设置填充颜色

13　设置颜色后的效果如图7-2-13所示。

图7-2-13　设置颜色后的效果

14　使用【矩形工具】，绘制【宽度】和【高度】分别为348mm、210mm的矩形，将轮廓颜色设置为无，如图7-2-14所示。

15　将logo粘贴至如图7-2-15所示的位置处，选择文本对象，将填充颜色的CMYK值设置为0、0、40、0。

图7-2-14　绘制矩形并设置

图7-2-15　设置文本颜色

➡ **知识链接：名片要素**

（1）属于造形的构成要素有：

插图(象征性或装饰性的图案)；

标志(图案或文字造形的标志)；

商品名(商品的标准字体，又叫合成文字或商标文字)；

饰框、底纹(美化版面、衬托主题)。

➡ **知识链接：名片要素**

（2）属于文字的构成要素有：

公司名(包括公司中英文全名与营业项目)；

标语(表现企业风格的完整短句)；

人名(中英文职称、姓名)；

联络资料(中英文地址、电话、行动电话、呼叫器、传真号码)。

（3）其他相关要素：

色彩(色相、明度、彩度的搭配)；

编排(文字、图案的整体排列)。

16 然后更改logo的颜色，更改后的效果如图7-2-16所示。

17 至此，VI名片设计就制作完成了，最终效果如图7-2-17所示。

图7-2-16　更改logo颜色后的效果

图7-2-17　最终效果

7.3　VI信封设计

7.3.1　技能分析

　　信封，一般是指人们用于邮递信件、保密信件内容的一种交流文件信息的袋状包装。信封一般做成长方形的纸袋。

　　制作本例的主要目的是使读者了解并掌握如何在CorelDRAW 2017软件中绘制信封，主要使用【矩形工具】【钢笔工具】等绘制信封外轮廓及其他细节部分；运用【渐变填充工具】填充颜色，从而完成最终效果的制作。

7.3.2 制作步骤

01 按Ctrl+N组合键，弹出【创建新文档】对话框，将【名称】设置为【VI信封设计】，将【单位】设置为【毫米】，将【宽度】设置为700mm，将【高度】设置为780mm，将【原色模式】设置为RGB，单击【确定】按钮，如图7-3-1所示。

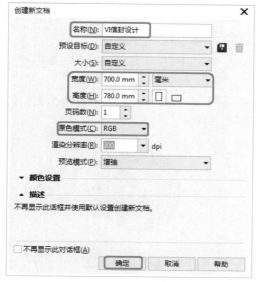

图7-3-1　创建新文档

02 使用【矩形工具】，在文档中绘制【宽度】和【高度】分别为572mm、286mm的矩形，将填充颜色设置为白色，将轮廓颜色设置为黑色，如图7-3-2所示。

图7-3-2　设置矩形的大小和颜色

03 使用【钢笔工具】，绘制如图7-3-3所示的图形，将轮廓宽度设置为0.259mm，将填充颜色设置为白色，将轮廓颜色设置为黑色。

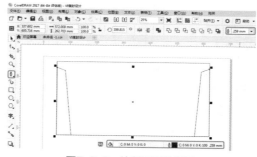

图7-3-3　绘制图形并设置

04 使用【钢笔工具】，绘制图形，将填充颜色设置为白色，将轮廓颜色设置为黑色，将轮廓宽度设置为0.259mm，如图7-3-4所示。

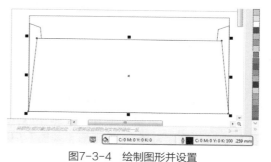

图7-3-4　绘制图形并设置

05 使用【钢笔工具】，绘制如图7-3-5所示的图形。

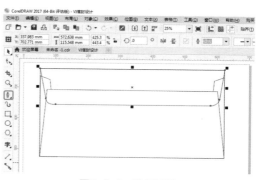

图7-3-5　绘制图形

06 按Shift+F11组合键，弹出【编辑填充】对话框，将0%位置处的CMYK值设置为 25、22、98、0，将100%位置处的CMYK

值设置为100、64、84、43，取消勾选【自由缩放和倾斜】复选框，将【填充宽度】设置为81.44%，将【水平偏移】设置为0%，将【垂直偏移】设置为0%，将【旋转】设置为-88.6°，单击【确定】按钮，如图7-3-6所示。

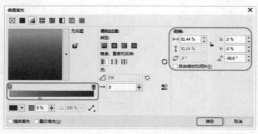

图7-3-6　设置渐变颜色

07 设置渐变后的效果如图7-3-7所示。

图7-3-7　设置渐变后的效果

08 使用【椭圆形工具】，绘制【宽度】和【高度】为16mm的圆形，如图7-3-8所示。

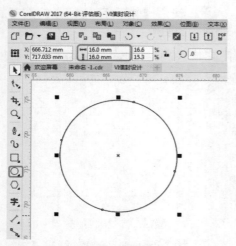

图7-3-8　绘制圆形

09 按Shift+F11组合键，弹出【编辑填充】对话框，将0%位置处的CMYK值

设置为44、62、93、4，将45%位置处的CMYK值设置为20、41、87、0，将100%位置处的CMYK值设置为0、0、0、10，取消勾选【自由缩放和倾斜】复选框，将【填充宽度】设置为308%，将【水平偏移】设置为-4.5%，将【垂直偏移】设置为52.5%，将【旋转】设置为90.4°，单击【确定】按钮，如图7-3-9所示。

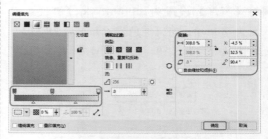

图7-3-9　设置渐变颜色

10 将圆形的轮廓颜色设置为无，如图7-3-10所示。

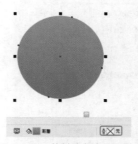

图7-3-10　将轮廓颜色设置为无

11 使用【椭圆形工具】，绘制【宽度】和【高度】都为12mm的圆形，如图7-3-11所示。

图7-3-11　绘制圆形

12 按Shift+F11组合键，弹出【编辑

填充】对话框，在【调和过渡】选项组中将【类型】设置为【椭圆形渐变填充】，将0%位置处的CMYK值设置为5、23、60、0，将100%位置处的CMYK值设置为4、13、33、0，取消勾选【自由缩放和倾斜】复选框，将【填充宽度】设置为116%，将【水平偏移】设置为-2.22%，将【垂直偏移】设置为-0.002%，单击【确定】按钮，如图7-3-12所示。

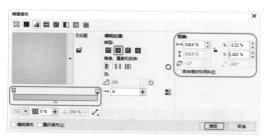

图7-3-12　设置渐变颜色

13 将轮廓颜色设置为无，使用【钢笔工具】，绘制图形对象，将填充颜色的CMYK值设置为0、0、0、100，将轮廓颜色设置为无，如图7-3-13所示。

图7-3-13　绘制图形并设置填充颜色

14 使用【钢笔工具】，绘制如图7-3-14所示的图形。

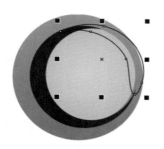

图7-3-14　绘制图形

15 按Shift+F11组合键，弹出【编辑填充】对话框，将0%位置处的CMYK值设置为8、13、22、0，将31%位置处的CMYK值设置为0、0、0、0，将47%位置处的CMYK值设置为0、0、0、0，将100%位置处的CMYK值设置为8、13、22、0，取消勾选【自由缩放和倾斜】复选框，将【填充宽度】设置为90%，将【水平偏移】设置为15%，将【垂直偏移】设置为6%，将【旋转】设置为-67.1°，单击【确定】按钮，如图7-3-15所示。

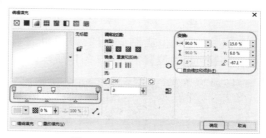

图7-3-15　设置渐变颜色

16 将轮廓颜色设置为无，效果如图7-3-16所示。

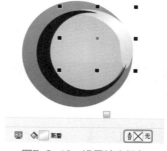

图7-3-16　设置轮廓颜色

17 调整图形对象的位置，效果如图7-3-17所示。

图7-3-17　调整图形的位置

18 打开【信封logo.cdr】素材文件，如图7-3-18所示。

图7-3-18 打开素材文件

19 将logo复制到VI信封设计文档中，调整logo的位置，如图7-3-19所示。

图7-3-19 调整logo的位置

20 对文字进行复制，调整文字的大小和位置，如图7-3-20所示。

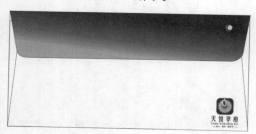

图7-3-20 调整文字的大小和位置

21 使用【钢笔工具】，绘制线段，将轮廓颜色设置为0.75mm，将轮廓颜色的CMYK值设置为100、64、84、43，如图7-3-21所示。

22 使用【文本工具】，输入文本【VIP:8888-8888888】，将字体设置为Broadway，将字体大小设置为32 pt，将填充颜色的CMYK值设置为100、64、84、43，如图7-3-22所示。

图7-3-21 设置轮廓颜色

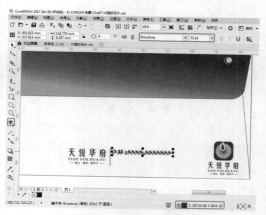

图7-3-22 输入文本并设置

23 使用【文本工具】，输入文本，将字体设置为【经典粗宋简】，将字体大小设置为20 pt，将填充颜色的CMYK值设置为100、64、84、43，如图7-3-23所示。

图7-3-23 输入文本并设置

24 使用【矩形工具】，绘制【宽度】和【高度】分别为572mm、286mm的矩形，将填充颜色设置为白色，将轮廓颜色设置为

突破平面 CoreIDRAW 2017设计与制作剖析

黑色，如图7-3-24所示。

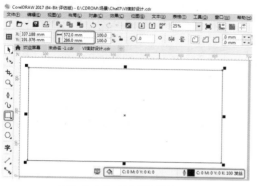

图7-3-24　绘制矩形并设置

25 使用【钢笔工具】，绘制如图7-3-25所示的图形对象。

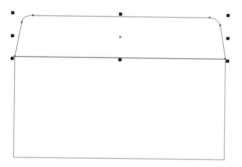

图7-3-25　绘制图形对象

26 按Shift+F11组合键，弹出【编辑填充】对话框，将0%位置处的CMYK值设置为25、22、98、0，将100%位置处的CMYK值设置为100、64、84、43，取消勾选【自由缩放和倾斜】复选框，将【填充宽度】设置为90%，将【水平偏移】设置为0%，将【垂直偏移】设置为-5%，将【旋转】设置为-91°，单击【确定】按钮，如图7-3-26所示。

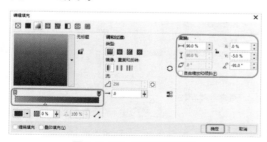

图7-3-26　设置渐变颜色

27 渐变填充后的效果如图7-3-27所示。

图7-3-27　渐变填充后的效果

28 将logo再次进行复制，并调整对象的位置，效果如图7-3-28所示。

图7-3-28　调整logo的位置

29 使用【矩形工具】，绘制多个【宽度】和【高度】都为18mm的矩形，如图7-3-29所示。

图7-3-29　绘制多个矩形

30 选择绘制的矩形对象，按F12键，弹出【轮廓笔】对话框，将【颜色】设置为CMYK值设置为25、22、98、0，如图7-3-30所示。

31 单击【确定】按钮，最终效果如图7-3-31所示。

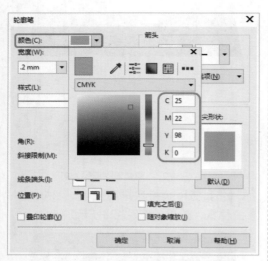

图7-3-30 设置轮廓颜色

图7-3-31 最终效果

7.4 VI手提袋设计

7.4.1 技能分析

　　手提袋是一种简易的袋子，制作材料有纸张、塑料、无纺布、工业纸板等。此类产品通常用于厂商盛放产品；也可在送礼时盛放礼品；还有很多时尚前卫的西方人更将手提袋用作包类产品使用，可与其他装扮相匹配，所以越来越被年轻人所喜爱。手提袋还被称为手挽袋、手袋等。

　　制作本例的主要目的是使读者了解并掌握如何在CorelDRAW 2017软件中绘制VI手提袋，在本案例中主要使用【钢笔工具】和【轮廓笔工具】等绘制出图形的轮廓，再使用【椭圆工具】【透明度工具】等制作出图像效果，从而完成最终效果。

7.4.2 制作步骤

　　01 按Ctrl+N组合键，弹出【创建新文档】对话框，将【名称】设置为"VI手提袋设计"，将【宽度】和【高度】设置为700mm，将【原色模式】设置为RGB，单击【确定】按钮，如图7-4-1所示。

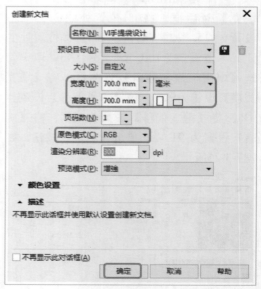

图7-4-1 创建新文档

　　02 使用【钢笔工具】，绘制图形，如图7-4-2所示。

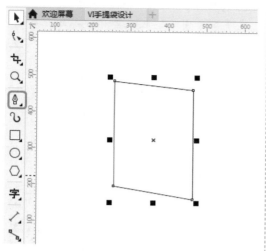

图7-4-2　绘制图形

03 按Shift+F11组合键，弹出【编辑填充】对话框，将0%位置处的CMYK值设置为 0、0、0、72，将39%位置处的CMYK值设置为 0、0、0、72，将53%位置处的CMYK值设置为 0、0、0、69，将75%位置处的CMYK值设置为 0、0、0、67，将100%位置处的CMYK值设置为0、0、0、67，取消勾选【自由缩放和倾斜】复选框，将【填充宽度】设置为102%，将【水平偏移】设置为−0.184%，将【垂直偏移】设置为1.221%，将【旋转】设置为−77°，单击【确定】按钮，如图7-4-3所示。

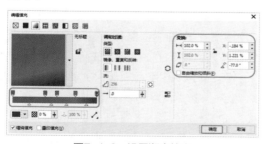

图7-4-3　设置渐变填充

04 选择图形对象，将轮廓颜色设置为无，如图7-4-4所示。

05 继续使用【钢笔工具】，绘制图形对象，如图7-4-5所示。

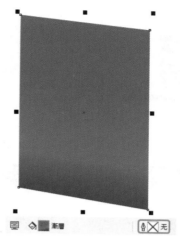

图7-4-4　设置轮廓颜色

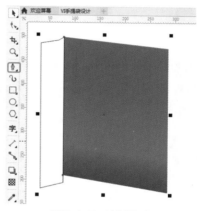

图7-4-5　绘制图形

06 按Shift+F11组合键，弹出【编辑填充】对话框，将0%位置处的CMYK值设置为 0、0、0、95，将26%位置处的CMYK值设置为 0、0、0、84，将30%位置处的CMYK值设置为 0、0、0、74，将31%位置处的CMYK值设置为 0、0、0、80，将39%位置处的CMYK值设置为 0、0、0、86，将46%位置处的CMYK值设置为 0、0、0、87，将93%位置处的CMYK值设置为 0、0、0、88，将100%位置处的CMYK值设置为0、0、0、62，取消勾选【自由缩放和倾斜】复选框，将【填充宽度】设置为99.3%，将【水平偏移】设置为−0.7%，将【垂直偏移】设置为0%，将【旋转】设置为180°，单击【确定】按钮，如图7-4-6所示。

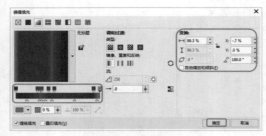

图7-4-6　设置渐变填充

知识链接：主要分类

手提袋的分类非常多，按分类粗细的不同，可能有上百种不同的手提袋印刷类型，形态各异、五花八门，其功能作用、外观内容也各有千秋。手提袋印刷按如下标准进行分类。

1. 按材料的不同分类

1）白卡纸手提袋

白卡纸制作的手提袋是一种最高档的手提袋，其特点是：白卡纸手提袋的强度是所有手提袋中最高的，这是由白卡纸的物理性能决定的，设计师一般将这种手提袋用于盛放高档服装或商品。与白板纸手提袋相比，白卡纸手提袋手感明显要细腻，因此，白卡纸手提袋显得特别高雅。白卡纸具有良好的印刷适性，设计师可大胆应用各种设计手法(包括色彩构思)。白卡纸手提袋也是手提袋中成本最高的一种。

2）白板纸手提袋

白板纸也是制作手提袋的常用材料。用白板纸制作的手提袋强度较大，可以盛放一些有一定重量的商品，设计师经常将白板纸用于服装手提袋，其规格一般是对开或全开手提袋。由于白板纸的印刷适性一般，因此，比较适宜印刷文字、线条或色块。白板纸强度较大，可以不覆膜，因此，成本比较低，是一种比较实惠的手提袋。

3）铜版纸手提袋

铜版纸制作的手提袋，其特点是牢

知识链接：主要分类

度适中。由于铜版纸具有较高的白度与光泽度，印刷适性良好，设计师可大胆采用各种画面及色块，广告效果良好。在铜版纸表面覆上光膜或亚光膜后，不但具有防潮、耐用功能，而且显得更精致。铜版纸是一种最普及的手提袋制作材料。

4）牛皮纸手提袋

用牛皮纸制作的手提袋，其特点是牢度较大，成本最低，一般用于盛放普通商品。除白色牛皮纸外，一般牛皮纸底色较深，因此，比较适宜印刷深色的文字与线条，也可设计一些对比强烈的色块。牛皮纸手提袋一般不覆膜，是一种成本最低的手提袋。

2. 按具体形式分类

手提袋印刷从具体形式来划分，可分为广告性手提袋、礼品性手提袋、装饰性手提袋、知识性手提袋、纪念性手提袋、简易性手提袋、趋时型手提袋、仿古型手提袋等。下面详细介绍手提袋印刷类型。

1）广告性手提袋

广告性手提袋是通过视觉传达设计的，注重广告的推广发展，通过图形的创意、符号的识别、文字的说明、色彩的刺激，引发消费者的注意力，从而产生亲切感，促进产品的销售。广告性手提袋占据了手提袋的很大一部分，构成了手提袋的主体。

在各种展销会、展览会上经常可以看到这类手提袋，手提袋上印着企业的名称、企业的标志、主要产品的名称以及一些广告语，无形中起到了宣传企业形象与产品形象的作用，这相当于是一个流动广告，而且流动范围很广，既能满足装物的要求，又具有良好的广告效应，所以是厂商、经贸活动流行的一种广告形式。这种手提袋设计得越别致，制作得越精美，其广告效果越好。广告性手提袋根据目标定位不同，还可分为购物手提袋、促销手提袋、品牌手提袋、VI设计推广手提袋。

（1）购物手提袋

购物袋广告可以利用袋身有限的面积，向人们传播企业或产品服务的市场信息。当顾客提着印有商店广告的购物袋，穿行于大街小巷的时候，实际上一些精美的手提袋并不亚于制作一个优秀的广告招牌，而其费用相对较低。

购物手提袋是为超市、商场等场所设计的。超市、商场为了方便消费者购物，把所购物品运输回家，与消费者联系感情而设计出专用的手提袋。这类手提袋多采用塑料材质，它较之其他手提袋，结构、材质都比较坚实，能容纳较多的物品，且造价便宜。购物手提袋上的视觉因素，主要是由购物场所特定的宣传形式（标态、吉祥物、专用图形、专用形象等）构成的，以突出超市、商场的形象，传达购物场所的信息。

（2）促销手提袋

促销手提袋主要应用于促销活动中，是用来宣传商品、企业的一种手段。企业为了促进其形象，促进商品销售，往往举行一系列活动。用手提袋印刷企业的介绍书、产品的说明书或许还有产品（一点儿小小的礼品），赠送给客人或消费者，以便消费者更充分地了解企业的情况和产品的性能。促销手提袋完全是一种可以容纳物品的活动广告板。它表面的视觉设计都是围绕着宣传突出企业、商品内容的目的，使消费者在活动中很乐意地接受其传播的信息。

（3）品牌手提袋

商家为了提高商品的品质，创造更高的价值，对产品进行品牌塑造，品牌

手提袋就是在这种塑造活动中使用的。品牌手提袋在专卖店中用的比较多，既方便顾客携带商品，又起到了宣传作用。这类手提袋的材料比较高档，与商品的品质相匹配。

（4）VI设计推广手提袋

VI是企业理念、精神视觉化设计的战略，VI常常把手提袋作为推进视觉传送的一种形式，也就是结合现代设计理念与企业经营理论的整体性动作，以塑造企业的个性，突出企业精神，使消费者产生深刻的印象与认同，以达成企业经营目标的设计。

2）礼品性手提袋

礼品性手提袋是为了提高礼品的价值，携带礼品方便而设计的手提袋形式。礼品性手提袋造型较精致，图形华丽、美观，有很好看的外表，内装赠送别人的礼品。

礼品手提袋是一种包装物品，就是指用来装放、包装烘托礼品的袋子。礼品手提袋的材质通常有塑料、纸制、布三种。现今到处都可以看到人们使用礼品手提袋。一款精美的礼品手提袋可以更好地烘托自己的礼品。随着人们生活方式的日益变化，消费者对礼品手提袋的要求也越来越高。

3）装饰性手提袋

装饰性手提袋没有具体的功能作用，只能用来携带随身物品，只有精彩的外表，是时尚的装饰品。

4）知识性手提袋

知识性手提袋是把各类具有一定知识性的图案、文字，如世界名画、中国书法等，印在购物袋上。这类购物袋不仅给消费者在携带物品时提供了方便，而且陶冶了人们的情操，使人产生美妙的心理感受。

5）纪念性手提袋

纪念性手提袋最常见的是为纪念某项文化艺术活动而特别设计制作的。

这种策略迎合人们的纪念心理和荣誉心理，使人们在购买之后，尚有一番新的感受。这种手提袋一般印有活动的名称、标志、说明性文字等，例如，"XX艺术节纪念""旅游纪念袋""XX届摄影展览""XX届电视节"等。这种手提袋一方面可以装入领取的资料、样本，另一方面又扩大了这项活动的影响。

6）简易性手提袋

当顾客购买杂七杂八的东西，需要简易购物袋盛装时，如果店家能够提供一个解人之忧的方法，必定受到消费者的欢迎。给人方便，本身就是促销的一个重要诀窍。

7）趋时型手提袋

人们普遍追求高水准的生活方式，时尚的商品领导一时消费潮流。当社会上出现什么"热"的时候，若店家把商品图案、宣传信息印在优美的购物袋上，无疑是促销的重要一招。当消费者看到热点商品在某店有售时，也就产生了"挡不住的诱惑"。

8）仿古型手提袋

许多社会知名度高的传统商品，由于用料讲究、制作老道、历史久远而倍受消费者喜爱。如果购物袋上印有古朴而典雅的图案和文字，会给人一种高贵和庄重的感觉，想必也会引起部分消费者的购物兴趣。

07 将图形的轮廓颜色设置为无，如图7-4-7所示。

图7-4-7　设置轮廓颜色

08 使用【钢笔工具】，绘制图形对象，如图7-4-8所示。

图7-4-8　绘制图形

09 按Shift+F11组合键，弹出【编辑填充】对话框，将0%位置处的CMYK值设置为 80、40、100、60，将26%位置处的CMYK值设置为 80、40、100、40，将30%位置处的CMYK值设置为 80、40、100、20，将39%位置处的CMYK值设置为 80、40、100、20，将46%位置处的CMYK值设置为 80、40、100、15，将93%位置处的CMYK值设置为 80、40、100、15，将100%位置处的CMYK值设置为80、40、100、60，取消勾选【自由缩放和倾斜】复选框，将【填充宽度】设置为99.3%，将【水平偏移】设置为-0.706 %，将【垂直偏移】设置为0%，将【旋转】设置为180°，单击【确定】按钮，如图7-4-9所示。

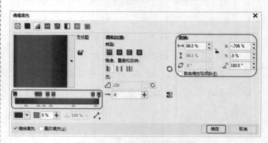

图7-4-9　设置渐变填充

10 将图形的轮廓颜色设置为无，如图7-4-10所示。

图7-4-10 设置轮廓颜色

11 使用贝塞尔工具，绘制图形对象，将填充颜色的CMYK值设置为80、40、100、30，将轮廓颜色设置为无，如图7-4-11所示。

图7-4-11 绘制图形并设置

12 使用【钢笔工具】，绘制图形对象，将填充颜色的CMYK值设置为80、40、100、60，将轮廓颜色设置为无，如图7-4-12所示。

13 使用【贝塞尔工具】，绘制三角形，将填充颜色的CMYK值设置为80、40、100、40，将轮廓颜色设置为无，如图7-4-13所示。

图7-4-12 绘制图形并设置

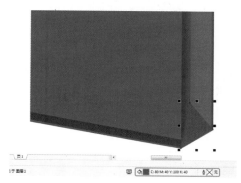

图7-4-13 绘制图形并设置

14 使用【贝塞尔工具】，绘制图形，将填充颜色设置为白色，将轮廓颜色设置为无，如图7-4-14所示。

图7-4-14 绘制图形并设置

15 打开【手提袋logo.cdr】素材文件，如图7-4-15所示。

图7-4-15　打开素材文件

16 将logo复制粘贴到VI手提袋设计
文档中，并调整logo的位置，如图7-4-16
所示。

图7-4-16　调整logo的位置

17 确定logo处于选中状态，右击
logo，在弹出的快捷菜单中选择【PowerClip
内部…】命令，如图7-4-17所示。

18 在绘制的白色图形上单击，如图
7-4-18所示。

19 执行上述操作后的效果如图7-4-19
所示。

图7-4-17　选择【PowerClip内部…】命令

图7-4-18　在图形上单击

图7-4-19　设置完成后的效果

20 使用【椭圆形工具】，绘制两个
椭圆形，如图7-4-20所示。

21 按Shift+F11组合键，弹出【编辑
填充】对话框，在【调和过渡】选项组中
将【类型】设置为【椭圆形渐变填充】，
将0%位置处的CMYK值设置为 17、5、0、
79，将12%位置处的CMYK值设置为 7、2、
2、35，将14%位置处的CMYK值设置为 4、

1、1、19，将21%位置处的CMYK值设置为 0、0、0、2，将25%位置处的CMYK值设置为0、4、7、50，将31%位置处的CMYK值设置为 0、8、13、65，将33%位置处的CMYK值设置为 0、12、20、81，将100%位置处的CMYK值设置为0、12、20、81，取消勾选【自由缩放和倾斜】复选框，将【填充宽度】设置为105 %，将【水平偏移】设置为0 %，将【垂直偏移】设置为0 %，单击【确定】按钮，如图7-4-21所示。

图7-4-20　绘制椭圆

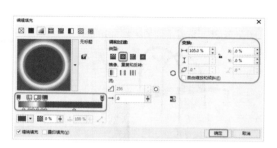

图7-4-21　设置渐变填充

22 将椭圆的轮廓颜色设置为无，如图7-4-22所示。

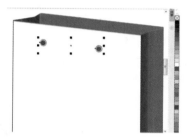

图7-4-22　设置轮廓颜色

23 使用【钢笔工具】，绘制如图7-4-23所示的图形。

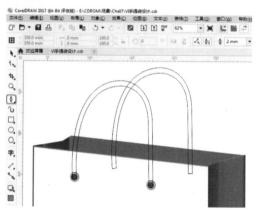

图7-4-23　绘制图形

24 按Shift+F11组合键，弹出【编辑填充】对话框，将CMYK值设置为0、0、0、

100，单击【确定】按钮，如图7-4-24所示。

图7-4-24　设置填充颜色

25 将图形的轮廓颜色设置为无，如图7-4-25所示。

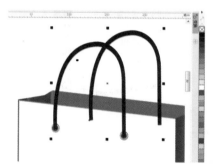

图7-4-25　设置轮廓颜色

26 选择如图7-4-26所示的图形，右击在弹出的快捷菜单中选择【顺序】|【到图层后面】命令，如图7-4-26所示。

27 调整图层顺序后的效果如图7-4-27所示。

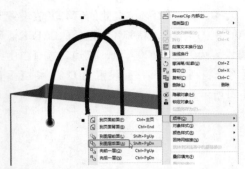

图7-4-26 选择【到图层后面】命令

图7-4-27 调整图层顺序后的效果

28 将绘制的logo进行复制并粘贴，并调整logo的位置，如图7-4-28所示。

图7-4-28 调整logo的位置

29 选择logo对象，打开【变换】泊坞窗，将旋转角度设置为-5°，单击【应用】按钮，如图7-4-29所示。

30 使用【钢笔工具】，绘制图形对象，将填充颜色的CMYK值设置为0、0、0、20，将轮廓颜色设置为无，如图7-4-30所示。

图7-4-29 设置旋转角度

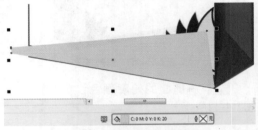

图7-4-30 绘制图形并设置

31 使用【钢笔工具】，绘制图形，将填充颜色的CMYK值设置为0、0、0、10，将轮廓颜色设置为无，如图7-4-31所示。

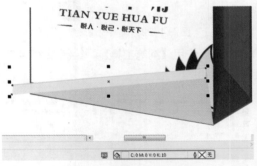

图7-4-31 绘制图形并设置

32 选择如图7-4-32所示的图形，在工具栏中单击【透明度工具】按钮，在绘图区中调整对象的透明度。

33 选择如图7-4-33所示的图形，在工具栏中单击【透明度工具】按钮，在绘图区中调整对象的透明度。

34 最终效果如图7-4-34所示。

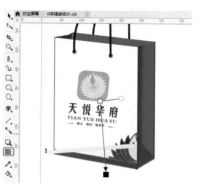

图7-4-32 调整对象的透明度

图7-4-33 调整对象的透明度

图7-4-34 最终效果

7.5 VI档案袋设计

7.5.1 技能分析

　　档案袋属于办公用品,主要用于收集学生自认为能够证明自己学习进步、创新精神和知识技能的成果。可以包括计划、中间过程的草稿、最终的成果,以及教师的评价、相关的资料等,以此来评价学生学习和进步的状况。档案袋可以说是记录了学生在某一时期一系列的成长"故事",是评价学生进步过程、努力程度、反省能力及其最终发展水平的理想方式。

　　制作本例的主要目的是使读者了解并掌握如何在CorelDRAW 2017软件中绘制档案本,在本案例中主要使用【钢笔工具】【填充工具】【椭圆形工具】和【文本工具】等工具绘制并设置图像,从而完成最终效果的制作。

7.5.2 制作步骤

　　01 按Ctrl+N组合键,弹出【创建新文档】对话框,将【名称】设置为"VI档案袋设计",将【宽度】和【高度】分别设置为900mm、700mm,将【原色模式】设置为RGB,单击【确定】按钮,如图7-5-1所示。

图7-5-1 创建新文档

　　02 使用【钢笔工具】,绘制如图7-5-2所示的图形。

　　03 选择绘制的两个图形对象,按Shift+F11组合键,弹出【编辑填充】对话框,将CMYK值设置为5、15、50、0,单

145

击【确定】按钮，如图7-5-3所示。

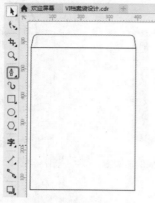

图7-5-2 绘制图形

图7-5-3 设置填充颜色

04 根据上面介绍的方法，绘制如图7-5-4所示的文本和线段。

图7-5-4 设置完成后的效果

05 使用【文本工具】，输入文本，将字体设置为【经典粗宋简】，将字号设置为120pt，如图7-5-5所示。

06 选择绘制的文本，在属性栏中单击右侧的按钮 》，在弹出的下拉列表中单击【将文本更改为垂直方向】按钮 ，更

改文本方向后的效果如图7-5-6所示。

图7-5-5 输入文本并设置

图7-5-6 更改文本方向

07 按Shift+F11组合键，弹出【编辑填充】对话框，将CMYK值设置为100、64、84、43，单击【确定】按钮，如图7-5-7所示。

图7-5-7 设置填充颜色

08 更改文本的填充颜色后，效果如图7-5-8所示。

09 继续使用【文本工具】，输入文本，将字体设置为【黑体】，将字体大小

设置为50pt，将填充颜色的CMYK值设置为100、64、84、13，将轮廓颜色设置为无，如图7-5-9所示。

图7-5-8　更改文本颜色后的效果

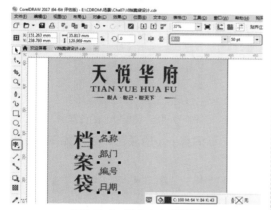

图7-5-9　输入文本并设置

[10]　使用【钢笔工具】，绘制直线段，如图7-5-10所示。

图7-5-10　绘制直线

[11]　按F12键，弹出【轮廓笔】对话框，将【宽度】设置为0.75mm，将颜色的CMYK值设置为100、64、84、43，单击【确定】按钮，如图7-5-11所示。

[12]　对线段进行多次复制，并调整线段的位置，如图7-5-12所示。

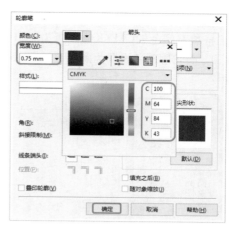

图7-5-11　设置轮廓颜色和宽度

图7-5-12　复制并调整线段的位置

[13]　使用【矩形工具】，绘制【宽度】和【高度】分别为370mm、523mm，将填充颜色的CMYK值设置为5、15、50、0，将轮廓颜色设置为黑色，如图7-5-13所示。

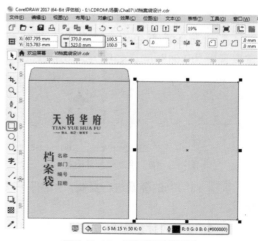

图7-5-13　设置矩形并设置

14 使用【钢笔工具】，绘制图形对象，将填充颜色的CMYK值设置为5、15、50、0，将轮廓颜色设置为黑色，如图7-5-14所示。

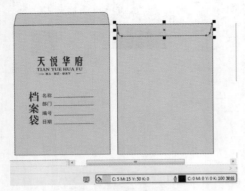

图7-5-14 绘制图形并设置

15 使用【椭圆工具】，绘制椭圆，将轮廓宽度设置为0.54mm，如图7-5-15所示。

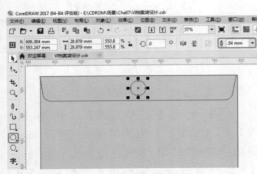

图7-5-15 绘制椭圆并设置

16 使用【椭圆工具】，绘制椭圆，将填充颜色的CMYK值设置为100、64、84、43，将轮廓颜色设置为黑色，将轮廓宽度设置为0.648mm，如图7-5-16所示。

图7-5-16 绘制椭圆并设置

17 对绘制的椭圆进行复制，如图7-5-17所示。

18 将logo标志复制到当前文档中，调整logo的位置，如图7-5-18所示。

图7-5-17 复制椭圆

图7-5-18 调整logo的位置

19 调整logo的颜色，效果如图7-5-19所示。

图7-5-19 调整logo的颜色

20 最终效果如图7-5-20所示。

图7-5-20 最终效果

7.6.1 技能分析

工作证是表示一个人在某单位工作的证件，包括省市县等机关单位和企事业单位等，是一个公司形象和认证的一种标志。

工作证是公司或单位组织成员的证件，加入工作后才能申请发放。通常具备方便、简单、快捷的特点。

制作本例的主要目的是使读者了解并掌握如何在CorelDRAW 2017软件中绘制工作证，在本案例中主要使用【矩形工具】【文本工具】【钢笔工具】和【2点线工具】等绘制并设置图像，从而完成最终效果的制作。

7.6.2 制作步骤

01 按Ctrl+N组合键，弹出【创建新文档】对话框，将【名称】设置为VI工作证设计，将【宽度】和【高度】分别设为600mm、800mm，将【原色模式】设置为RGB，单击【确定】按钮，如图7-6-1所示。

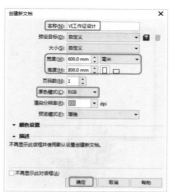

图7-6-1 创建新文档

02 使用【矩形工具】，绘制【宽度】和【高度】分别为372mm、552mm的矩形，如图7-6-2所示。

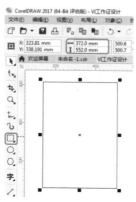

图7-6-2 绘制矩形并设置

03 按Shift+F11组合键，弹出【编辑填充】对话框，将CMYK值设置为100、64、84、43，单击【确定】按钮，如图7-6-3所示。

图7-6-3 设置填充颜色

04 将矩形的轮廓颜色设置为无，如图7-6-4所示。

图7-6-4 设置轮廓颜色

05 使用【矩形工具】，绘制【宽度】和【高度】分别为341mm、476mm的矩形，将填充颜色设置为白色，将轮廓颜色设置为无，如图7-6-5所示。

图7-6-5　绘制矩形并设置

06 选择绘制的矩形，将转角半径设置为20mm，如图7-6-6所示。

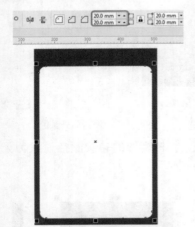

图7-6-6　设置矩形的转角半径参数

07 打开【工作证logo.cdr】素材文件，选择logo对象，如图7-6-7所示。

08 将logo复制并粘贴到VI工作证设计文档中，调整logo的位置，如图7-6-8所示。

09 右击logo，在弹出的快捷菜单中选择【PowerClip内部…】命令，如图7-6-9

所示。

图7-6-7　选择logo对象

图7-6-8　调整logo的位置

图7-6-9　选择【PowerClip内部…】命令

10 单击白色矩形，如图7-6-10所示。

11 执行该操作后的效果如图7-6-11所示。

12 将logo标志复制到如图7-6-12所示的位置处。

图7-6-10 单击白色矩形　　图7-6-11 执行命令后的效果　　图7-6-12 复制logo并调整其位置

13 使用【矩形工具】，绘制【宽度】和【高度】分别为135mm、185mm的矩形，如图7-6-13所示。

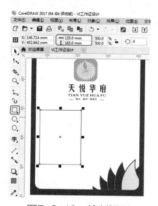

图7-6-13 绘制矩形

14 按Shift+F11组合键，弹出【编辑填充】对话框，将CMYK值设置为0、0、40、0，单击【确定】按钮，如图7-6-14所示。

图7-6-14 设置填充颜色

15 按F12键，弹出【轮廓笔】对话框，将颜色的CMYK值设置为100、64、84、43，如图7-6-15所示。

图7-6-15 设置轮廓颜色

16 单击【确定】按钮，使用【文本工具】，输入文本，将字体设置为【黑体】，将字体大小设置为52pt，将填充颜色的CMYK值设置为100、64、84、43，如图7-6-16所示。

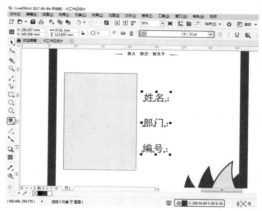

图7-6-16 输入文本并设置

17 使用【2点线工具】，绘制三条线段，并调整对象的位置，如图7-6-17所示。

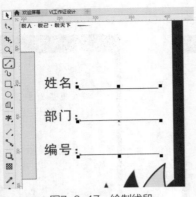

图7-6-17 绘制线段

18 按F12键，弹出【轮廓笔】对话框，将【宽度】设置为0.75mm，将颜色的CMYK值设置为100、64、84、43，单击【确定】按钮，如图7-6-18所示。

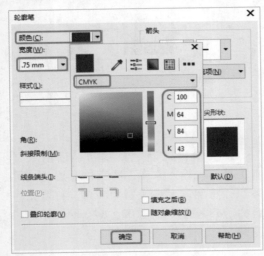

图7-6-18 设置轮廓颜色

提示

工作证是固定形式。工作证是正式成员工作体现的象征证明，有了工作证就代表正式成为某个公司或单位组织的正式成员。

为保险业务员、直销人员、物流人员、快递人员、劳务派遣人员、市场经营人员等人员流动变化快，工作地域跨度大，信息不易查询等行业，开展人员诚信信息认定、办理个人"全国统一的数字化信用工作证"。

19 更改线段颜色后的效果如图7-6-19所示。

图7-6-19 更改线段颜色后的效果

20 使用【钢笔工具】，绘制图形，将填充颜色的CMYK值设置为0、40、100、40，将轮廓颜色设置为无，如图7-6-20所示。

图7-6-20 设置图形的填充和轮廓颜色

21 使用【钢笔工具】，绘制图形，将填充颜色的CMYK值设置为0、20、100、0，将轮廓颜色设置为无，如图7-6-21所示。

22 选择绘制的两个图形对象，然后右击图形对象，在弹出的快捷菜单中选择【顺

序】|【到图层后面】命令，如图7-6-22所示。

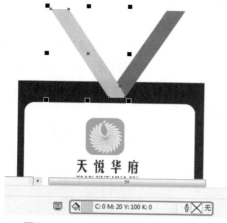

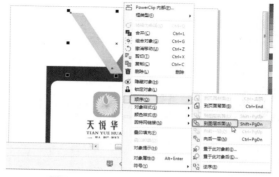

图7-6-21　设置图形的填充和轮廓颜色　　　　图7-6-22　选择【到图层后面】命令

23 至此，VI工作证就制作完成了，最终效果如图7-6-23所示。

图7-6-23　最终效果

小结

　　本章主要讲解了【矩形工具】【贝塞尔工具】【椭圆形工具】【渐变填充工具】【透明度工具】等在VI设计中的运用，通过对以上案例的学习，可以掌握和了解VI设计的技巧应用和操作方法，还可以尝试制作其他的VI，如会员卡、纸杯等。

第8章　宣传单设计

　　宣传单是一种常见的现代信息传播工具，它可以通过具体、生动的形式来向对方传递信息，因此在制作宣传单时要求设计人员思路清晰，拥有创意与丰富的理念，制作出风格独特的宣传单。本章将介绍宣传单的设计制作。

8.1　装修宣传单设计

8.1.1　技能分析

　　制作本例的主要目的是使读者了解并掌握如何在CorelDRAW 2017软件中进行装修宣传单设计，本例以绿色为主体背景，其中配合黄色和白色为辅助色，其中重点是对字体立体化的应用。

8.1.2　制作步骤

　　01 按Ctrl+N组合键，弹出【创建新文档】对话框，将【名称】设置为"装饰宣传单设计"，将【宽度】和【高度】设置为432mm、292mm，将【原色模式】设置为RGB，单击【确定】按钮，如图8-1-1所示。

图8-1-1　创建新文档

　　02 使用【矩形工具】，绘制【宽度】和【高度】分别为432mm、292mm的矩形，如图8-1-2所示。

图8-1-2　绘制矩形并设置

　　03 按Shift+F11组合键，弹出【编辑填充】对话框，在【调和过渡】选项组中，设置【类型】为【椭圆形渐变填充】，将0%位置处色块的CMYK值设置为40、0、40、0，将100%位置处色块的CMYK值设置为0、0、5、0，在【变换】选项组中取消勾选【自由缩放和倾斜】复选框，将【填充宽度】设置为196%，将【水平偏移】设置为1%，将【垂直偏移】设置为16%，单击【确定】按钮，如图8-1-3所示。

　　04 将矩形的轮廓颜色设置为无，如图8-1-4所示。

　　05 使用【钢笔工具】，绘制多条白色斜线，将轮廓宽度设置为0.15mm，如

图8-1-5所示。

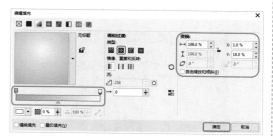

图8-1-3 设置渐变颜色

图8-1-4 设置轮廓颜色

图8-1-5 绘制白色斜线

06 选择绘制的所有白色斜线后右击，在弹出的快捷菜单中选择【组合对象】命令，如图8-1-6所示。

图8-1-6 选择【组合对象】命令

07 选择成组后的斜线，右击，在弹出的快捷菜单中选择【PowerClip内部...】命令，如图8-1-7所示。

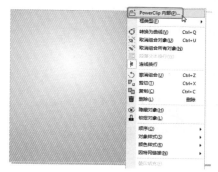

图8-1-7 选择【PowerClip内部...】命令

08 在绘制的渐变矩形上单击，如图8-1-8所示。

图8-1-8 在渐变矩形上单击

09 执行【PowerClip内部...】命令操作后的效果如图8-1-9所示。

图8-1-9 执行【PowerClip内部...】命令后的效果

10 打开【背景.cdr】素材文件，如图8-1-10所示。

11 按Ctrl+A组合键，选择背景对象，将其复制到装饰宣传单文档中，调整对象的位置，然后右击对象，在弹出的快捷菜单中选择【PowerClip内部...】命令，如图8-1-11所示。

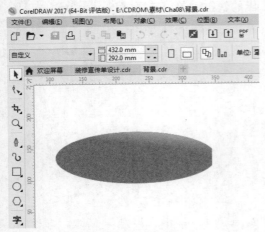

图8-1-10 打开素材文件

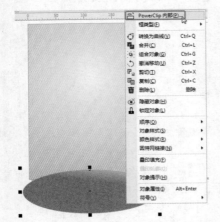

图8-1-11 选择【PowerClip内部...】命令

12 单击渐变矩形，执行【PowerClip内部...】命令操作后的效果如图8-1-12所示。

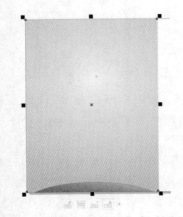

图8-1-12 执行【PowerClip内部...】命令后的效果

13 打开【绿色背景.cdr】素材文件，如图8-1-13所示。

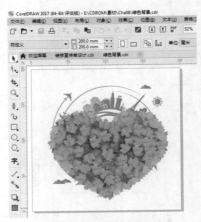

图8-1-13 打开素材文件

14 将素材文件复制到装饰宣传单文档中，调整对象的位置，使用【文本工具】，输入文本，将字体设置为【方正大黑简体】，将字体大小设置为135pt，将字体颜色设置为白色，如图8-1-14所示。

图8-1-14 输入文本

15 使用【立体化工具】 ，在字体上按住鼠标向下进行拖曳，即可对文字进行立体处理，在属性栏中单击【立体化颜色】按钮，在弹出的下拉列表中单击【使用递减的颜色】按钮 ，将【从】的CMYK值设置为60、0、100、0，将【到】的CMYK值设置为100、10、100、50，效果如图8-1-15所示。

16 使用【文本工具】，输入文本，将字体设置为【方正大黑简体】，将字体大小设置为120pt，将字体颜色设置为白色，如图8-1-16所示。

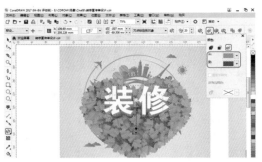

图8-1-15　对文本进行立体化

图8-1-16　输入文本并设置

17 使用【立体化工具】，在字体上按住鼠标向下进行拖曳，即可对文字进行立体处理，在属性栏中单击【立体化颜色】按钮，在弹出的下拉列表中单击【使用递减的颜色】按钮，将【从】的CMYK值设置为60、0、100、0，将【到】的CMYK值设置为100、10、100、50，效果如图8-1-17所示。

图8-1-17　对文本进行立体化

18 使用【矩形工具】，绘制【宽度】和【高度】分别为167mm、22mm的矩形，如图8-1-18所示。

19 选择绘制的矩形，在属性栏中将

转角半径设置为1mm，如图8-1-19所示。

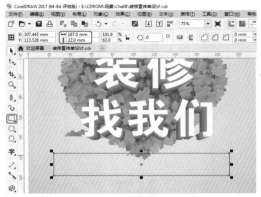

图8-1-18　绘制矩形并设置

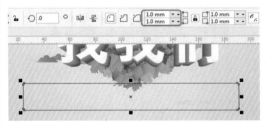

图8-1-19　设置转角半径参数

20 按Shift+F11组合键，弹出【编辑填充】对话框，将0%位置处色块的CMYK值设置为40、0、100、0，将100%位置处色块的CMYK值设置为100、0、100、0，在【变换】选项组中取消勾选【自由缩放和倾斜】复选框，将【填充宽度】设置为82%，将【水平偏移】设置为9%，将【垂直偏移】设置为-2.25%，将【角度】设置为90°，单击【确定】按钮，如图8-1-20所示。

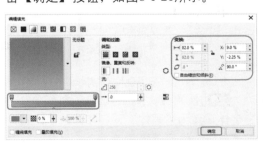

图8-1-20　设置渐变颜色

21 将矩形的轮廓颜色设置为无，如图8-1-21所示。

22 对绘制的矩形进行复制，将复制后的矩形颜色设置为白色，使用【透明度

工具】，拖曳鼠标指针，调整矩形的透明度，如图8-1-22所示。

图8-1-21 设置轮廓颜色

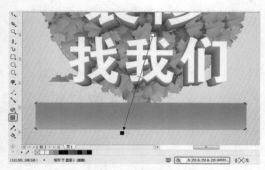

图8-1-22 设置矩形的透明度

23 使用【文本工具】，输入文本，将字体设置为黑体，将字体大小设置为15pt，将字体颜色设置为白色，如图8-1-23所示。

图8-1-23 输入文本并设置

24 使用【文本工具】，输入文本，将字体设置为"黑体"，将字体大小设置为14pt，将字体颜色设置为白色，如图8-1-24所示。

25 使用【文本工具】，输入文本，将字体设置为【汉仪粗圆简】，将字体大小设置为24pt，如图8-1-25所示。

图8-1-24 输入文本并设置

图8-1-25 输入文本并设置

26 按Shift+F11组合键，弹出【编辑填充】对话框，将CMYK值设置为100、10、100、50，单击【确定】按钮，如图8-1-26所示。

图8-1-26 设置填充颜色

27 设置字体颜色后的效果如图8-1-27所示。

图8-1-27 设置字体颜色后的效果

28 使用【文本工具】，输入文本，将字体设置为【汉仪粗宋简】，将字体大小设置为17pt，如图8-1-28所示。

图8-1-28　输入文本并设置

29 按Shift+F11组合键，弹出【编辑填充】对话框，将CMYK值设置为0、60、100、0，单击【确定】按钮，如图8-1-29所示。

图8-1-29　设置填充颜色

30 使用【钢笔工具】，绘制图形如图8-1-30所示。

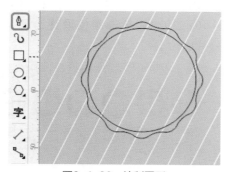

图8-1-30　绘制图形

31 选择绘制的两条线段，在属性栏中，单击【简化】按钮，如图8-1-31所示。

32 选择简化后的图形对象，将CMYK值设置为100、0、100、0，将轮廓颜色设置为无，如图8-1-32所示。

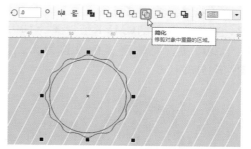

图8-1-31　单击【简化】按钮

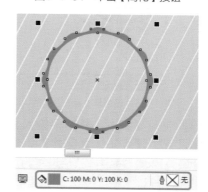

图8-1-32　设置填充和轮廓颜色

33 使用【椭圆工具】，绘制椭圆，如图8-1-33所示。

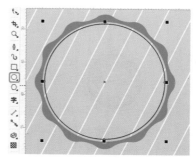

图8-1-33　绘制椭圆

34 将填充颜色的RGB值设置为10、63、0，将轮廓颜色设置为无，如图8-1-34所示。

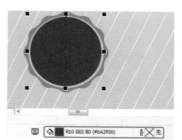

图8-1-34　设置填充和轮廓颜色

35 继续使用【椭圆工具】，绘制图形，将填充颜色的CMYK值设置为100、0、100、0，将轮廓颜色设置为无，如图8-1-35所示。

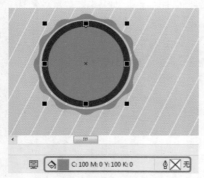

图8-1-35 设置填充和轮廓颜色

36 使用【文本工具】，输入文本，将字体设置为【方正大黑简体】，将字体大小设置为12pt，将字体颜色设置为白色，如图8-1-36所示。

图8-1-36 输入文本并设置

37 对绘制的图形对象进行复制并粘贴，然后更改文本，如图8-1-37所示。

图8-1-37 绘制其他图形并更改文字

38 使用【文本工具】输入文本，将字体设置为【汉仪粗宋简】，将字体大小

设置为13pt，将填充颜色的CMYK值设置为60、0、100、0，如图8-1-38所示。

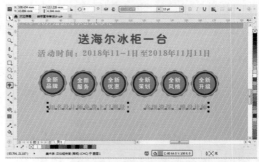

图8-1-38 输入文本并设置字体和大小

39 使用【文本工具】输入文本，将字体设置为【汉仪粗宋简】，将字体大小设置为13pt，将填充颜色的CMYK值设置为100、10、100、50，如图8-1-39所示。

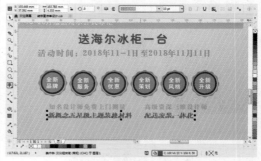

图8-1-39 输入文本并设置

40 使用【椭圆工具】，绘制4个椭圆，将填充颜色的CMYK值设置为100、0、100、20，将轮廓颜色设置为无，如图8-1-40所示。

图8-1-40 绘制椭圆并设置颜色

41 使用【文本工具】输入文本，将字体设置为【华文隶书】，将字体大小设置为17pt，将填充颜色的CMYK值设置为

100、0、100、20，如图8-1-41所示。

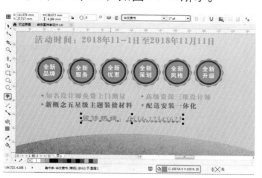

图8-1-41　输入文本并设置

42 使用【文本工具】输入文本，将字体设置为【黑体】，将字体大小设置为12pt，将填充颜色的CMYK值设置为100、0、100、20，如图8-1-42所示。

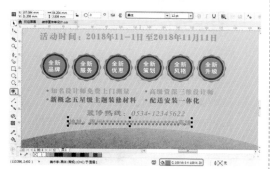

图8-1-42　输入文本并设置

43 使用【钢笔工具】，绘制电话，如图8-1-43所示。

图8-1-43　绘制电话

44 将电话的填充颜色的CMYK值设置为100、0、100、35，将轮廓颜色设置为无，如图8-1-44所示。

45 使用【矩形工具】，绘制多个矩形，将矩形的填充颜色设置为白色，将轮廓颜色设置为无，如图8-1-45所示。

图8-1-44　设置填充和轮廓颜色

图8-1-45　绘制矩形

46 选择白色矩形和电话的座机部分，在属性栏中单击【合并】按钮，如图8-1-46所示。

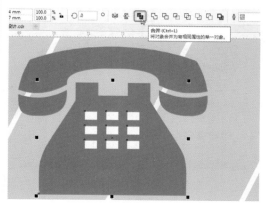

图8-1-46　单击【合并】按钮

47 合并后的效果如图8-1-47所示。

图8-1-47　合并后的效果

48 使用【钢笔工具】和【椭圆工具】，绘制图形，将填充颜色设置为无，将轮廓颜色的CMYK值设置为100、0、100、30，如图8-1-48所示。

图8-1-48　设置图形的轮廓颜色

49 选择绘制的图形对象，对图形进行复制，在属性栏中单击【垂直镜像】按钮，然后调整对象的位置，如图8-1-49所示。

图8-1-49　垂直镜像对象

50 选择宣传单的背景，对图形进行复制，如图8-1-50所示。

图8-1-50　复制宣传单背景

51 选择复制后的背景，在属性栏中单击【垂直镜像】按钮，如图8-1-51所示。

52 继续选中宣传单背面，在上方单击【编辑PowerClip】按钮，如图8-1-52所示。

53 将白色的斜线删除，然后单击上方的【停止编辑内容】按钮，如图8-1-53

所示。

图8-1-51　垂直镜像对象

图8-1-52　单击【编辑PowerClip】按钮

图8-1-53　单击【停止编辑内容】按钮

54 删除白色斜线后的效果如图8-1-54所示。

55 使用【文本工具】，输入文本，将字体设置为【汉仪粗宋简】，将字体大小设置为30pt，如图8-1-55所示。

56 按Shift+F11组合键，弹出【编辑填充】对话框，将CMYK值设置为0、60、100、0，单击【确定】按钮，如图8-1-56所示。

图8-1-54　删除白色斜线后的效果

图8-1-55　设置文本的字体和大小

图8-1-56　设置填充颜色

57 使用【文本工具】，输入文本，将字体设置为【汉仪粗宋简】，将字体大小设置为11.5pt，如图8-1-57所示。

图8-1-57　输入文本并设置

58 按Shift+F11键，弹出【编辑填充】对话框，将CMYK值设置为0、60、100、0，单击【确定】按钮，如图8-1-58所示。

59 使用【矩形工具】，绘制【宽

度】和【高度】分别为42mm、8.5mm的矩形，如图8-1-59所示。

图8-1-58　设置填充颜色

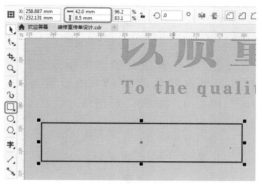

图8-1-59　绘制矩形

60 将矩形的转角半径设置为1mm，如图8-1-60所示。

图8-1-60　设置矩形的转角半径

61 将填充颜色的CMYK值设置为60、0、100、0，将轮廓颜色设置为无，如图8-1-61所示。

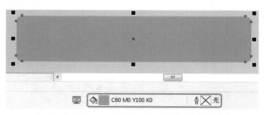

图8-1-61　设置矩形的填充和轮廓颜色

62 使用【文本工具】，输入文本，将字体设置为【汉仪行楷简】，将字体大小设置为24pt，将字体颜色设置为白色，对绘制的圆角矩形进行复制，将填充颜色的CMYK值设置为0、60、100、0，如图8-1-62所示。

图8-1-62　输入文本并设置

63 继续对绘制的圆角矩形进行复制，将填充颜色的CMYK值设置为0、100、100、0，如图8-1-63所示。

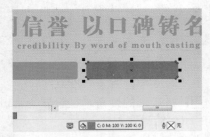

图8-1-63　设置圆角矩形的填充颜色

64 继续对绘制的圆角矩形进行复制，将填充颜色的CMYK值设置为72、14、5、0，如图8-1-64所示。

图8-1-64　设置圆角矩形的填充颜色

65 使用同样的方法输入其他文本，如图8-1-65所示。

图8-1-65　输入其他文本

66 使用【文本工具】，输入文本，将字体设置为【黑体】，将字体大小设置为23pt，如图8-1-66所示。

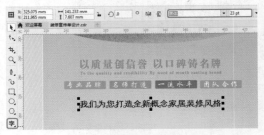

图8-1-66　设置文本的字体和大小

67 按Shift+F11组合键，弹出【编辑填充】对话框，将0%位置处色块的CMYK值设置为40、0、100、0，将100%位置处色块的CMYK值设置为100、0、100、0，单击【确定】按钮，如图8-1-67所示。

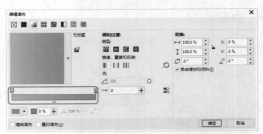

图8-1-67　设置渐变颜色

68 设置文本颜色后的效果如图8-1-68所示。

图8-1-68　设置文本颜色后的效果

69 使用【矩形工具】，绘制【宽度】和【高度】分别为165mm、125mm的矩形，将填充颜色设置为无，将轮廓颜色的CMYK值设置为100、0、100、0，如图8-1-69所示。

70 使用【矩形工具】，绘制【宽度】和【高度】分别为161mm、120mm的矩形，将填充颜色设置为无，将轮廓颜色的CMYK值设置为40、0、100、0，如图8-1-70所示。

图8-1-69 绘制矩形并设置

图8-1-70 绘制矩形并设置

71 打开【装修风格.cdr】素材文件，如图8-1-71所示。

图8-1-71 打开素材文件

72 将素材文件复制粘贴到装修宣传单设计文档中，调整素材的位置，如图8-1-72

所示。

图8-1-72 调整素材的位置

73 使用【矩形工具】，绘制【宽度】和【高度】分别为165mm、9mm的矩形，如图8-1-73所示。

图8-1-73 绘制矩形

74 按Shift+F11组合键，弹出【编辑填充】对话框，将0%位置处色块的CMYK值设置为40、0、100、0，将100%位置处色块的CMYK值设置为100、0、100、0，在【变换】选项组中取消勾选【自由缩放和倾斜】复选框，将【填充宽度】设置为100%，将【水平偏移】设置为1%，将【垂直偏移】设置为0%，将【角度】设置为180°，单击【确定】按钮，如图8-1-74所示。

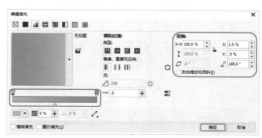

图8-1-74 设置渐变颜色

75 将矩形的轮廓颜色设置为无，如图8-1-75所示。

图8-1-75　设置轮廓颜色

76 对矩形进行复制，调整矩形的位置，将矩形的【宽度】和【高度】分别设置为131mm、22mm，如图8-1-76所示。

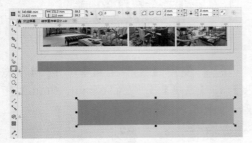

图8-1-76　设置矩形的大小

77 使用【文本工具】，输入文本，将字体设置为【黑体】，将字体大小设置为15pt，将字体颜色设置为白色，如图8-1-77所示。

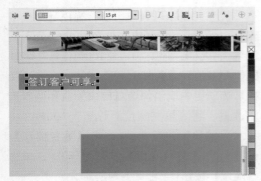

图8-1-77　输入文本并设置

78 使用【文本工具】，输入文本，将字体设置为【黑体】，将字体大小设置为14pt，如图8-1-78所示。

图8-1-78　输入文本并设置

79 使用【钢笔工具】，绘制线段，将填充颜色设置为无，将轮廓颜色的CMYK值设置为100、0、100、0，如图8-1-79所示。

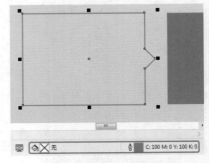

图8-1-79　绘制线段

80 使用【矩形工具】，绘制【宽度】和【高度】分别为18mm、19mm的矩形，如图8-1-80所示。

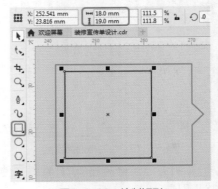

图8-1-80　绘制矩形

81 使用【文本工具】输入文本，将字体设置为【黑体】，将字体大小设置为8pt，单击属性栏右侧的 》按钮，在弹出的下拉列表中单击【将文本更改为垂直方向】，效果如图8-1-81所示。

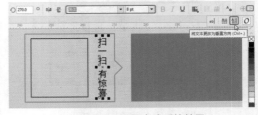

图8-1-81　设置完成后的效果

82 使用同样的方法，绘制其他图形对象，效果如图8-1-82所示。

83 最终效果如图8-1-83所示。

图8-1-82　绘制其他图形对象

图8-1-83　最终效果

8.2　房地产宣传单设计

8.2.1　技能分析

　　制作本例的主要目的是使读者了解并掌握如何在CorelDRAW 2017软件中进行房地产宣传单设计，首先绘制一个矩形作为宣传单背景，然后使用【文本工具】输入相应的文字，并进行调整，使用【钢笔工具】绘制形状，导入素材等制作出宣传单，完成最终效果。

8.2.2　制作步骤

　　01 按Ctrl+N组合键，弹出【创建新文档】对话框，将【名称】设置为"房地产宣传单设计"，将【宽度】和【高度】分别设置为420mm、297mm，将【原色模式】设置为RGB，单击【确定】按钮，如图8-2-1所示。

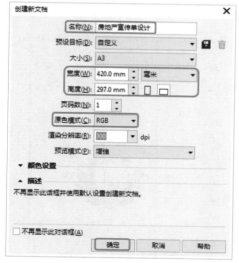

图8-2-1　创建新文档

　　02 使用【矩形工具】，绘制【宽度】和【高度】分别为210mm、297mm的矩形，如图8-2-2所示。

　　03 按Shift+F11组合键，弹出【编辑填充】对话框，在【调和过渡】选项组中，设置【类型】为【椭圆形渐变填充】，将0%位置处色块的CMYK值设置为0、21、53、17，将100%位置处色块的CMYK值设置为0、12、43、9，在【变换】选项组中取消勾选【自由缩放和倾斜】复选框，将【填充宽度】设置为173%，将【水平偏移】设置为0%，将【垂直偏移】设置为0%，单击【确定】按钮，如图8-2-3所示。

图8-2-2 绘制矩形

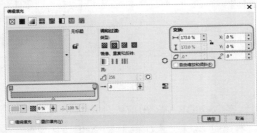

图8-2-3 设置渐变填充

04 将矩形的轮廓颜色设置为无，如图8-2-4所示。

图8-2-4 设置轮廓颜色

05 使用【钢笔工具】绘制如图8-2-5所示的三角形。

06 将填充颜色的CMYK值设置为0、0、20、0，将轮廓颜色设置为无，如图8-2-6所示。

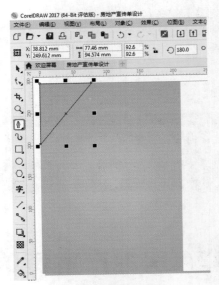

图8-2-5 绘制三角形

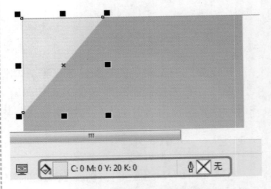

图8-2-6 设置填充颜色和轮廓颜色

07 打开【LOGO.cdr】素材文件，如图8-2-7所示。

图8-2-7 打开素材文件

08 将logo复制粘贴到房地产宣传单设计文档中，并调整logo的位置，如图8-2-8所示。

图8-2-8　调整logo的位置

09 使用【文本工具】输入文本，将字体设置为【汉仪综艺体简】，将字体大小设置为20pt，如图8-2-9所示。

图8-2-9　输入文本并设置

10 按Shift+F11组合键，弹出【编辑填充】对话框，将CMYK值设置为40、70、100、50，单击【确定】按钮，如图8-2-10所示。

图8-2-10　设置填充颜色

11 使用【矩形工具】绘制【宽度】和【高度】分别为4.2mm、14.7mm的矩形，如图8-2-11所示。

图8-2-11　绘制矩形

12 按Shift+F11组合键，弹出【编辑填充】对话框，将CMYK值设置为60、100、50、15，单击【确定】按钮，如图8-2-12所示。

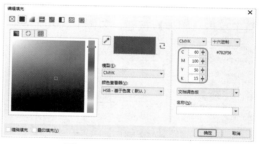

图8-2-12　设置填充颜色

13 将矩形的轮廓颜色设置为无，如图8-2-13所示。

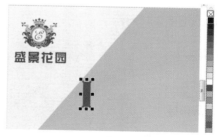

图8-2-13　设置轮廓颜色

14 使用【钢笔工具】绘制直线，将轮廓颜色的CMYK值设置为60、100、50、15，如图8-2-14所示。

15 使用【文本工具】输入文本，将字体设置为【微软雅黑】，将字体大小设置为24pt，如图8-2-15所示。

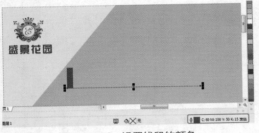

图8-2-14 设置线段的颜色

图8-2-15 输入文本并设置

16 选择【仰望 瞩目·】文本，在属性栏中单击【粗体】按钮，如图8-2-16所示。

图8-2-16 加粗文本

17 使用【文本工具】输入文本，将字体设置为Heiti TC，将字体大小设置为18pt，如图8-2-17所示。

图8-2-17 输入文本并设置

18 使用【文本工具】输入文本，将字体设置为【黑体】，将字体大小设置为10pt，将填充颜色设置为0、0、0、100，如

图8-2-18所示。

图8-2-18 输入文本并设置

19 使用【文本工具】输入文本，将字体设置为【黑体】，将字体大小设置为20pt，将填充颜色的CMYK值设置为0、0、0、100，如图8-2-19所示。

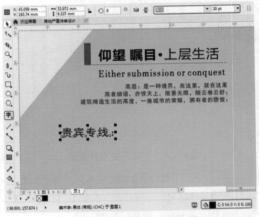

图8-2-19 输入文本并设置

20 使用【文本工具】输入文本，将字体设置为【方正综艺简体】，将字体大小设置为30pt，如图8-2-20所示。

图8-2-20 输入文本并设置

21 按Shift+F11组合键，弹出【编辑填充】对话框，将CMYK值设置为60、82、95、21，单击【确定】按钮，如图8-2-21所示。

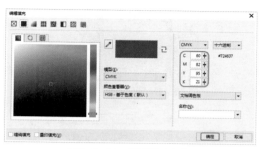

图8-2-21　设置填充颜色

22 使用【文本工具】输入文本，将字体设置为【黑体】，将字体大小设置为11pt，将填充颜色的CMYK值设置为0、0、0、100，如图8-2-22所示。

图8-2-22　输入文本并设置

23 使用【文本工具】输入文本，选择输入的文本，将字体设置为【黑体】，选择输入的"凡在5月1日-5月31日"文字，将字体设置为【方正综艺简体】，将字体大小设置为17pt，如图8-2-23所示。

图8-2-23　输入文本

24 选择输入的文本对象，按Shift+F11组合键，弹出【编辑填充】对话框，将CMYK值设置为60、82、95、21，单击【确定】按钮，如图8-2-24所示。

图8-2-24　设置填充颜色

25 更改颜色后的效果如图8-2-25所示。

图8-2-25　更改文本颜色后的效果

26 使用【文本工具】输入文字，将字体设置为【黑体】，将字体大小设置为15pt，将字体颜色设置为0、0、0、100，如图8-2-26所示。

图8-2-26　输入文本并设置

27 使用【钢笔工具】绘制直线段，

按F12键，弹出【轮廓笔】对话框，将【宽度】设置为0.5mm，并设置线段的样式，单击【确定】按钮，如图8-2-27所示。

图8-2-27　设置轮廓宽度和样式

28 继续使用【文本工具】输入文本，如图8-2-28所示。

图8-2-28　输入文本

29 使用【钢笔工具】，绘制图形，如图8-2-29所示。

图8-2-29　绘制图形

30 选择绘制的图形对象，将填充颜色的CMYK值设置为0、0、20、0，将轮廓颜色设置为无，如图8-2-30所示。

图8-2-30　设置填充和轮廓颜色

31 打开【图片1.cdr】素材文件，如图8-2-31所示。

图8-2-31　打开素材文件

32 将图片复制粘贴到房地产宣传单设计文档中，调整图片的位置和大小，确认选中图片对象，使用【橡皮擦工具】，在属性栏中单击【方形笔尖】按钮，将【橡皮擦厚度】设置为40mm，将【倾斜角】设置为90°，将【方位角】设置为50°，对图片进行修改，效果如图8-2-32所示。

图8-2-32　擦除图片后的效果

CorelDRAW 2017 设计与制作剖析

33 右击图片，在弹出的快捷菜单中选择【PowerClip内部…】命令，如图8-2-33所示。

图8-2-33　选择【PowerClip内部…】命令

34 单击渐变矩形，如图8-2-34所示。

图8-2-34　单击矩形

35 执行【PowerClip内部…】命令后的效果如图8-2-35所示。

图8-2-35　执行【PowerClip内部…】命令后的效果

36 将二维码素材文件复制粘贴到当前文档中，并调整二维码的位置，如图8-2-36所示。

图8-2-36　调整二维码的位置

37 使用【文本工具】输入文本，将字体设置为【方正大标宋简体】，将字体大小设置为13 pt，将字体颜色设置为0、59、89、67，如图8-2-37所示。

图8-2-37　输入文本并设置

38 使用【矩形工具】绘制【宽度】和【高度】分别为210mm、297mm的矩形，如图8-2-38所示。

图8-2-38　绘制矩形

39 按Shift+F11组合键，弹出【编辑填充】对话框，将CMYK值设置为0、59、89、67，单击【确定】按钮，如图8-2-39所示。

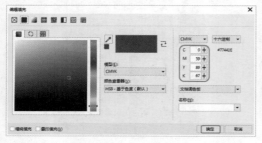

图8-2-39　设置填充颜色

40 将矩形的轮廓颜色设置为无，如图8-2-40所示。

图8-2-40　设置矩形的轮廓颜色

41 使用【矩形工具】绘制矩形，将填充颜色的CMYK值设置为0、16、47、13，如图8-2-41所示。

图8-2-41　设置矩形的填充颜色

42 使用【矩形工具】绘制矩形，将填充颜色的CMYK值设置为0、0、20、0，如图8-2-42所示。

图8-2-42　设置矩形的填充颜色

43 使用【钢笔工具】，绘制线段，将【轮廓宽度】设置为0.3 mm，如图8-2-43所示。

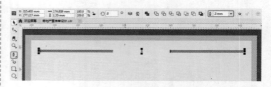

图8-2-43　设置轮廓宽度

44 选中绘制的线段，按F12键弹出【轮廓笔】对话框，将【颜色】的RGB值设置为110、60、41，将【宽度】设置为0.3mm，单击【确定】按钮，如图8-2-44所示。

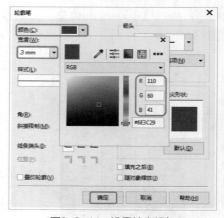

图8-2-44　设置轮廓颜色

45 使用【钢笔工具】绘制圆弧，如图8-2-45所示。

46 选中绘制的圆弧对象，将轮廓颜色的CMYK值设置为0、59、89、67，如图8-2-46所示。

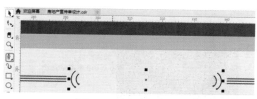

图8-2-45　绘制圆弧

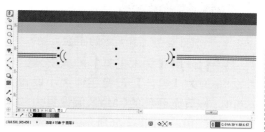

图8-2-46　设置圆弧轮廓颜色

47 按F12键，弹出【轮廓笔】对话框，设置线段的样式，单击【确定】按钮，如图8-2-47所示。

图8-2-47　设置线段的样式

48 使用【文本工具】输入文本，将字体设置为【方正大标宋简体】，将字体大小设置为13pt，将字体颜色的CMYK值设置为0、59、89、67，如图8-2-48所示。

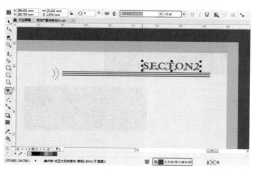

图8-2-48　输入文本并设置

49 使用【文本工具】输入文本，将字体设置为【汉仪综艺体简】，将字体大小设置为22pt，如图8-2-49所示。

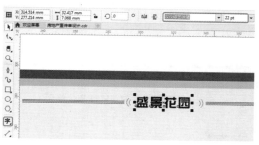

图8-2-49　输入文本并设置

50 按Shift+F11组合键，弹出【编辑填充】对话框，在【调和过渡】选项组中，设置【类型】为【椭圆形渐变填充】，将0%位置处色块的CMYK值设置为30、54、98、0，将22%位置处色块的CMYK值设置为31、55、100、0，将78%位置处色块的CMYK值设置为13、16、96、0，将100%位置处色块的CMYK值设置为0、0、100、0，在【变换】选项组中取消勾选【自由缩放和倾斜】复选框，将【填充宽度】设置为148%，将【水平偏移】设置为5%，将【垂直偏移】设置为-27%，单击【确定】按钮，如图8-2-50所示。

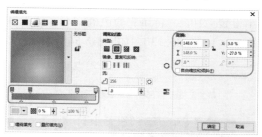

图8-2-50　设置渐变填充

51 使用【文本工具】输入文本，将字体设置为【汉仪综艺体简】，将字体大小设置为20pt，将字体颜色的CMYK值设置为50、80、100、10，如图8-2-51所示。

52 使用【钢笔工具】绘制如图8-2-52所示的图形对象，将填充颜色的CMYK值设置为33、58、98、1，将轮廓颜色设置为无。

图8-2-51 输入文本并设置

图8-2-52 设置图形的填充颜色

53 使用【矩形工具】绘制矩形，将填充颜色的RGB值设置为71、34、7，将轮廓颜色设置为无，如图8-2-53所示。

图8-2-53 绘制矩形并设置填充颜色

54 使用【文本工具】输入文本，将字体设置为【方正综艺简体】，将字体大小设置为10pt，将填充颜色的CMYK值设置为60、100、85、30，如图8-2-54所示。

图8-2-54 输入文本并设置

55 继续使用【文本工具】输入文本，将字体设置为【方正综艺简体】，将字体大小设置为10pt，将填充颜色的CMYK值设置为60、100、85、30，如图8-2-55所示。

图8-2-55 输入文本并设置

56 使用【文本工具】输入文本，将字体设置为【黑体】，将字体大小设置为6.6pt，将填充颜色的CMYK值设置为50、80、100、10，如图8-2-56所示。

图8-2-56 输入文本并设置

57 使用【文本工具】输入文本如图8-2-57所示。

图8-2-57 输入文本

58 使用同样的方法，绘制图形，并输入相应的文本，如图8-2-58所示。

图8-2-58 绘制图形并输入相应文本

59 打开【图片2.cdr】素材文件，如图8-2-59所示。

图8-2-59　打开素材文件

60 将素材文件复制粘贴至当前文档中，调整图片的位置，如图8-2-60所示。

图8-2-60　调整图片的位置

61 使用【矩形工具】绘制【宽度】和【高度】分别为58mm、11mm的矩形，如图8-2-61所示。

图8-2-61　绘制矩形

62 选择矩形，在属性栏中将转角半径设置为1mm，如图8-2-62所示。

图8-2-62　设置矩形的转角半径

63 将矩形填充颜色的CMYK值设置为60、100、85、30，将轮廓颜色设置为无，如图8-2-63所示。

图8-2-63　设置填充和轮廓颜色

64 使用【文本工具】输入文本，将字体设置为【方正综艺简体】，将字体大小设置为25pt，将填充颜色的CMYK值设置为0、8、25、0，如图8-2-64所示。

图8-2-64　输入文本并设置

65 打开【精品户型解析.cdr】素材文件，如图8-2-65所示。

66 按Ctrl+A组合键，选中素材对象，将其复制到场景中，调整对象的位置，如图8-2-66所示。

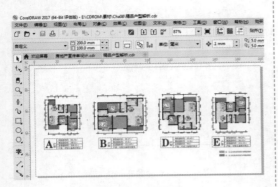

图8-2-65　打开素材文件

图8-2-66　调整素材的位置

67 打开【标志.cdr】素材文件，如图8-2-67所示。

图8-2-67　打开素材文件

68 将标志素材文件复制粘贴到当前文档中，调整标志的位置，如图8-2-68所示。

69 使用【钢笔工具】绘制线段，将轮廓宽度设置为0.5mm，将轮廓颜色的CMYK值设置为0、59、89、67，如图8-2-69所示。

70 使用【文本工具】输入文本，

将字体设置为【方正综艺简体】，将字体大小设为17pt，将填充颜色的CMYK值设置为60、82、95、21，如图8-2-70所示。

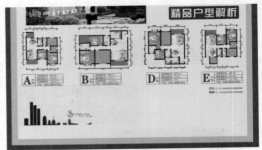

图8-2-68　调整标志的位置

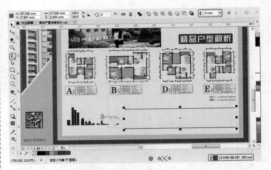

图8-2-69　绘制线段并设置轮廓宽度和颜色

图8-2-70　输入文本并设置

71 使用【文本工具】输入文本，将字体设置为【方正综艺简体】，将字体大小设置为17pt，将填充颜色的CMYK值设置为60、82、95、21，如图8-2-71所示。

72 最终效果如图8-2-72所示。

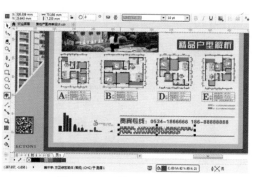

图8-2-71 输入文本并设置

图8-2-72 最终效果

8.3 火锅宣传单设计

8.3.1 技能分析

制作本例的主要目的是使读者了解并掌握如何在CorelDRAW 2017软件中进行火锅宣传单设计，首先使用"矩形工具"绘制宣传单的背景，再使用"文本工具"输入相应的文字，完成最终效果。

8.3.2 制作步骤

01 按Ctrl+N组合键，弹出【创建新文档】对话框，将【名称】设置为【火锅宣传单设计】，将【宽度】和【高度】分别设置为280mm、210mm，将【原色模式】设置为RGB，单击【确定】按钮，如图8-3-1所示。

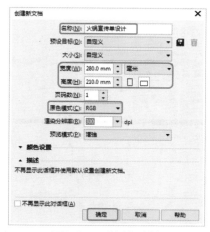

图8-3-1 创建新文档

02 使用【矩形工具】绘制【宽度】和

【高度】分别为280mm、210mm的矩形，如图8-3-2所示。

图8-3-2 绘制矩形

03 按Shift+F11组合键，弹出【编辑填充】对话框，将CMYK值设置为0、100、100、50，单击【确定】按钮，如图8-3-3所示。

图8-3-3　设置填充颜色

04 将矩形的轮廓颜色设置为无，如图8-3-4所示。

图8-3-4　设置矩形的轮廓颜色

05 使用【矩形工具】绘制【宽度】和【高度】分别设置为133mm、203mm的矩形，将填充颜色的CMYK值设置为0、5、20、0，将轮廓颜色设置为无，如图8-3-5所示。

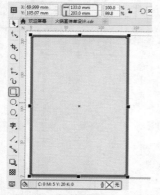

图8-3-5　绘制矩形并设置填充颜色

06 打开【火锅背景.cdr】素材文件，如图8-3-6所示。

图8-3-6　打开素材文件

07 将素材文件复制到场景中，并调整背景的位置，如图8-3-7所示。

图8-3-7　调整背景的位置

08 使用【矩形工具】绘制【宽度】和【高度】分别为35mm、36mm的矩形，如图8-3-8所示。

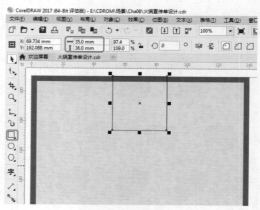

图8-3-8　绘制矩形

09 按Shift+F11组合键，弹出【编辑填充】对话框，将CMYK设置为0、100、100、50，单击【确定】按钮，如图8-3-9所示。

图8-3-9　设置填充颜色

10 将矩形的轮廓颜色设置为无，如图8-3-10所示。

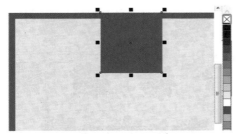

图8-3-10　设置矩形的轮廓颜色

11 使用【文本工具】输入文本，将字体设置为【方正综艺简体】，将字体大小设置为40pt，如图8-3-11所示。

图8-3-11　输入文本并设置

12 将填充颜色设置为白色，如图8-3-12所示。

13 使用【文本工具】输入文本，将字体设置为【汉仪大黑简】，将字体大小设置为48pt，将填充颜色的CMYK值设置为

0、100、100、50，如图8-3-13所示。

图8-3-12　输入文本并设置

图8-3-13　输入文本并设置

14 使用【文本工具】输入文本，将字体设置为【微软雅黑】，将字体大小设置为11pt，将填充颜色的CMYK值设置为0、100、100、50，如图8-3-14所示。

图8-3-14　输入文本并设置

15 使用【矩形工具】绘制【宽度】和【高度】分别为107mm、32mm的矩形，将矩形的转角半径设置为3mm，如图8-3-15所示。

16 按Shift+F11组合键，弹出【编辑填充】对话框，将CMYK值设置为0、100、100、50，单击【确定】按钮，如图8-3-16所示。

图8-3-15　绘制矩形并设置转角半径

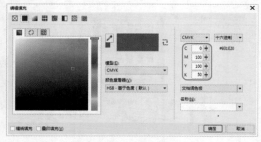

图8-3-16　设置填充颜色

17 按F12键，弹出【轮廓笔】对话框，将【颜色】设置为0、10、50、0，将【宽度】设置为1.0mm，单击【确定】按钮，如图8-3-17所示。

图8-3-17　设置轮廓颜色和宽度

18 使用【椭圆工具】绘制【宽度】和【高度】为29mm的圆形，将轮廓宽度设置为1.0mm，如图8-3-18所示。

图8-3-18　绘制椭圆并设置轮廓宽度

19 将椭圆的填充颜色的CMYK值设置为0、100、100、50，将轮廓颜色的CMYK值设置为0、10、50、0，如图8-3-19所示。

图8-3-19　设置椭圆的填充和轮廓颜色

20 使用【文本工具】输入文本，将字体设置为【微软雅黑】，将字体大小设置为25pt，单击【粗体】按钮，如图8-3-20所示。

图8-3-20　输入文本并设置

21 按Shift+F11组合键，弹出【编辑填充】对话框，将CMYK值设置为0、10、50、0，单击【确定】按钮，如图8-3-21所示。

图8-3-21　设置填充颜色

22 选择文本对象，在属性栏中将旋转角度设置为30°，如图8-3-22所示。

23 使用【文本工具】输入文本，将【字体】设置为【微软雅黑】，将字体大小设置为16.5pt，将字体颜色设置为白色，按

Ctrl+T组合键，打开【文本属性】泊坞窗，将字符间距设置为50%，如图8-3-23所示。

图8-3-22　设置文本的旋转角度

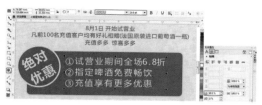

图8-3-23　输入文本并设置

24 打开【火锅图片.cdr】素材文件，如图8-3-24所示。

图8-3-24　打开素材文件

25 将素材文件复制到场景中，调整图片的位置，如图8-3-25所示。

图8-3-25　调整图片的位置

26 使用【文本工具】输入文本，将字体设置为【微软雅黑】，将字体大小设置为8pt，效果如图8-3-26所示。

图8-3-26　输入文本并设置

27 使用【钢笔工具】绘制图形，将填充颜色的CMYK值设置为0、100、100、50，将轮廓颜色设置为无，如图8-3-27所示。

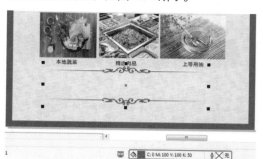

图8-3-27　绘制图形并设置

28 使用【文本工具】输入文本，将字体设置为【微软雅黑】，将字体大小设置为10.5pt，如图8-3-28所示。

图8-3-28　输入文本并设置

29 使用【文本工具】输入文本，将字体设置为【微软雅黑】，将字体大小设置为7pt，如图8-3-29所示。

30 按Shift键选择绘制好的宣传单背景，对其进行复制，调整对象的位置，如图8-3-30所示。

图8-3-29 输入文本并设置

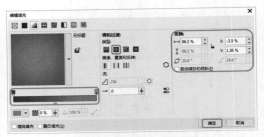

图8-3-32 设置渐变填充

图8-3-30 复制对象并调整对象的位置

31 使用【钢笔工具】绘制如图8-3-31所示的图形。

图8-3-31 绘制图形

32 按Shift+F11组合键，弹出【编辑填充】对话框，在【调和过渡】选项组中，设置【类型】为【椭圆形渐变填充】，将0%位置处的CMYK值设置为0、100、100、70，将100%位置处的CMYK值设置为0、100、100、0，在【变换】选项组中取消勾选【自由缩放和倾斜】复选框，将【填充宽度】设置为96.5%，将【水平偏移】设置为-3.5%，将【垂直偏移】设置为1.36%，单击【确定】按钮，如图8-3-32所示。

33 使用【椭圆工具】绘制4个圆形，将填充颜色的CMYK值设置为0、0、0、100，将轮廓颜色设置为无，如图8-3-33所示。

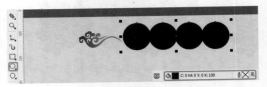

图8-3-33 绘制椭圆对象并设置

34 继续使用【椭圆工具】绘制圆形，将填充颜色的CMYK值设置为0、100、100、40，使用【文本工具】输入文本，将字体设置为【迷你简雪君】，将字体大小设置为24pt，将字体颜色设置为黄色，如图8-3-34所示。

图8-3-34 输入文本并设置

35 选择左侧绘制的图形对象，对图形进行复制，单击属性栏中的【水平镜像】和【垂直镜像】按钮，调整对象的位置，效果如图8-3-35所示。

图8-3-35 镜像图形对象

36 使用【矩形工具】，绘制多个【宽度】和【高度】分别为61mm、6.5mm的矩形，将轮廓颜色的CMYK值设置为60、90、90、10，如图8-3-36所示。

37 使用【文本工具】输入文本，将字体设置为【方正粗倩简体】，将字体大小设置为14pt，将填充颜色的CMYK值设置为60、90、90、10，如图8-3-37所示。

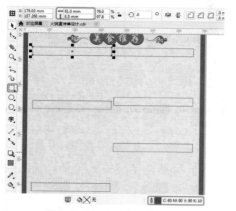

图8-3-36　绘制矩形并设置

图8-3-37　输入文本并设置

38 使用【钢笔工具】绘制垂直线段，按F12键，弹出【轮廓笔】对话框，将【颜色】的CMYK值设置为0、100、100、30，将【宽度】设置为0.25mm，在下方设置线段的样式，单击【确定】按钮，如图8-3-38所示。

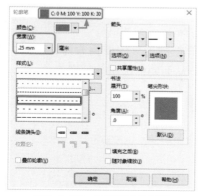

图8-3-38　绘制线段并设置

39 设置线段轮廓笔后的效果如图8-3-39所示。

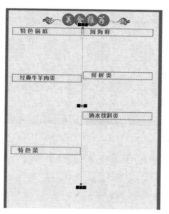

图8-3-39　设置完成后的效果

40 使用【文本工具】，拖曳鼠标创建段落文本，输入文本，将字体设置为【方正黑体简体】，将字体大小设置为11pt，将填充颜色的CMYK值设置为60、90、90、10，如图8-3-40所示。

图8-3-40　输入文本并设置

41 打开【地图.cdr】素材文件，如图8-3-41所示。

图8-3-41　打开素材文件

42 将地图复制到场景文件中，调整地图的位置，效果如图8-3-42所示。

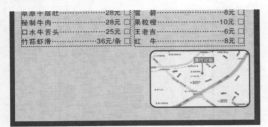

图8-3-42 调整地图的位置

43 使用【文本工具】输入文本，将字体设置为【黑体】，将字体大小设置为6pt，将填充颜色的CMYK值设置为60、90、90、10，如图8-3-43所示。

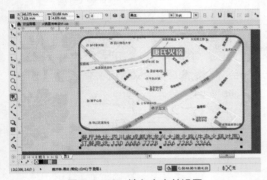

图8-3-43 输入文本并设置

44 使用【文本工具】输入文本，将字体设置为【方正大标宋简体】，将字体大小设置为14pt，将填充颜色的CMYK值设置为60、90、90、10，如图8-3-44所示。

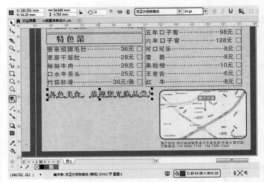

图8-3-44 输入文本并设置

45 继续使用【文本工具】输入如图8-3-45所示的文本，并设置文本的颜色。

图8-3-45 输入文本并设置

46 至此，火锅宣传单就制作完成了，最终效果如图8-3-46所示。

图8-3-46 最终效果

小结

通过上面案例的学习，读者将熟练应用前面所介绍的工具的使用方法，了解并掌握CorelDRAW 2017绘制宣传单的设计技巧和绘制方法，从而制作出精美的宣传单。

第9章 商业包装设计

包装是产品和消费者最直接的接触方式，消费者通过包装可以马上了解产品内容。随着经济全球化的发展，包装的无国界性已成为展示商品的重要手段。同时，包装设计也是CorelDRAW 2017的重要应用领域，本章将学习包装设计的制作流程，使读者掌握商业包装的制作方法。

9.1 制作咖啡包装

9.1.1 技能分析

本例主要讲解如何制作咖啡包装。咖啡包装盒不同于其他包装，在制作前首先需要分析其各个面展开后的结构，然后再进行绘制。本例涉及的知识要点比较全面，包括图形的绘制及颜色的填充，并为图像添加各种不同的字体等，最终达到所需的效果。

9.1.2 制作步骤

01 按Ctrl＋N组合键，打开【创建新文档】对话框，设置【名称】为制作咖啡包装，【宽度】为3179px，【高度】为2725px，【原色模式】设置为RGB，【渲染分辨率】设置为300dpi，单击【确定】按钮，如图9-1-1所示。

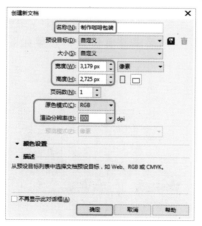

图9-1-1 创建新文档

02 使用【矩形工具】绘制一个矩形，并在【对象属性】泊坞窗中单击【轮廓】按钮，将【轮廓宽度】设置为1px，如图9-1-2所示。

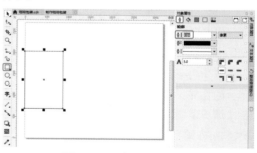

图9-1-2 绘制矩形并设置

03 再次使用【矩形工具】绘制一个矩形，并在【对象属性】泊坞窗中单击【轮廓】按钮，将【轮廓宽度】设置为1px，如图9-1-3所示。

04 选择绘制的两个矩形，按Ctrl+C组合键复制图形，再按Ctrl+V组合键粘贴图形并调整其位置，完成后的效果如图9-1-4所示。

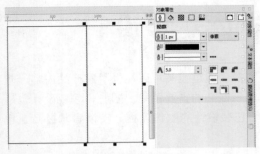

图9-1-3 绘制矩形并设置

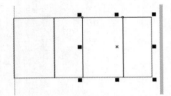

图9-1-4 复制图形并调整

05 再次使用【钢笔工具】绘制其他的图形，并选中绘制的图形，在【对象属性】泊坞窗中单击【轮廓】按钮，将轮廓宽度设置为1px，完成后的效果如图9-1-5所示。

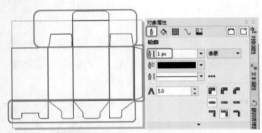

图9-1-5 绘制其他图形并设置

06 使用【选择工具】选中如图9-1-6所示的图形，在【对象属性】泊坞窗中单击【填充】按钮，再次单击【均匀填充】按钮，将颜色模型的RGB值设置为230、210、141，如图9-1-6所示。

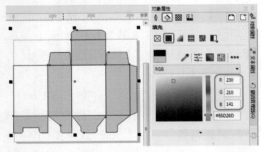

图9-1-6 填充颜色

07 按Ctrl+I组合键打开【导入】对话框，选择【咖啡背景.jpg】素材图片，单击【导入】按钮，如图9-1-7所示。

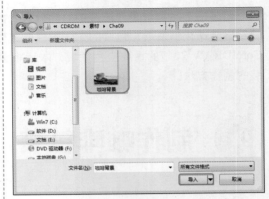

图9-1-7 选择素材文件

08 导入后调整其位置，效果如图9-1-8所示。

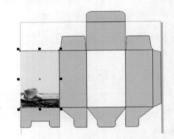

图9-1-8 导入并调整位置

09 再次选择导入后的素材文件，按Ctrl+C组合键进行复制，按Ctrl+V组合键进行粘贴，然后调整其位置，效果如图9-1-9所示。

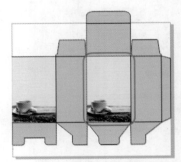

图9-1-9 复制粘贴素材文件并调整

10 再次使用【矩形工具】绘制一个矩形，在【对象属性】泊坞窗中单击【轮廓】按钮，将轮廓宽度设置为1px，如图9-1-10所示。

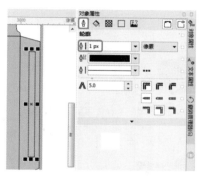

图9-1-10　设置对象属性

11 确定刚刚绘制的矩形处于选择状态，在【对象属性】泊坞窗中单击【填充】按钮，再次单击【均匀填充】按钮，将颜色模型的RGB值设置为255、255、255，如图9-1-11所示。

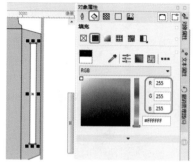

图9-1-11　填充颜色效果

12 再次使用【钢笔工具】绘制咖啡标志的外围图形，并在【对象属性】泊坞窗中单击【填充】按钮，再次单击【均匀填充】按钮，将颜色模型的RGB值设置为6、19、95，再次单击【轮廓】按钮，将轮廓宽度设置为无，如图9-1-12所示。

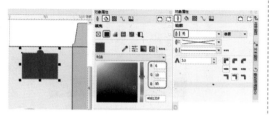

图9-1-12　取消轮廓颜色

13 再次使用【钢笔工具】绘制图形，在【对象属性】泊坞窗中单击【轮廓】按钮，将轮廓宽度设置为2px，将轮廓颜色的RGB值设置为255、255、255，如

图9-1-13所示。

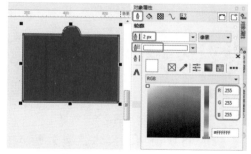

图9-1-13　绘制图形并设置

14 按Ctrl+I组合键打开【导入】对话框，选择【咖啡标志.png】素材图片，单击【导入】按钮，如图9-1-14所示。

图9-1-14　选择素材文件

15 导入完成后调整其大小和位置，效果如图9-1-15所示。

图9-1-15　导入并调整

16 使用【文本工具】输入文本Robest，在属性栏中将字体设置为EucrosiaUPC，将字体大小设置为50pt，在【文本属性】泊坞窗中将【均匀填充】设置为白色，如图9-1-16所示。

图9-1-16　输入文本并设置

17 再次使用【文本工具】输入文本 "Coffee"，在属性栏中将字体设置为 EucrosiaUPC，将字体大小设置为42pt，在【文本属性】泊坞窗中将【均匀填充】设置为白色，效果如图9-1-17所示。

图9-1-17　输入文本并设置

18 再次使用【文本工具】输入文本 "罗伯斯特"，在属性栏中将字体设置为 "迷你简中倩"，将字体大小设置为24pt，在【文本属性】泊坞窗中将【均匀填充】设置为白色，如图9-1-18所示。

图9-1-18　输入文本并设置

19 再次使用【文本工具】输入文本 "咖啡伴侣"，在属性栏中将字体设置为 "方正宋黑简体"，将字体大小设置为 15pt，在【文本属性】泊坞窗中单击【字符】按钮，将均匀填充的RGB值设置为 148、99、47，如图9-1-19所示。

图9-1-19　输入文本并设置

20 再次使用【文本工具】输入文本 "滴滴香浓 意犹未尽…"，在属性栏中将字体设置为 "迷你简中倩"，将字体大小设置为9pt，如图9-1-20所示。

图9-1-20　输入文本并设置

21 确定刚刚输入的文本处于选择状态，使用【封套工具】调整其形状和位置，效果如图9-1-21所示。

图9-1-21　调整形状和位置

22 使用【选择工具】选择除标志以及文本以外的所有图形，右击，在弹出的快捷菜单中选择【锁定对象】命令，如图9-1-22所示。

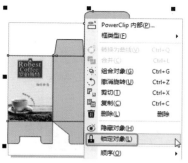

图9-1-22 选择【锁定对象】命令

23 执行命令后的效果，如图9-1-23所示。

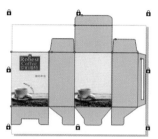

图9-1-23 执行后的效果

24 再次使用【选择工具】选择所绘制的标志和文本，按Ctrl+C组合键进行复制，按Ctrl+V组合键进行粘贴，并调整位置，效果如图9-1-24所示。

图9-1-24 复制粘贴标志和文本并调整

25 再次使用【选择工具】选择标志以及【咖啡伴侣】文本，按Ctrl+C组合键进行复制，按Ctrl+V组合键进行粘贴，并调整位置和大小，效果如图9-1-25所示。

图9-1-25 复制标志和文本

26 再次使用【选择工具】选择上一步所调整的图形和文本，按Ctrl+C组合键进行复制，按Ctrl+V组合键进行粘贴，并调整位置和大小，如图9-1-26所示。

图9-1-26 复制标志和文本

27 使用【文本工具】输入文本，在属性栏中将字体设置为"宋体"，将字体大小设置为6pt，如图9-1-27所示。

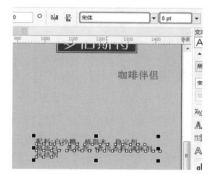

图9-1-27 输入文本并设置

28 使用【文本工具】输入文本，在属性栏中将字体列表设置为"经典平黑简"，将字体大小设置为6pt，如图9-1-28所示。

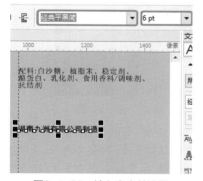

图9-1-28 输入文本并设置

29 再次使用【文本工具】输入文本，在属性栏中将字体列表设置为"宋体"，将字体大小设置为6pt，如图9-1-29所示。

图9-1-29 输入文本并设置

30 使用【矩形工具】绘制一个矩形，在【对象属性】泊坞窗中单击【轮廓】按钮，将轮廓宽度设置为无，如图9-1-30所示。

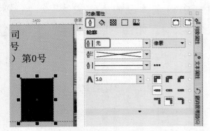

图9-1-30 绘制矩形并设置

31 确定绘制的矩形处于选择状态，在【对象属性】泊坞窗中单击【填充】按钮，再次单击【均匀填充】按钮，将填充模型的RGB值设置为255、255、255，如图9-1-31所示。

图9-1-31 设置填充颜色

32 使用【钢笔工具】绘制图形，在【对象属性】泊坞窗中单击【填充】按钮，再次单击【均匀填充】按钮，将填充模型的RGB值设置为0、110、178，如图9-1-32所示。

33 确定绘制的矩形处于选择状态，在【对象属性】泊坞窗中单击【轮廓】按钮，将

轮廓宽度设置为无，如图9-1-33所示。

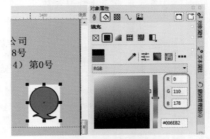

图9-1-32 设置填充颜色

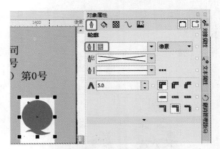

图9-1-33 设置轮廓宽度

34 使用【文本工具】输入文本"S"，在属性栏中将字体设置为Basemic Times，字体大小设置为20pt，如图9-1-34所示。

图9-1-34 输入文本并设置

35 确定输入的文本处于选择状态，在【对象属性】泊坞窗中单击【字符】按钮，将【均匀填充】的RGB值设置为255、255、255，如图9-1-35所示。

36 再次使用【文本工具】输入文本"生产许可"，在属性栏中将字体设置为"宋体"，字体大小设置为3.5pt，如图9-1-36所示。

37 确定输入的文本处于选择状态，在【对象属性】泊坞窗中单击【字符】按

钮，将【均匀填充】的RGB值设置为0、110、178，效果如图9-1-37所示。

图9-1-35　设置填充颜色

图9-1-36　输入文本并设置

图9-1-37　设置填充颜色

38 使用【文本工具】输入文本"生活小知识"，在属性栏中将字体设置为"经典平黑简"，字体大小设置为5pt，如图9-1-38所示。

39 确定刚刚输入的文本处于选择状态，在【对象属性】泊坞窗中单击【字符】按钮，将【均匀填充】的RGB值设置为148、99、47，如图9-1-39所示。

40 确定刚刚输入的文本处于选择状态，在【文本属性】泊坞窗中单击【段

落】按钮 ，将字符间距设置为50%，如图9-1-40所示。

图9-1-38　输入文本并设置

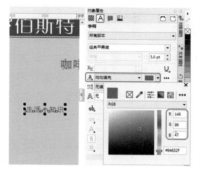

图9-1-39　设置填充颜色

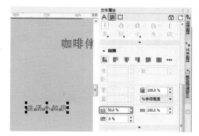

图9-1-40　设置字符间距

41 确定刚刚输入的文本处于选择状态，使用【封套工具】调整其形状和位置，如图9-1-41所示。

图9-1-41　调整形状和位置

42 再次使用【文本工具】输入文本 "LIVING TIPS"，在属性栏中将字体设置为Corbel，字体大小设置为3.5pt，如图9-1-42所示。

图9-1-42 输入文本并设置

43 确定刚刚输入的文本处于选择状态，在【对象属性】泊坞窗中单击【字符】按钮，将【均匀填充】的RGB值设置为148、99、47，如图9-1-43所示。

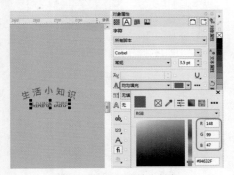

图9-1-43 设置填充颜色

44 确定刚刚输入的文本处于选择状态，在【文本属性】泊坞窗中单击【段落】按钮▤，将字符间距设置为50%，如图9-1-44所示。

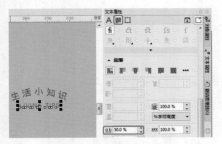

图9-1-44 设置字符间距

45 确定刚刚输入的文本处于选择

状态，使用【封套工具】调整其形状和位置，如图9-1-45所示。

图9-1-45 调整形状

46 使用【钢笔工具】绘制图形，并在【对象属性】泊坞窗中单击【填充】按钮，再单击【均匀填充】按钮，将颜色模型的RGB值设置为148、99、47，如图9-1-46所示。

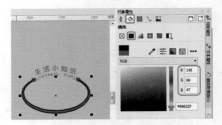

图9-1-46 设置填充颜色

47 确定刚刚绘制的图形处于选择状态，在【对象属性】泊坞窗中单击【轮廓】按钮，将轮廓宽度设置为无，效果如图9-1-47所示。

图9-1-47 设置轮廓宽度

48 使用【钢笔工具】绘制三条曲线，在【对象属性】泊坞窗中单击【轮廓】按钮，将轮廓宽度设置为细线，将轮廓颜色的RGB值设置为148、99、47，如图9-1-48所示。

49 再次使用【钢笔工具】绘制图形，在【对象属性】泊坞窗中单击【填

充】按钮，再单击【均匀填充】按钮，将
颜色模型的RGB值设置为148、99、47，如
图9-1-49所示。

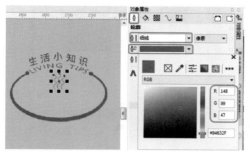

图9-1-48　绘制图形并设置

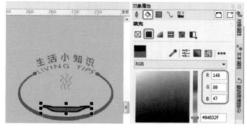

图9-1-49　设置填充颜色

50 确定刚刚绘制的图形处于选择
状态，在【对象属性】泊坞窗中单击【轮
廓】按钮，将轮廓宽度设置为无，如图9-1-50
所示。

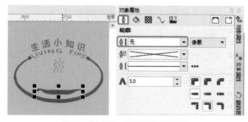

图9-1-50　设置轮廓宽度

51 再次使用【钢笔工具】绘制三条
线段，选择所有绘制的线段，在【对象属
性】泊坞窗中单击【轮廓】按钮，将轮廓
宽度设置为细线，将轮廓颜色的RGB值设
置为230、210、141，如图9-1-51所示。

52 再次使用【钢笔工具】绘制图
形，在【对象属性】泊坞窗中单击【填
充】按钮，再单击【均匀填充】按钮，将
颜色模型的RGB值设置为148、99、47，如
图9-1-52所示。

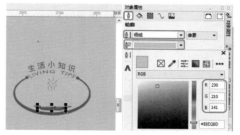

图9-1-51　绘制图形并设置

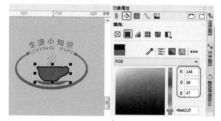

图9-1-52　绘制图形并设置

53 确定刚刚绘制的图形处于选择
状态，在【对象属性】泊坞窗中单击【轮
廓】按钮，将轮廓宽度设置为无，如图9-1-53
所示。

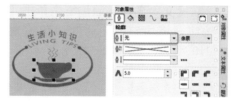

图9-1-53　设置轮廓宽度

54 再次使用【钢笔工具】绘制图
形，在【对象属性】泊坞窗中单击【填
充】按钮，再单击【均匀填充】按钮，将
颜色模型的RGB值设置为230、210、141。
如图9-1-54所示。

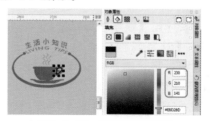

图9-1-54　绘制图形并设置

55 确定刚刚绘制的图形处于选择
状态，在【对象属性】泊坞窗中单击【轮
廓】按钮，将轮廓宽度设置为无，如图9-1-55
所示。

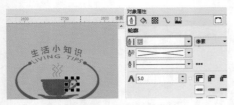

图9-1-55 设置轮廓宽度

56 使用【文本工具】输入文本"Coffee"，在属性栏中将字体设置为Curlz MT，字体大小设置为4.5pt，在【文本属性】泊坞窗中单击【段落】按钮，将字符间距设置为-6%，如图9-1-56所示。

图9-1-56 输入文本并设置

57 确定刚刚绘制的文本处于选择状态，在【文本属性】泊坞窗中单击【字符】按钮，将均匀填充的RGB值设置为230、210、141，如图9-1-57所示。

图9-1-57 设置填充颜色

58 使用【钢笔工具】绘制4条线段，然后在【对象属性】泊坞窗中单击【轮廓】按钮，将轮廓宽度设置为细线，轮廓颜色的RGB值设置为230、210、141，效果如图9-1-58所示。

59 再次使用【钢笔工具】绘制图形，在【对象属性】泊坞窗中单击【填充】按钮，再单击【均匀填充】按钮，将颜色模型的RGB值设置为230、210、141，如图9-1-59所示。

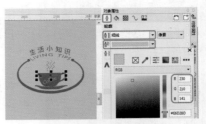

图9-1-58 绘制线段并设置

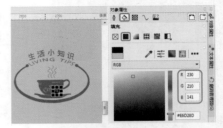

图9-1-59 绘制图形并设置

60 确定刚刚绘制的图形处于选择状态，在【对象属性】泊坞窗中单击【轮廓】按钮，将轮廓宽度设置为无，如图9-1-60所示。

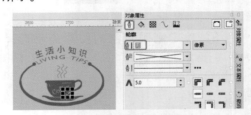

图9-1-60 设置轮廓宽度

61 使用【矩形工具】绘制一个矩形，在属性栏中单击【圆角】按钮，并将圆角半径设置为20px，如图9-1-61所示。

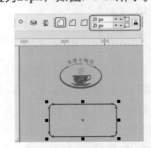

图9-1-61 绘制矩形并设置圆角

62 确定刚刚绘制的矩形处于选择状态，在【对象属性】泊坞窗中单击【轮廓】按钮，将轮廓宽度设置为3px，将轮廓颜色的RGB值设置213、153、97，如图9-1-62所示。

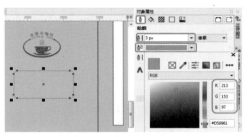

图9-1-62　设置属性

63 使用【文本工具】输入文本，在属性栏中将字体设置为"黑体"，字体大小设置为5pt，效果如图9-1-63所示。

图9-1-63　输入文本并设置

64 确定刚刚输入的文本处于选择状态，在【对象属性】泊坞窗中单击【字符】按钮，将均匀填充的RGB值设置为148、99、47，如图9-1-64所示。

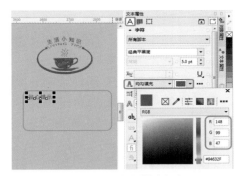

图9-1-64　设置填充颜色

65 使用同样的方法输入其他的文本并设置，并在【文本属性】泊坞窗中单击【段落】按钮，将行间距设置为115%，如图9-1-65所示。

66 按Ctrl+I组合键打开【导入】对话框，选择【条码.jpg】素材文件，单击【导入】按钮，如图9-1-66所示。

67 导入后调整其大小和位置，效果如图9-1-67所示。

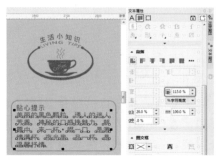

图9-1-65　输入其他文本并设置

图9-1-66　选择素材文件

图9-1-67　导入并调整后的效果

68 最终的效果如图9-1-68所示。

图9-1-68　最终的效果

9.2 制作牙膏包装

9.2.1 技能分析

制作本例的主要目的是使读者了解并掌握如何在CorelDRAW 2017软件中制作牙膏包装。在本案例中主要使用【矩形工具】进行包装展开图的轮廓绘制，再使用【均匀填充】和【渐变填充】对包装盒进行填色处理，使用【钢笔工具】进行标志的绘制与美化，从而完成最终效果。

9.2.2 制作步骤

01 按Ctrl＋N组合键，打开【创建新文档】对话框，设置【名称】为"制作牙膏包装"，【宽度】为327mm，【高度】为231mm，单击【确定】按钮，如图9-2-1所示。

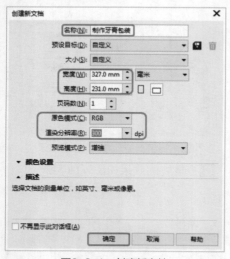

图9-2-1 创建新文档

02 新建一个空白文档，在菜单栏中选择【布局】|【页面背景…】命令，如图9-2-2所示。

03 在弹出的【选项】对话框中，选中【纯色】单选按钮并单击右侧的小三角按钮▼，将其RGB值设置为0、0、0，然后

单击【确定】按钮，如图9-2-3所示。

图9-2-2 【页面背景…】命令

图9-2-3 设置纯色填充

04 使用【矩形工具】绘制一个矩形，在【对象属性】泊坞窗中单击【轮廓】按钮，将轮廓宽度设置为细线。再次单击【填充】按钮，再次单击【渐变填充】按钮，设置渐变颜色，首先在0%位置处将RGB值设置为117、116、117，在26%位置处将RGB值设置为255、255、255，在52%位置处将RGB值设置为117、116、117，在82%位置处将RGB值设置为255、255、255，在100%位置处将RGB值设置为117、116、117，然后在【变换】选项组中将旋转设置为90°，如图9-2-4所示。

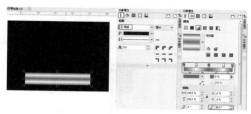

图9-2-4　绘制矩形并设置

05 确定刚刚绘制的矩形处于选择状态，按Ctrl+C组合键进行复制，按Ctrl+V组合键进行粘贴，然后调整复制后的矩形的大小和位置，效果如图9-2-5所示。

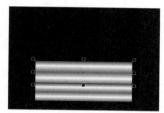

图9-2-5　复制矩形并调整大小位置

06 继续使用【矩形工具】绘制矩形，并在【对象属性】泊坞窗中单击【轮廓】按钮，将轮廓宽度设置为细线。单击【填充】按钮，再次单击【均匀填充】按钮，将颜色模型的RGB值设置为0、162、233，如图9-2-6所示。

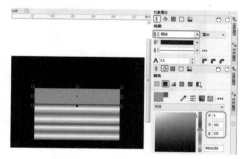

图9-2-6　绘制矩形并设置

→ 提示

　　设置填充颜色时也可以直接设置十六进制值。

07 确定刚刚绘制的矩形处于选择状态，按Ctrl+C组合键进行复制，按Ctrl+V组合键进行粘贴，然后调整复制后的矩形的大小和位置，效果如图9-2-7所示。

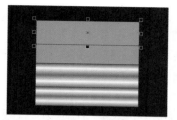

图9-2-7　复制矩形并调整大小位置

08 继续使用【矩形工具】绘制矩形，在【对象属性】泊坞窗中单击【轮廓】按钮，将轮廓宽度设置为细线。单击【填充】按钮，再次单击【均匀填充】按钮，将颜色模型的RGB值设置为255、240、0，效果如图9-2-8所示。

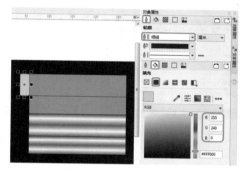

图9-2-8　绘制矩形并设置

09 确定刚刚绘制的矩形处于选择状态，按Ctrl+C组合键进行复制，按Ctrl+V组合键进行粘贴，然后更改复制粘贴后的矩形的填充颜色，将其RGB值设置为0、162、233，如图9-2-9所示。

图9-2-9　更改填充颜色

10 使用【选择工具】选择第8步和第9步所绘制的矩形，按Ctrl+C组合键进行复制，按Ctrl+V组合键进行粘贴，然后调整复制后的矩形的位置，如图9-2-10所示。

11 使用【钢笔工具】绘制图形，选择所有绘制的图形，在【对象属性】泊坞窗中单击【轮廓】按钮，将轮廓宽度设置为细线。单击【填充】按钮，再次单击【均匀填充】按钮，将颜色模型的RGB值设置为255、255、255，如图9-2-11所示。

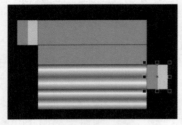

图9-2-10 复制并调整位置

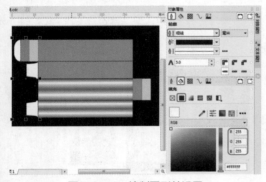

图9-2-11 绘制图形并设置

12 选择刚刚所绘制的图形，按Ctrl+C组合键进行复制，按Ctrl+V组合键进行粘贴，再次单击属性栏中的【水平镜像】按钮，然后调整其到合适的位置，如图9-2-12所示。

图9-2-12 复制并调整位置

13 再次使用【钢笔工具】绘制图形，在【对象属性】泊坞窗中单击【轮廓】按钮，将轮廓宽度设置为细线。单击【填充】按钮，单击【均匀填充】按钮，将颜色模型的RGB值设置为255、255、255，如图9-2-13所示。

图9-2-13 绘制图形并设置

14 按Ctrl+I组合键打开【导入】对话框，选择【素材01.jpg】文件，单击【导入】按钮，效果如图9-2-14所示。

图9-2-14 选择素材文件

15 导入完成后调整其位置，效果如图9-2-15所示。

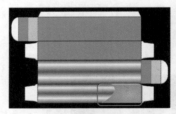

图9-2-15 导入后调整的效果

16 继续使用【钢笔工具】绘制图形，在【对象属性】泊坞窗中单击【轮廓】按钮，将轮廓宽度设置为无。单击【填充】按钮，再次单击【均匀填充】按钮，将颜色模型的RGB值设置为255、240、0，如图9-2-16所示。

17 继续使用【钢笔工具】绘制图形，在【对象属性】泊坞窗中单击【轮廓】按钮，将轮廓宽度设置为无。单击【填充】按钮，再次单击【均匀填充】按钮，将颜色模型的RGB值设置为47、49、139，如图9-2-17所示。

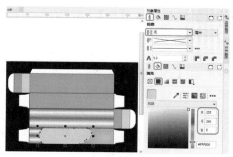

图9-2-16 绘制图形并设置

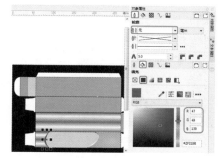

图9-2-17 绘制图形并设置

18 继续使用【钢笔工具】绘制图形，在【对象属性】泊坞窗中单击【轮廓】按钮，将轮廓宽度设置为无。单击【填充】按钮，再次单击【均匀填充】按钮，将颜色模型的RGB值设置为0、255、0，如图9-2-18所示。

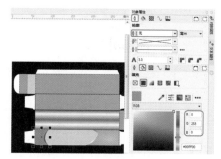

图9-2-18 绘制图形并设置

19 按Ctrl+I组合键打开【导入】对话框，选择【素材02.png】文件，单击【导入】按钮，如图9-2-19所示。

20 导入完成后调整其位置和大小，效果如图9-2-20所示。

21 再次使用相同的方法导入其他的素材文件并调整位置和大小，效果如图9-2-21所示。

图9-2-19 选择素材文件

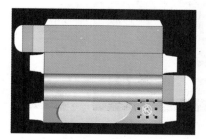

图9-2-20 导入后的效果

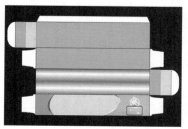

图9-2-21 导入其他的素材文件

22 使用【文本工具】输入文本"皓爽白"，在属性栏中将字体设置为"汉仪超粗宋简"，效果如图9-2-22所示。

图9-2-22 输入文本并设置

23 确定刚刚输入的文本处于选择状态，按Ctrl+K组合键将其打散，选择第一个文本【皓】，在属性栏中将字体大小设置为30pt，将旋转角度设置为8°，并在【对象属性】泊坞窗中单击【字符】按钮 A，将均匀填充的RGB值设置为47、49、139，如图9-2-23所示。

图9-2-23 打散文本并设置

24 确定【皓】文本处于选择状态，按F12键弹出【轮廓笔】对话框，将【宽度】设置为0.5mm，颜色的RGB值设置为255、255、255，单击【确定】按钮，如图9-2-24所示。

图9-2-24 【轮廓笔】对话框

25 完成后的效果如图9-2-25所示。

图9-2-25 完成后的效果

26 选择文本【爽】，按Ctrl+Q组合键，将其旋转并调整大小，在属性栏中将旋转角度设置为8°，在【对象属性】泊坞窗中单击【填充】按钮 ◇，再次单击【渐变填充】按钮 ▨，设置渐变颜色，将0%位置处的RGB值设置为8、77、158，将5%位置处的RGB值设置为0、140、212，将100%位置处的RGB值设置为2、82、161，如图9-2-26所示。

图9-2-26 设置渐变颜色

27 确定【爽】文本处于选择状态，按F12键弹出【轮廓笔】对话框，将宽度设置为0.5mm，颜色的RGB值设置为255、255、255，单击【确定】按钮，效果如图9-2-27所示。

图9-2-27 【轮廓笔】对话框

28 完成后的效果如图9-2-28所示。

图9-2-28 完成后的效果

29 再次选择【白】文本，在属性栏中将字体大小设置为45pt，并在【对象属性】泊坞窗中单击【字符】按钮Ⓐ，将均匀填充的RGB值设置为47、49、139，如图9-2-29所示。

图9-2-29　设置填充颜色

30　确定【白】文本处于选择状态，按F12键弹出【轮廓笔】对话框，将宽度设置为0.5mm，颜色的RGB值设置为255、255、255，单击【确定】按钮如图9-2-30所示。

图9-2-30　【轮廓笔】对话框

31　完成后的效果如图9-2-31所示。

图9-2-31　完成后的效果

32　为了使效果更加美观，选中如图9-2-32所示的图形，然后右击，在弹出的快捷菜单中选择【顺序】|【到图层前面】命令，如图9-2-32所示。

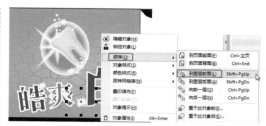

图9-2-32　选择【到图层前面】命令

33　完成后的效果如图9-2-33所示。

图9-2-33　完成后的效果

34　使用【文本工具】输入文本"牙博士"，在属性栏中将字体设置为"长城新艺体"，字体大小设置为38pt，如图9-2-34所示。

图9-2-34　输入文本并设置

35　确定刚刚输入的文本处于选择状态，按Ctrl+Q组合键将其旋转，在【对象属性】泊坞窗中单击【填充】按钮◇。再次单击【渐变填充】按钮▨，设置渐变颜色，在0%位置处将其RGB值设置为0、162、233，在100%位置处将其RGB值设置为41、58、144，如图9-2-35所示。

36　再次按F12键弹出【轮廓笔】对话框，将宽度设置为0.25mm，颜色的RGB值设置为255、255、255，单击【确定】按钮，如图9-2-36所示。

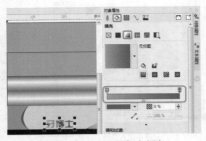

图9-2-35 设置渐变颜色

图9-2-36 【轮廓笔】对话框

37 完成后的效果如图9-2-37所示。

图9-2-37 完成后的效果

38 使用【文本工具】输入文本"doctor"，在属性栏中将字体设置为Forte，字体大小设置为80pt，效果如图9-2-38所示。

图9-2-38 输入文本并设置

39 确定刚刚输入的文本处于选择状态，按Ctrl+Q组合键将其旋转，在【对象属性】泊坞窗中单击【填充】按钮◇，再次单击【渐变填充】按钮▣，设置渐变颜色，在0%位置处将其RGB值设置为43、55、143，在100%位置处将其RGB值设置为0、126、200，在【变换】选项组中将旋转设置为90°，如图9-2-39所示。

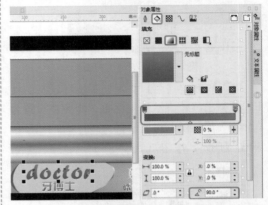

图9-2-39 设置渐变颜色和旋转角度

40 确定刚刚输入的文本处于选择状态，使用【阴影工具】▢制作出文本阴影效果，如图9-2-40所示。

图9-2-40 制作阴影效果

41 选择【椭圆形工具】○，按住Shift键绘制一个正圆，在【对象属性】泊坞窗中单击【轮廓】按钮，将轮廓宽度设置为0.35mm，轮廓颜色的RGB值设置为0、162、233，如图9-2-41所示。

42 使用【文本工具】输入文本"R"，在属性栏中将字体列表设置为Britannic Bold，字体大小设置为6pt，在【对象属性】泊坞窗中单击【字符】按钮

A，将均匀填充的RGB值设置为0、162、233，如图9-2-42所示。

图9-2-41 绘制正圆并设置

图9-2-42 输入文本并设置

43 使用【选择工具】选择第41步和第42步所绘制的正圆和文本，右击在弹出的快捷菜单中选择【组合对象】命令，如图9-2-43所示。

图9-2-43 选择【组合对象】命令

→ 提示

组合对象的快捷键为Ctrl+G。

44 执行后的效果如图9-2-44所示。

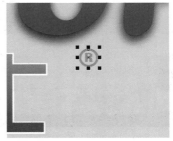

图9-2-44 执行后的效果

45 确定组合后的图形处于选择状态，按Ctrl+C组合键进行复制，按Ctrl+V组合键进行粘贴，然后调整位置，效果如图9-2-45所示。

图9-2-45 复制并调整位置

46 按Ctrl+I组合键打开【导入】对话框，选择【素材04.png】文件，单击【导入】按钮，如图9-2-46所示。

图9-2-46 选择素材文件

47 导入后调整其位置，效果如图9-2-47所示。

48 使用【文本工具】输入文本"家庭装"，在属性栏中将字体设置为"汉仪粗黑简"，字体大小设置为15pt，在【文本属性】泊坞窗中单击【段落】按钮■，将字符间距设置为-5%，文本方向设置为垂直，如图9-2-48所示。

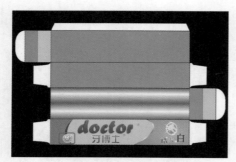

图9-2-47 导入后的效果

图9-2-48 输入文本并设置

49 确定刚刚输入的文本处于选择状态，按F12键弹出【轮廓笔】对话框，将宽度设置为0.25mm，颜色的RGB值设置为255、255、255，单击【确定】按钮，如图9-2-49所示。

图9-2-49 【轮廓笔】对话框

50 完成后的效果如图9-2-50所示。

51 使用【文本工具】输入文本"超值"，在属性栏中将字体设置为"汉仪粗黑简"，字体大小设置为18pt，旋转角度设置为8°，效果如图9-2-51所示。

图9-2-50 完成后的效果

图9-2-51 输入文本并设置

52 确定刚刚输入的文本处于选择状态，按F12键弹出【轮廓笔】对话框，将宽度设置为0.25mm，颜色的RGB值设置为255、255、255，单击【确定】按钮，如图9-2-52所示。

图9-2-52 【轮廓笔】对话框

53 完成后的效果如图9-2-53所示。

54 使用【阴影工具】对刚刚输入的文本进行阴影设置，效果如图9-2-54所示。

55 使用【文本工具】输入文本"配合使用牙博士牙刷"，在属性栏中将字体列设置为方正黑体简体，字体大小设置为8pt，旋转角度设置为90°，效果如图9-2-55所示。

图9-2-53　完成后的效果

图9-2-54　阴影效果

图9-2-55　输入文本并设置

56 确定刚刚绘制的文本处于选择状态，按Ctrl+C组合键进行复制，按Ctrl+V组合键进行粘贴，然后在属性栏中单击【水平

镜像】按钮 ，再单击【垂直镜像】按钮 ，并调整其位置，效果如图9-2-56所示。

图9-2-56　复制并调整位置

57 再次对文本进行复制并调整到合适的位置，效果如图9-2-57所示。

图9-2-57　复制并调整

58 使用上述所介绍的方法制作其他的文本，最终效果如图9-2-58所示。

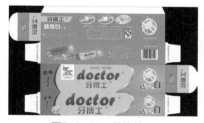

图9-2-58　最终效果

9.3　制作白酒包装

9.3.1　技能分析

　　本案例主要讲解如何制作白酒的包装，首先使用【矩形工具】绘制出白酒的轮廓，然后导入所需的背景，最后使用【文本工具】输入所需的文本并设置属性和位置，完成最终的效果。

9.3.2　制作步骤

　　01 按Ctrl＋N组合键，打开【创建新文档】对话框，设置名称为"制作白酒包装"，宽度为630mm，高度为630mm，单击【确定】按钮，如图9-3-1所示。

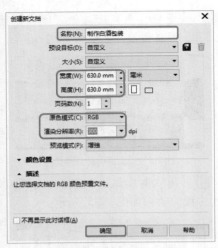

图9-3-1 设置新建参数

02 使用【矩形工具】绘制一个矩形，在【对象属性】泊坞窗中将轮廓颜色的RGB值设置为137、120、112，如图9-3-2所示。

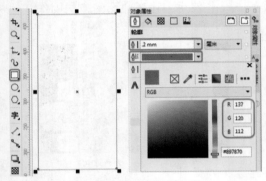

图9-3-2 绘制矩形并设置

03 使用同样的方法绘制其他三个矩形，效果如图9-3-3所示。

图9-3-3 绘制其他矩形

04 按Ctrl+I组合键打开【导入】对话框，选择【白酒背景.jpg】文件，单击【导入】按钮，如图9-3-4所示。

05 导入完成后调整位置，效果如图9-3-5所示。

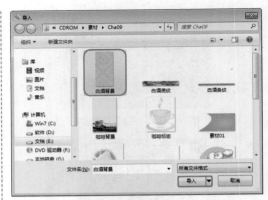

图9-3-4 选择素材文件

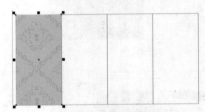

图9-3-5 导入并调整后的效果

06 使用相同的方法为其他三个矩形添加素材文件，如图9-3-6所示。

图9-3-6 添加素材文件

07 使用【选择工具】选中所有的对象右击，在弹出的快捷菜单中选择【锁定对象】命令，如图9-3-7所示。

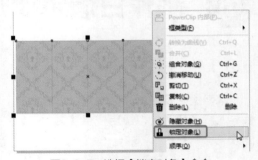

图9-3-7 选择【锁定对象】命令

08 执行后的效果如图9-3-8所示。

09 再次使用【矩形工具】绘制一个矩形，在【对象属性】泊坞窗中单击【轮

廓】按钮🖊，将轮廓宽度设置为无，单击
【填充】按钮◇，再次单击【均匀填充】
按钮■，将颜色模型的RGB值设置为97、
54、57，如图9-3-9所示。

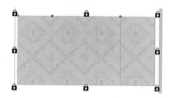

图9-3-8　执行后的效果

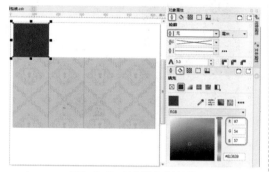

图9-3-9　绘制矩形并设置

10 确定刚刚绘制的矩形处于选择状
态，按Ctrl+C组合键进行复制，按Ctrl+V组
合键进行粘贴，然后调整复制后的矩形的
位置，效果如图9-3-10所示。

图9-3-10　复制矩形并调整

11 使用【选择工具】选中上两步绘
制的矩形右击，在弹出的快捷菜单中选择
【锁定对象】命令，如图9-3-11所示。

12 执行后的效果如图9-3-12所示。

13 再次使用【矩形工具】绘制一个
矩形，在【对象属性】泊坞窗中单击【轮
廓】按钮🖊，将轮廓宽度设置为无，单击
【填充】按钮◇，再次单击【均匀填充】

按钮■，将颜色模型的RGB值设置为97、
54、57，如图9-3-13所示。

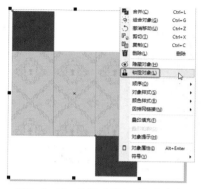

图9-3-11　选择【锁定对象】命令

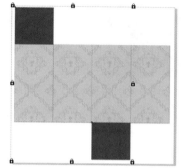

图9-3-12　执行后的效果

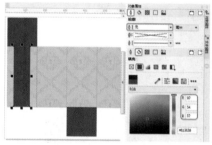

图9-3-13　绘制矩形并设置

14 使用【钢笔工具】绘制图形，在
【对象属性】泊坞窗中单击【轮廓】按钮
🖊，将轮廓宽度设置为无，单击【填充】
按钮◇，再次单击【均匀填充】按钮■，
将颜色模型的RGB值设置为218、185、
107，效果如图9-3-14所示。

15 使用【文本工具】输入文本
"泸"，在属性栏中将字体设置为"新宋
体"，字体大小设置为54pt，在【文本属
性】泊坞窗中单击【字符】按钮🅰，在

【图文本框】选项组中将文本方向设置为垂直，如图9-3-15所示。

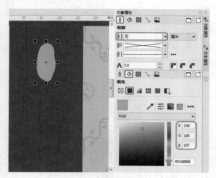

图9-3-14　绘制图形并设置

图9-3-15　输入文本并设置

16　确定刚刚输入的文本处于选择状态，在【文本属性】泊坞窗中单击【字符】按钮A，将【均匀填充】的RGB值设置为97、54、57，效果如图9-3-16所示。

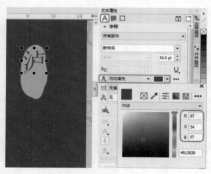

图9-3-16　输入文本并设置

17　使用上述所介绍的方法制作文本【州】，将字体大小设置为49pt，其他设置与文本【沪】一致，效果如图9-3-17所示。

18　使用【文本工具】输入文本"中国·沪州酒业"，在属性栏中将字体设置为Arial Unicode MS，字体大小设置为26pt，在【文本属性】泊坞窗中单击【字符】按钮A，将均匀填充的RGB值设置为218、185、107，效果如图9-3-18所示。

图9-3-17　制作文本【州】

图9-3-18　输入文本并设置

19　使用【矩形工具】绘制一个矩形，在【对象属性】泊坞窗中单击【轮廓】按钮，将轮廓宽度设置为1mm，轮廓颜色的RGB值设置为218、185、107，如图9-3-19所示。

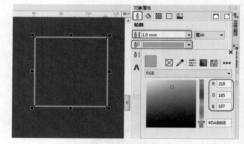

图9-3-19　绘制矩形并设置

20　使用【文本工具】输入文本"泸州"，在属性栏中将字体设置为"宋体-方正超大字符集"，字体大小设置为56pt，如图9-3-20所示。

21　确定刚刚输入的文本处于选择状态，在【对象属性】泊坞窗中单击【字符】按钮A，将均匀填充的RGB值设置为218、185、107，效果如图9-3-21所示。

22　使用上述所介绍的方法制作文本【窖】，效果如图9-3-22所示。

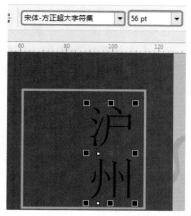

图9-3-20　输入文本并设置

图9-3-21　设置填充颜色

图9-3-22　制作文本【窖】

23　使用【文本工具】输入文本"老"，在属性栏中将字体设置为"经典细隶书简"，字体大小设置为120pt，在【对象属性】泊坞窗中单击【字符】按钮A，将均匀填充的RGB值设置为218、185、107，效果如图9-3-23所示。

24　确定刚刚输入的文本处于选择状态，按Ctrl+Q组合键将其旋转，使用【形状工具】调整形状，完成后的效果如图9-3-24所示。

25　选择如图9-3-25所示的图形右击，在弹出的快捷菜单中选择【组合对象】命令，如图9-3-25所示，将其进行组合。

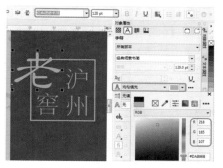

图9-3-23　输入文本并设置

图9-3-24　调整文本形状

图9-3-25　选择【组合对象】命令

26　使用【文本工具】输入文本"经典窖藏"，在属性栏中将字体设置为"方正中等线简体"，字体大小设置为33pt，在【对象属性】泊坞窗中单击【字符】按钮A，将均匀填充的RGB值设置为218、185、107，如图9-3-26所示。

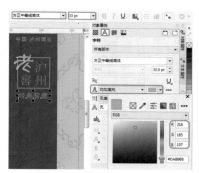

图9-3-26　输入文本并设置

27 按Ctrl+I组合键打开【导入】对话框，选择【001.jpg】素材文件，单击【导入】按钮，如图9-3-27所示。

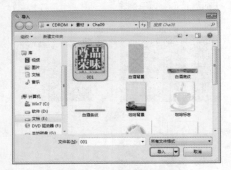

图9-3-27　选择素材文件

28 导入后调整其位置，效果如图9-3-28所示。

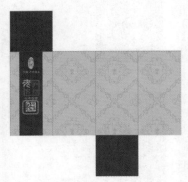

图9-3-28　导入后的效果

29 使用【文本工具】输入文本"酒精度：45%vol 净含量：500ml"，在属性栏中将字体设置为"Adobe 仿宋 Std R"，字体大小设置为11pt，在【对象属性】泊坞窗中单击【字符】按钮 A，将均匀填充的RGB值设置为218、185、107，效果如图9-3-29所示。

图9-3-29　输入文本并设置

30 使用相同的方法输入文本"中国·泸州酒业有限公司"，在属性栏中将字体设置为"方正黑体简体"，字体大小设置为15pt，在【对象属性】泊坞窗中单击【字符】按钮 A，将均匀填充的RGB值设置为218、185、107，效果如图9-3-30所示。

图9-3-30　输入文本并设置

31 使用相同的方法输入文本"Luzhou wine industry Co.Ltd."，在属性栏中将字体设置为Arial，字体大小设置为10pt，在【对象属性】泊坞窗中单击【字符】按钮 A，将均匀填充的RGB值设置为218、185、107，效果如图9-3-31所示。

图9-3-31　输入文本并设置

32 按Ctrl+I组合键打开【导入】对话框，选择【白酒条纹.jpg】素材文件，单击【导入】按钮，如图9-3-32所示。

33 导入完成后的效果如图9-3-33所示。

34 使用相同的方法为其他三个矩形添加【白酒条纹.jpg】素材文件，效果如图9-3-34所示。

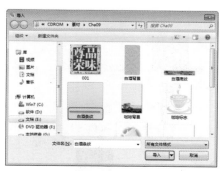

图9-3-32　选择素材文件

图9-3-33　导入完成后的效果

图9-3-34　添加素材文件

35 按Ctrl+I组合键打开【导入】对话框，选择【白酒条纹.jpg】素材文件，单击【导入】按钮，如图9-3-35所示。

图9-3-35　选择素材文件

36 导入后的效果如图9-3-36所示。

图9-3-36　导入完成后的效果

37 确定刚刚导入的素材文件处于选择状态，多次按Ctrl+Page Down组合键，将素材文件后移，效果如图9-3-37所示。

图9-3-37　将素材文件后移的效果

38 为了便于美观，先将【白酒背景.jpg】素材文件进行隐藏，选择其中一个【白酒背景.jpg】素材文件右击，在弹出的快捷菜单中选择【隐藏对象】命令，如图9-3-38所示。

图9-3-38　选择【隐藏对象】命令

39 执行后的效果如图9-3-39所示。

图9-3-39　执行后的效果

40 使用同样的方法隐藏其他的【白酒背景.jpg】素材文件，完成后的效果如图9-3-40所示。

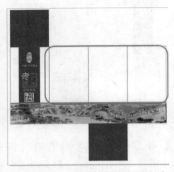

图9-3-40　隐藏其他的素材文件

41 然后再次对显示出的矩形进行解锁，选择其中一个矩形单击鼠标右键，在弹出的快捷菜单中选择【解锁对象】命令，如图9-3-41所示。

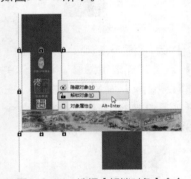

图9-3-41　选择【解锁对象】命令

42 执行后的效果如图9-3-42所示。

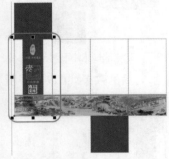

图9-3-42　执行后的效果

43 使用同样的方法解锁其他的矩形，完成后的效果如图9-3-43所示。

44 选择4个矩形右击，在弹出的快捷菜单中选择【顺序】|【到图层前面】命令，效果如图9-3-44所示。

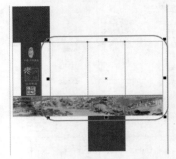

图9-3-43　解锁其他的矩形

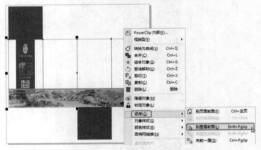

图9-3-44　选择【到图层前面】命令

> **提示**
>
> 到图层前面的快捷键为Shift+Page Up。

45 执行后的效果如图9-3-45所示。

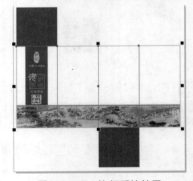

图9-3-45　执行后的效果

46 为了使隐藏的对象显示，在菜单栏中选择【窗口】|【泊坞窗】|【对象管理器】命令，如图9-3-46所示。

47 在【对象管理器】泊坞窗中找到【白酒背景.jpg】右击，在弹出的快捷菜单中选择【显示对象】命令，如图9-3-47所示。

图9-3-46 选择【对象管理器】命令

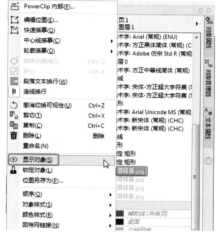

图9-3-47 选择【显示对象】命令

48 执行后的效果，如图9-3-48所示。

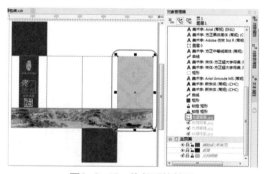

图9-3-48 执行后的效果

49 使用同样的方法对其他隐藏的【白酒背景.jpg】文件进行显示操作，效果如图9-3-49所示。

50 使用【文本工具】输入文本"本产品系纯粮酿造"，在属性栏中将字体设置为"方正隶二简体"，字体大小设置为

22pt，在【对象属性】泊坞窗中单击【字符】按钮A，将【均匀填充】的RGB值设置为97、54、57，效果如图9-3-50所示。

图9-3-49 对其他素材文件进行显示

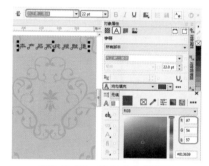

图9-3-50 输入文本并设置

51 使用【钢笔工具】绘制一条直线，在【对象属性】泊坞窗中单击【轮廓】按钮，将轮廓宽度设置为0.35mm，轮廓颜色的RGB值设置为97、54、57，如图9-3-51所示。

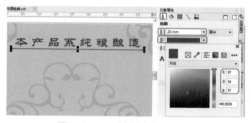

图9-3-51 绘制直线并设置

52 使用【文本工具】输入文本"BENCHANPINXICHUNLIANGNIANGZAO"，在属性栏中将字体设置为"Adobe 仿宋 Std R"，字体大小设置为11pt，在【对象属性】泊坞窗中单击【字符】按钮A，将均匀填充的RGB值设置为97、54、57，如图9-3-52所示。

图9-3-52　输入文本并设置

53 使用【矩形工具】绘制一个矩形，在【对象属性】泊坞窗中单击【字符】按钮 Ａ ，将均匀填充的RGB值设置为0、0、0，如图9-3-53所示。

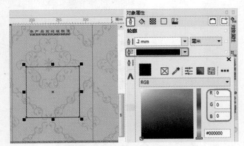

图9-3-53　绘制矩形并设置

54 使用【文本工具】输入文本，在属性栏中将字体设置为"微软雅黑"，字体大小设置为13pt，如图9-3-54所示。

图9-3-54　输入文本并设置

55 确定刚刚输入的文本处于选择状态，在【对象属性】泊坞窗中单击【段落】按钮 ，将行间距设置为120%，如图9-3-55所示。

56 使用【矩形工具】绘制一个矩形，在【对象属性】泊坞窗中单击【轮廓】按钮 ，将轮廓宽度设置为无，单击【填充】按钮 ，再单击【均匀填充】按

钮 ，将颜色模型的RGB值设置为255、255、255，如图9-3-56所示。

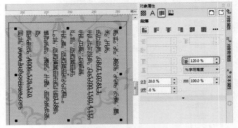

图9-3-55　设置行间距

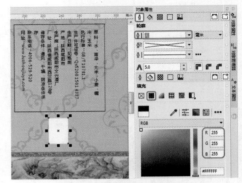

图9-3-56　绘制矩形并设置

57 使用同样的方法绘制一个矩形，在【对象属性】泊坞窗中单击【轮廓】按钮 ，将轮廓宽度设置为0.55mm，轮廓颜色的RGB值设置为0、109、184，单击【填充】按钮 ，再单击【均匀填充】按钮 ，将颜色模型的RGB值设置为255、255、255，如图9-3-57所示。

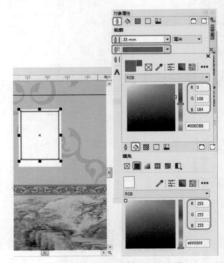

图9-3-57　绘制矩形并设置

58 使用【钢笔工具】绘制图形，在【对象属性】泊坞窗中单击【轮廓】按钮 ⬙，将轮廓宽度设置为无，单击【填充】按钮 ◇，再单击【均匀填充】按钮 ■，将颜色模型的RGB值设置为0、109、184，如图9-3-58所示。

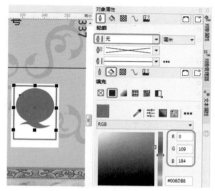

图9-3-58 绘制图形并设置

59 使用【文本工具】输入文本"S"，在属性栏中将字体设置为Georgia，字体大小设置为51pt，在【对象属性】泊坞窗中单击【字符】按钮 A，将【均匀填充】的RGB值设置为255、255、255，如图9-3-59所示。

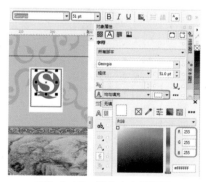

图9-3-59 输入文本并设置

60 使用【文本工具】输入文本"质量安全"，在属性栏中将字体设置为"方正大标宋简体"，字体大小设置为9pt，在【对象属性】泊坞窗中单击【字符】按钮 A，将【均匀填充】的RGB值设置为0、109、184，如图9-3-60所示。

61 使用【文本工具】输入文本"XK16-030 5895"，在属性栏中将字体设置为Century751 BT，字体大小设置为8pt，在【文本属性】泊坞窗中单击【字符】按钮 A，将【均匀填充】的RGB值设置为0、109、184，如图9-3-61所示。

图9-3-60 输入文本并设置

图9-3-61 输入文本并设置

62 确定刚刚输入的文本处于选择状态，在【文本属性】泊坞窗中单击【段落】按钮 ▤，将字符间距设置为4%，如图9-3-62所示。

图9-3-62 设置字符间距

63 使用【选择工具】选中如图9-3-63所示的对象，右击在弹出的快捷菜单中选择【组合对象】命令，如图9-3-63所示。

64 执行后按Ctrl+C组合键进行复

制，按Ctrl+V组合键进行粘贴，并调整位置，如图9-3-64所示。

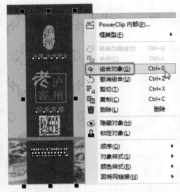

图9-3-63　选择【组合对象】命令

图9-3-64　复制并调整位置

65 使用【选择工具】选中如图9-3-63所示的对象，右击在弹出的快捷菜单中选择【组合对象】命令，如图9-3-65所示。

图9-3-65　选择【组合对象】命令

66 执行后按Ctrl+C组合键进行复制，按Ctrl+V组合键进行粘贴，并调整位置，如图9-3-66所示。

图9-3-66　复制并调整位置

67 使用同样的方法复制并调整其他的对象，效果如图9-3-67所示。

图9-3-67　复制并调整其他对象

68 按Ctrl+I组合键打开【导入】对话框，选择【001.jpg】素材文件，单击【导入】按钮，如图9-3-68所示。

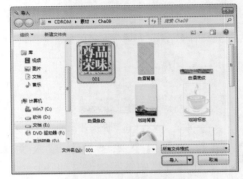

图9-3-68　选择素材文件

69 导入后的效果如图9-3-69所示。

图9-3-69　导入后的效果

70 使用同样的方法导入其他的素材文件，效果如图9-3-70所示。

71 使用【选择工具】选择如图9-3-71所示的对象，右击在弹出的快捷菜单中选择【取消组合对象】命令，如图9-3-71所示。

72 选中组合后的对象对其进行复制并调整位置，如图9-3-72所示。

图9-3-70　导入其他的素材文件

图9-3-71　选择【取消组合对象】命令

图9-3-72　复制并调整位置

73 选中复制后的对象，再次进行复制，在属性栏中单击【水平镜像】按钮 ，再单击【垂直镜像】按钮 ，再次调整其位置，效果如图9-3-73所示。

74 最终完成后的效果如图9-3-74所示。

图9-3-73　复制并调整位置

图9-3-74　最终效果

小结

通过对以上案例的学习，读者可以掌握和了解包装盒设计的技巧应用和操作方法。掌握本章中所讲解的各种工具的使用方法和各种不同样式包装盒的绘制过程，可以在以后设计制作包装盒时大显身手。

第10章　卡片设计

在日常生活中随处可以见到卡片，例如名片、会员卡、入场券等。卡片外形小巧，多为矩形，标准卡片尺寸为86mm×54mm（出血稿件为88mm×56mm）（其他形状属于非标卡）。普通PVC卡片的厚度为0.76mm，IC、ID非接触卡片的厚度为0.84mm，携带方便，用以承载信息或娱乐用的物品，其制作材料可以是PVC、透明塑料、金属以及纸质材料。本章精心挑选了几种大众常用的卡片作为制作素材，通过本章的学习可以对卡片的制作有一定的了解。

10.1　积分卡

10.1.1　技能分析

本例将讲解如何制作积分卡，积分卡是一种消费服务卡，常用于商场、超市、卖场、娱乐、餐饮、服务等行业。

10.1.2　制作步骤

01 按Ctrl+N组合键，弹出【创建新文档】对话框，将【名称】设置为【积分卡】，将宽度和高度分别设置为90mm、101mm，将原色模式设置为RGB，单击【确定】按钮，如图10-1-1所示。

02 打开【积分卡正面背景.cdr】素材文件，如图10-1-2所示。

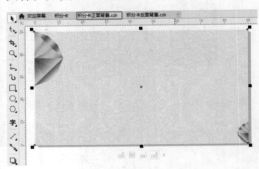

图10-1-2　打开素材文件

03 打开【积分卡反面背景.cdr】素材文件，如图10-1-3所示。

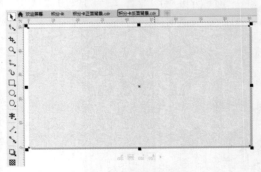

图10-1-3　打开素材文件

04 打开【积分卡正、反面背景】素材文件，将其复制粘贴到【积分卡】场景

图10-1-1　创建新文档

中，调整背景的位置，如图10-1-4所示。

图10-1-4 调整位置后的效果

05 使用【钢笔工具】绘制如图10-1-5所示的轮廓图形。

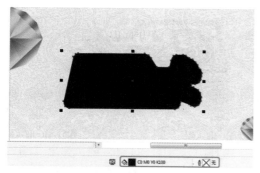

图10-1-5 绘制轮廓图形

06 将图形的填充颜色的CMYK值设置为0、0、0、100，将轮廓颜色设置为无，如图10-1-6所示。

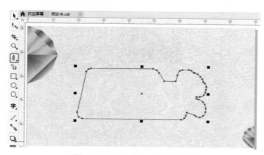

图10-1-6 设置填充和轮廓颜色

07 继续使用【钢笔工具】绘制如图10-1-7所示的轮廓图形，将填充颜色的CMYK值设置为1、1、12、0，将轮廓颜色设置为无。

08 使用【钢笔工具】绘制如图10-1-8所示的两条线段，选择绘制的线段，在属性栏中单击【合并】按钮。

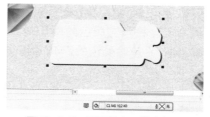

图10-1-7 设置填充和轮廓颜色

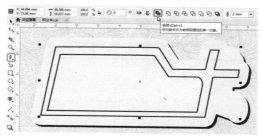

图10-1-8 绘制图形对象

09 按Shift+F11组合键，弹出【编辑填充】对话框，将RGB值设置为98、47、0，单击【确定】按钮，如图10-1-9所示。

图10-1-9 设置填充颜色

10 按F12键，弹出【轮廓笔】对话框，将颜色的CMYK值设置为7、13、57、0，单击【确定】按钮，如图10-1-10所示。

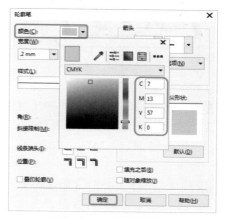

图10-1-10 设置轮廓颜色

11 使用【钢笔工具】绘制如图10-1-11所示的对象，将填充颜色的RGB值设置为98、47、0，将轮廓颜色的CMYK值设置为7、13、57、0。

图10-1-11　设置填充和轮廓颜色

12 用【钢笔工具】绘制如图10-1-12所示的图形，将填充颜色的CMYK值设置为1、1、12、0，将轮廓颜色设置为无。

图10-1-12　设置图形的填充和轮廓颜色

13 使用【钢笔工具】绘制心形轮廓，效果如图10-1-13所示。

图10-1-13　绘制心形轮廓

14 按Shift+F11组合键，弹出【编辑填充】对话框，将CMYK值设置为47、0、98、0，单击【确定】按钮，如图10-1-14所示。

15 按F12键，弹出【轮廓笔】对话框，将【颜色】的CMYK值设置为0、0、100、0，将【宽度】设置为0.9mm，单击

【确定】按钮，如图10-1-15所示。

图10-1-14　设置填充颜色

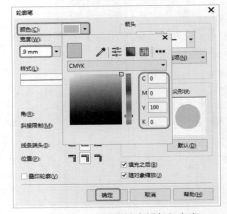

图10-1-15　设置轮廓颜色和宽度

16 使用【钢笔工具】，绘制如图10-1-16所示的轮廓。

图10-1-16　绘制图形轮廓

17 按Shift+F11组合键，弹出【编辑填充】对话框，将0%位置处色块的CMYK值设置为0、40、20、0，将100%位置处色块的CMYK值设置为0、100、0、0，在【变换】选项组中取消选中【自由缩放和倾斜】复选框，将填充宽度设置为84%，将水平偏移设置为-1.7%，将垂直偏移设置为11%，将角度设置为123.3°，单击【确定】按钮，如图10-1-17所示。

图10-1-17　设置渐变填充

18 按F12键，弹出【轮廓笔】对话框，将颜色的CMYK值设置为0、0、100、0，将宽度设置为0.9mm，单击【确定】按钮，如图10-1-18所示。

图10-1-18　设置轮廓颜色和宽度

19 设置完成后的效果如图10-1-19所示。

图10-1-19　设置完成后的效果

20 打开【积分卡.cdr】素材文件，如图10-1-20所示。

21 将素材文件复制到当前场景中，调整logo的位置，效果如图10-1-21所示。

22 使用【矩形工具】，在积分卡的背面背景上绘制【宽度】和【高度】分别为90mm、6.5mm的矩形，如图10-1-22所示。

图10-1-20　打开素材文件

图10-1-21　调整logo的位置

图10-1-22　绘制矩形

23 按Shift+F11组合键，弹出【编辑填充】对话框，将CMYK值设置为1、22、96、0，单击【确定】按钮，如图10-1-23所示。

图10-1-23　设置填充颜色

24 选择矩形，在调色板上右击⊠按

钮，将矩形的轮廓颜色设置为无，如图10-1-24
所示。

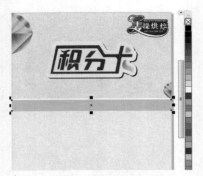

图10-1-24　设置矩形的轮廓颜色

25 使用【矩形工具】，绘制【宽度】和【高度】分别为90mm、0.688mm的矩形，将填充颜色设置为白色，将轮廓颜色设置为无，如图10-1-25所示。

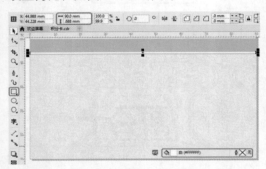

图10-1-25　绘制矩形并设置填充颜色

26 使用【文本工具】，输入文本，将字体设置为【微软雅黑】，将字体大小设置为8pt，将填充颜色的CMYK值设置为52、93、98、11，如图10-1-26所示。

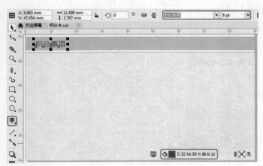

图10-1-26　输入文本并设置

27 选择绘制的两个矩形，对图形进行复制，在属性栏中单击【垂直镜像】按

钮，调整矩形的位置，如图10-1-27所示。

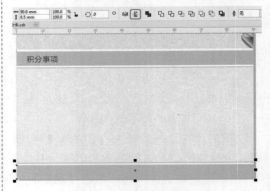

图10-1-27　复制并调整位置

28 使用【2点线工具】绘制如图10-1-28所示的线段，将轮廓颜色的RGB值设置为182、104、32。

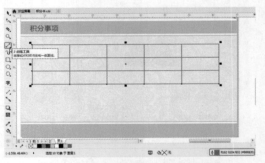

图10-1-28　绘制线段并设置轮廓颜色

29 使用【文本工具】输入文本，将字体设置为【黑体】，将字体大小设置为7pt，将字体颜色设置为52、93、98、11，如图10-1-29所示。

图10-1-29　输入文本并设置

30 使用【文本工具】输入文本，将字体设置为【黑体】，将字体大小设置为7pt，将字体颜色设置为52、93、98、11，

在属性栏中单击【文本属性】按钮，打开【文本属性】泊坞窗，将字符间距设置为50%，如图10-1-30所示。

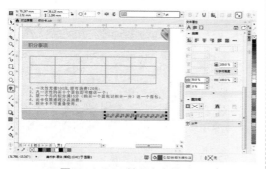

图10-1-30　输入文本并设置

31 至此，积分卡就制作完成了，最终效果如图10-1-31所示。

图10-1-31　最终效果

10.2 代金券

10.2.1 技能分析

代金券是商家的一种优惠活动，可以在购物时使用代金券抵扣等值的现金。本实例将讲解如何制作代金券。

10.2.2 制作步骤

01 按Ctrl+N组合键，弹出【创建新文档】对话框，将【名称】设置为【代金券】，将【宽度】和【高度】分别设置为190mm、155mm，将【原色模式】设置为RGB，单击【确定】按钮，如图10-2-1所示。

图10-2-1　创建新文档

02 使用【矩形工具】绘制【宽度】和【高度】分别为190mm、155mm的矩形，如图10-2-2所示。

03 按Shift+F11组合键，弹出【编辑填充】对话框，将CMYK值设置为67、73、76、37，单击【确定】按钮，如图10-2-3所示。

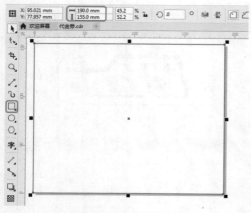

图10-2-2 绘制矩形

图10-2-3 设置填充颜色

04 将矩形的轮廓颜色设置为无，如图10-2-4所示。

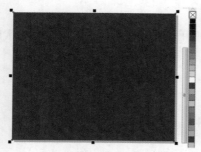

图10-2-4 设置轮廓颜色

05 使用【矩形工具】，绘制【宽度】和【高度】分别为42mm、60mm的矩形，如图10-2-5所示。

06 按Shift+F11组合键，弹出【编辑填充】对话框，将0%位置处色块的CMYK值设置为0、5、30、0，将90%位置处色块的CMYK值设置为0、15、60、5，将100%位置处色块的CMYK值设置为0、5、30、0，在【变换】选项组中取消选中【自由缩放和倾斜】复选框，将填充宽度设置为156%，

将水平偏移设置为-0.002%，将垂直偏移设置为-0.003%，将角度设置为-27.4°，单击【确定】按钮，如图10-2-6所示。

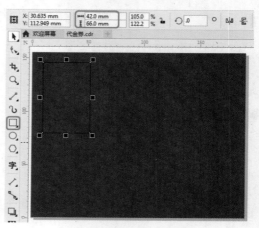

图10-2-5 绘制矩形

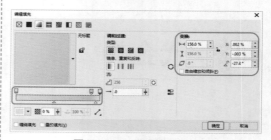

图10-2-6 设置填充颜色

07 将渐变矩形的轮廓颜色设置为无，如图10-2-7所示。

图10-2-7 设置矩形的轮廓颜色

08 使用【钢笔工具】绘制如图10-2-8所示的线段。

09 按F12键，弹出【轮廓笔】对话框，将颜色的CMYK值设置为1、100、86、14，将宽度设置为0.3mm，如图10-2-9所示。

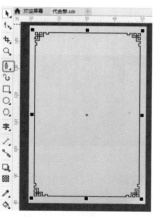

图10-2-8　绘制线段

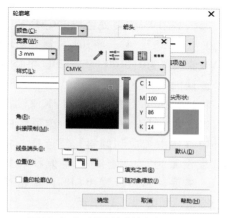

图10-2-9　设置轮廓笔颜色和宽度

10 单击【确定】按钮，使用【钢笔工具】绘制如图10-2-10所示的线段。

图10-2-10　绘制线段

11 将填充颜色的CMYK值设置为0、100、95、36，将轮廓颜色设置为无，如图10-2-11所示。

12 使用【文本工具】输入文本，将字体设置为【方正大黑简体】，将字体大小设置为17pt，如图10-2-12所示。

13 使用【文本工具】输入文本，将

字体设置为方正大黑简体，将字体大小设置为14pt，如图10-2-13所示。

图10-2-11　设置填充和轮廓颜色

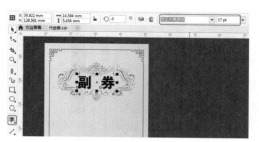

图10-2-12　输入文本并设置

图10-2-13　输入文本并设置

14 选择【副券】和【NO.00001】文本对象，按Shift+F11组合键，弹出【编辑填充】对话框，在【调和过渡】选项组中，设置【类型】为"椭圆形渐变填充"，将0%位置处色块的CMYK值设置为0、100、100、50，将19%位置处色块的CMYK值设置为0、100、97、43，将30%位置处色块的CMYK值设置为0、100、92、29，将45%位置处色块的CMYK值设置为1、100、86、15，将100%位置处色块的CMYK值设置为2、100、80、0，在【变换】选项组中取消选中【自由缩放和倾斜】复选框，将填充宽度设置为206%，将水平偏移设置为48%，将垂直偏移设置为44%，单击【确定】按钮，如图10-2-14所示。

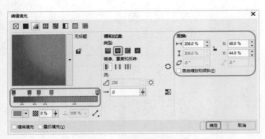

图10-2-14 设置渐变填充

15 设置完渐变颜色后的效果如图10-2-15所示。

图10-2-15 设置完成后的效果

16 打开【代金券素材1.cdr】素材文件，如图10-2-16所示。

图10-2-16 打开素材文件

17 将礼盒复制到场景文档中，调整礼盒的位置，效果如图10-2-17所示。

图10-2-17 复制并调整礼盒的位置

18 使用【矩形工具】绘制【宽度】和【高度】分别为126mm、60mm的矩形，

如图10-2-18所示。

图10-2-18 绘制矩形

19 按Shift+F11组合键，弹出【编辑填充】对话框，在【调和过渡】选项组中，设置【类型】为【椭圆形渐变填充】，将0%位置处色块的CMYK值设置为0、100、100、50，将19%位置处色块的CMYK值设置为0、100、97、43，将30%位置处色块的CMYK值设置为0、100、92、29，将45%位置处色块的CMYK值设置为1、100、86、15，将100%位置处色块的CMYK值设置为2、100、80、0，在【变换】选项组中取消选中【自由缩放和倾斜】复选框，将填充宽度设置为220%，将水平偏移设置为48%，将垂直偏移设置为44%，单击【确定】按钮，如图10-2-19所示。

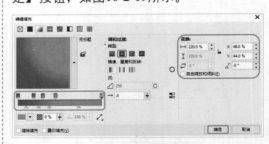

图10-2-19 设置填充颜色

20 将矩形的轮廓颜色设置为无，如图10-2-20所示。

图10-2-20 设置矩形的轮廓颜色

21 打开【代金券背景.cdr】素材文件，如图10-2-21所示。

图10-2-21 打开素材文件

22 将素材文件复制到场景文档中，调整素材文件的位置，如图10-2-22所示。

图10-2-22 复制并调整素材文件的位置

23 确认素材文件处于选中状态，右击，在弹出的快捷菜单中选择【PowerClip内部…】命令，如图10-2-23所示。

图10-2-23 选择【PowerClip内部…】命令

24 当鼠标指针变为黑色箭头时，在红色渐变背景上单击，即可执行【PowerClip内部…】命令，效果如图10-2-24所示。

图10-2-24 执行【PowerClip内部…】命令后的效果

25 使用【钢笔工具】绘制如图10-2-25所示的线段。

26 按Shift+F11组合键，弹出【编辑填充】对话框，将0%位置处色块的CMYK值设置为0、5、30、0，将90%位置处色块的CMYK值设置为0、15、60、5，将100%位置处色块的CMYK值设置为0、5、30、0，

在【变换】选项组中取消选中【自由缩放和倾斜】复选框，将填充宽度设置为140%，将水平偏移设置为0%，将垂直偏移设置为0.002%，将角度设置为-40.4°，单击【确定】按钮，如图10-2-26所示。

图10-2-25 绘制完成后的图形

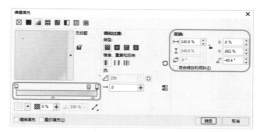

图10-2-26 设置渐变颜色

27 将图形的轮廓颜色设置为无，如图10-2-27所示。

图10-2-27 设置轮廓颜色

28 使用【文本工具】输入文本，将字体设置为"方正大黑简体"，将字体大小设置为22pt，如图10-2-28所示。

图10-2-28 输入文本并设置

29 使用【文本工具】输入文本，将字体设置为"方正大黑简体"，将字体大

小设置为13pt，如图10-2-29所示。

图10-2-29　输入文本并设置

30 按Shift+F11组合键，弹出【编辑填充】对话框，将0%位置处色块的CMYK值设置为0、5、30、0，将90%位置处色块的CMYK值设置为0、15、60、5，将100%位置处色块的CMYK值设置为0、5、30、0，在【变换】选项组中取消选中【自由缩放和倾斜】复选框，将填充宽度设置为234%，将水平偏移设置为0%，将垂直偏移设置为0%，将角度设置为-78.2°，单击【确定】按钮，如图10-2-30所示。

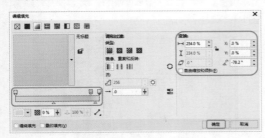

图10-2-30　设置渐变颜色

31 使用【钢笔工具】绘制如图10-2-31所示的对象。

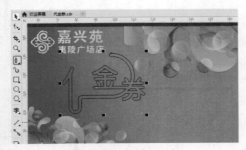

图10-2-31　绘制对象

32 按Shift+F11组合键，弹出【编辑填充】对话框，将0%位置处色块的CMYK值设置为2、20、94、0，将1%位置处色块的CMYK值设置为2、20、94、0，将25%位置

处色块的CMYK值设置为0、0、25、0，将44%位置处色块的CMYK值设置为3、20、62、0，将60%位置处色块的CMYK值设置为5、40、100、0，将74%位置处色块的CMYK值设置为3、23、75、4，将87%位置处色块的CMYK值设置为0、7、51、8，将100%位置处色块的CMYK值设置为0、0、25、0，在【变换】选项组中取消选中【自由缩放和倾斜】复选框，将填充宽度设置为138%，将水平偏移设置为0.95%，将垂直偏移设置为-1.9%，将角度设置为-40.6°，单击【确定】按钮，如图10-2-32所示。

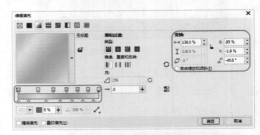

图10-2-32　设置渐变颜色

33 将图形的轮廓颜色设置为无，如图10-2-33所示。

图10-2-33　设置轮廓颜色

34 使用【钢笔工具】绘制如图10-2-34所示的图形。

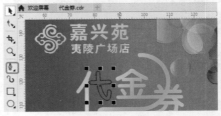

图10-2-34　绘制图形对象

35 按Shift+F11组合键，弹出【编辑填充】对话框，将0%位置处色块的CMYK

值设置为2、20、94、0，将1%位置处色块的CMYK值设置为2、20、94、0，将25%位置处色块的CMYK值设置为0、0、25、0，将44%位置处色块的CMYK值设置为10、20、61、3，将60%位置处色块的CMYK值设置为20、40、96、7，将74%位置处色块的CMYK值设置为10、23、74、7，将87%位置处色块的CMYK值设置为0、7、51、8，将100%位置处色块的CMYK值设置为0、0、25、0，在【变换】选项组中取消选中【自由缩放和倾斜】复选框，将填充宽度设置为400%，将水平偏移设置为164%，将垂直偏移设置为-62%，将角度设置为-24.8°，单击【确定】按钮，如图10-2-35所示。

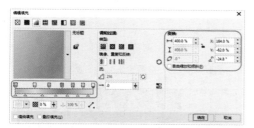

图10-2-35　设置填充颜色

36　使用【钢笔工具】绘制图形，将填充颜色的CMYK值设置为2、20、94、0，将轮廓颜色设置为无，如图10-2-36所示。

图10-2-36　绘制图形并设置

37　使用【钢笔工具】绘制如图10-2-37所示的图形，将轮廓宽度设置为0.3mm。

图10-2-37　设置图形的轮廓宽度

38　选择绘制的图形，按F12键，弹出【轮廓笔】对话框，将【颜色】的CMYK值设置为0、0、100、0，单击【确定】按钮，如图10-2-38所示。

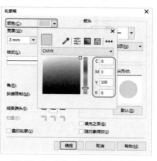

图10-2-38　设置轮廓颜色

39　使用【文本工具】输入文本，将字体设置为【方正大黑简体】，将字体大小设置为50pt，如图10-2-39所示。

图10-2-39　输入文本并设置

40　按Shift+F11组合键，弹出【编辑填充】对话框，将0%位置处色块的CMYK值设置为0、5、30、0，将90%位置处色块的CMYK值设置为0、15、60、5，将100%位置处色块的CMYK值设置为0、5、30、0，在【变换】选项组中取消选中【自由缩放和倾斜】复选框，将填充宽度设置为84%，将水平偏移设置为-0.057%，将垂直偏移设置为0%，将角度设置为-64.1°，单击【确定】按钮，如图10-2-40所示。

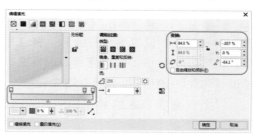

图10-2-40　设置渐变颜色

41 设置渐变文本后的效果如图10-2-41所示。

图10-2-41　设置渐变文本的效果

42 使用【文本工具】输入文本，将字体设置为【方正超粗黑简体】，将字体大小设置为13pt，将填充颜色的CMYK值设置为0、0、100、0，如图10-2-42所示。

图10-2-42　设置文本的字体、大小和颜色

43 使用【文本工具】输入文本，将字体设置为【微软雅黑】，将字体大小设置为8pt，单击【粗体】按钮，将填充颜色设置为白色，如图10-2-43所示。

图10-2-43　设置文本的字体、大小和颜色

44 使用【钢笔工具】绘制如图10-2-44所示的直线段。

45 按F12键，弹出【轮廓笔】对话框，将【颜色】设置为【白色】，将【宽度】设置为0.35mm，并设置线段的样式，单击【确定】按钮，如图10-2-45所示。

46 设置完成后的效果如图10-2-46所示。

图10-2-44　绘制直线段

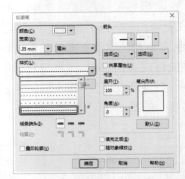

图10-2-45　设置轮廓颜色、宽度和样式

图10-2-46　设置完成后的效果

47 使用【矩形工具】，绘制【宽度】和【高度】分别为126mm、66mm的矩形，将填充颜色的CMYK值设置为0、0、10、0，将轮廓颜色设置为无，如图10-2-47所示。

图10-2-47　绘制矩形设置填充和轮廓颜色

48 打开【代金券素材2.cdr】素材文件，如图10-2-48所示。

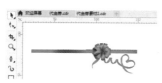

图10-2-48　打开素材文件

49 将素材文件复制到场景文件中，调整素材文件的位置，如图10-2-49所示。

图10-2-49　复制并调整素材文件的位置

50 使用【文本工具】输入文本，将字体设置为【方正大黑简体】，将字体大小设置为17pt，将填充颜色的CMYK值设置为0、20、60、20，如图10-2-50所示。

图10-2-50　设置文本的字体、大小和颜色

51 使用【文本工具】输入文本，将字体设置为【微软雅黑】，将字体大小设置为9pt，将填充颜色的CMYK值设置为0、20、60、20，如图10-2-51所示。

图10-2-51　设置文本的字体、大小和颜色

52 使用同样的方法制作副券部分，最终效果如图10-2-52所示。

图10-2-52　最终效果

10.3　现金券

10.3.1　技能分析

现金券是代替现金消费的一种票据凭证，方便商家达到促销的效果。

10.3.2　制作步骤

01 按Ctrl+N组合键，弹出【创建新文档】对话框，将【名称】设置为【现金券】，将【宽度】和【高度】分别设置为138mm、126mm，将【原色模式】设置为RGB，单击【确定】按钮，如图10-3-1所示。

02 打开【现金券素材1.cdr】素材文件，如图10-3-2所示。

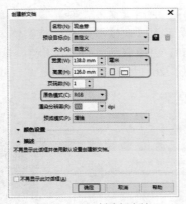

图10-3-1 创建新文档

图10-3-2 打开素材文件

03 将素材复制并粘贴至场景文档中，调整素材文件的位置，使用【矩形工具】绘制【宽度】和【高度】分别为137mm、62mm的矩形，并调整矩形的位置，如图10-3-3所示。

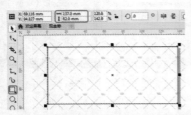

图10-3-3 调整素材文件的位置并绘制矩形

04 按Shift+F11组合键，弹出【编辑填充】对话框，将CMYK值设置为0、3、15、0，单击【确定】按钮，如图10-3-4所示。

图10-3-4 设置填充颜色

05 按F12键，弹出【轮廓笔】对话框，将【颜色】的CMYK值设置为0、0、0、20，将【宽度】设置为【细线】，单击【确定】按钮，如图10-3-5所示。

图10-3-5 设置轮廓颜色和宽度

06 设置完矩形填充和轮廓颜色后的效果如图10-3-6所示。

图10-3-6 设置完成后的效果

07 选择素材文件，在菜单栏中选择【对象】|PowerClip|【置于图文框内部…】命令，如图10-3-7所示。

图10-3-7 选择【置于图文框内部】命令

08 在绘制的矩形上单击，如图10-3-8所示。

09 执行PowerClip命令后的效果，如图10-3-9所示。

突破平面 CoreIDRAW 2017设计与制作剖析

图10-3-8 在矩形上单击

图10-3-9 执行PowerClip命令后的效果

10 使用【钢笔工具】绘制如图10-3-10所示的图形对象。

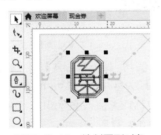

图10-3-10 绘制图形对象

11 按Shift+F11组合键，弹出【编辑填充】对话框，将CMYK值设置为0、100、100、0，单击【确定】按钮，如图10-3-11所示。

图10-3-11 设置填充颜色

12 将图形对象的轮廓颜色设置为无，如图10-3-12所示。

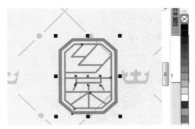

图10-3-12 设置轮廓颜色

13 使用【文本工具】输入文本，将字体设置为【方正华隶简体】，将字体大小设置为24pt，如图10-3-13所示。

图10-3-13 输入文字并设置

14 按Shift+F11组合键，弹出【编辑填充】对话框，将CMYK值设置为0、100、100、0，单击【确定】按钮，如图10-3-14所示。

图10-3-14 设置填充颜色

15 使用【文本工具】输入文本，将字体设置为【方正大黑简体】，将字体大小设置为12pt，将填充颜色的CMYK值设置为0、100、100、0，如图10-3-15所示。

图10-3-15 输入文本并设置

16 打开【现金券素材2.cdr】素材文件，如图10-3-16所示。

图10-3-16　打开素材文件

17 将素材文件复制并粘贴至场景文件中，调整素材文件的位置，效果如图10-3-17所示。

图10-3-17　调整素材文件的位置

18 使用【文本工具】输入文本，将字体设置为【方正小标宋简体】，将字体大小设置为15pt，如图10-3-18所示。

图10-3-18　输入文本并设置

19 使用【文本工具】输入文本，将字体设置为【方正粗倩简体】，将字体大小设置为70pt，将填充颜色的CMYK值设置为0、100、100、10，如图10-3-19所示。

图10-3-19　输入文本并设置

20 使用【文本工具】输入文本，将字体设置为【方正小标宋简体】，将字体大小设置为13pt，如图10-3-20所示。

图10-3-20　输入文本并设置

21 按Shift+F11组合键，弹出【编辑填充】对话框，将CMYK值设置为30、100、100、10，单击【确定】按钮，如图10-3-21所示。

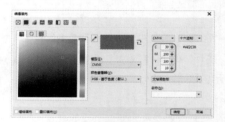

图10-3-21　设置填充颜色

22 使用【矩形工具】绘制【宽度】和【高度】为50mm、8.6mm的矩形，将填充颜色的CMYK值设置为30、100、100、10，如图10-3-22所示。

图10-3-22　绘制矩形并设置填充颜色

23 使用【文本工具】输入文本，将字体设置为【方正隶书简体】，将字体大小设置为26pt，将字体颜色设置为白色，如图10-3-23所示。

24 使用【钢笔工具】绘制如图10-3-24所示的图形，将图形的填充颜色设置为白色。

图10-3-23 输入文本并设置

图10-3-24 设置图形的填充颜色

25 使用【矩形工具】绘制如图10-3-25所示的矩形，填充相应的轮廓和填充颜色。

图10-3-25 绘制矩形

26 选择绘制的两个矩形，将旋转角度设置为45°，如图10-3-26所示。

图10-3-26 设置旋转角度

27 将两个矩形进行复制，调整对象的位置，效果如图10-3-27所示。

28 使用【文本工具】输入文本，将字体设置为【方正粗倩简体】，将字体大小设置为8.2pt，如图10-3-28所示。

图10-3-27 复制对象并调整对象的位置

图10-3-28 输入文本并设置

29 使用【钢笔工具】绘制直线段，效果如图10-3-29所示。

图10-3-29 绘制直线段

30 按F12键，弹出【轮廓笔】对话框，设置虚线样式，单击【确定】按钮，如图10-3-30所示。

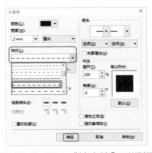

图10-3-30 "轮廓笔"对话框

31 使用【文本工具】输入文本，将字体设置为【方正隶书简体】，将字体大小设置为35pt，单击属性栏右侧的三角按钮，在弹出的下拉列表中单击【将文本更改为垂直方向】按钮，将填充颜色的CMYK值设置为0、100、100、10，如图10-3-31所示。

图10-3-31　输入文本并设置

32 使用【文本工具】输入文本，将字体设置为【方正粗倩简体】，将字体大小设置为26pt，将填充颜色的CMYK值设置为0、100、100、10，如图10-3-32所示。

图10-3-32　输入文本并设置

33 使用【文本工具】输入文本，将字体设置为【方正小标宋简体】，将字体大小设置为9.7pt，将填充颜色的CMYK值设置为30、100、100、10，如图10-3-33所示。

图10-3-33　输入文本并设置

34 使用【文本工具】输入文本，将字体设置为【方正小标宋简体】，将字体大小设置为15pt，将填充颜色的CMYK值设置为30、100、100、10，如图10-3-34所示。

图10-3-34　输入文本并设置

35 使用同样的方法制作如图10-3-35所示的对象。

图10-3-35　制作现金券背面效果

36 使用【钢笔工具】绘制如图10-3-36所示的图形，将填充颜色的CMYK值设置为0、65、100、35。

图10-3-36　设置图形的填充颜色

37 使用【文本工具】输入文本，字体设置为【方正小标宋简体】，将字体大小设置为16pt，将填充颜色设置为白色，如图10-3-37所示。

图10-3-37 输入文本并设置

38 使用【矩形工具】，绘制矩形，将转角半径设置为1mm，如图10-3-38所示。

图10-3-38 设置矩形的转角半径

39 将矩形的填充颜色设置为30、100、100、10，将轮廓颜色设置为无，如图10-3-39所示。

图10-3-39 设置矩形的填充和轮廓颜色

40 使用【文本工具】输入文本，将字体设置为【隶书】，将字体大小设置为10pt，将字体颜色设置为白色，如图10-3-40所示。

图10-3-40 输入文本并设置

41 使用【文本工具】输入文本，将

字体设置为【方正黑体简体】，将字体大小设置为7.3pt，将填充颜色的CMYK值设置为0、80、100、35，如图10-3-41所示。

图10-3-41 输入文本并设置

42 使用【椭圆工具】绘制多个椭圆，将填充颜色的CMYK值设置为0、65、100、35，将轮廓颜色设置为无，如图10-3-42所示。

图10-3-42 设置椭圆的填充和轮廓颜色

43 至此，现金券就制作完成了，最终效果如图10-3-43所示。

图10-3-43 现金券最终效果

10.4 商业名片

10.4.1 技能分析

　　名片，又称卡片，是标示姓名及其所属组织、公司单位和联系方法的纸片。名片是新朋友互相认识、自我介绍的最快又有效的方法。

10.4.2 制作步骤

　　01 按Ctrl+N组合键，弹出【创建新文档】对话框，将【名称】设置为【商业名片】，将【宽度】和【高度】分别设置为195mm、70mm，将【原色模式】设置为RGB，单击【确定】按钮，如图10-4-1所示。

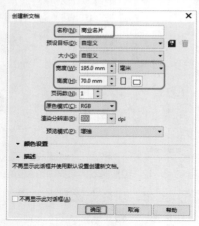

图10-4-1　创建新文档

　　02 使用【矩形工具】绘制【宽度】和【高度】分别为195mm、70mm的矩形，如图10-4-2所示。

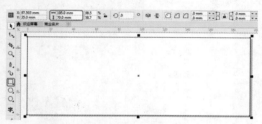

图10-4-2　绘制矩形并设置大小

　　03 按Shift+F11组合键，弹出【编辑

填充】对话框，将0%位置处色块的CMYK值设置为0、0、0、100，将31%位置处色块的CMYK值设置为0、0、0、40，将100%位置处色块的CMYK值设置为0、0、0、100，在【变换】选项组中将旋转设置为90%，单击【确定】按钮，如图10-4-3所示。

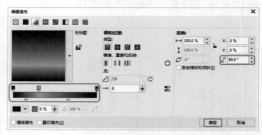

图10-4-3　设置渐变颜色

　　04 将矩形的轮廓颜色设置为无，如图10-4-4所示。

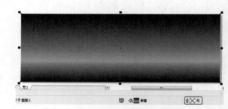

图10-4-4　设置矩形的轮廓颜色

　　05 使用【矩形工具】绘制【宽度】和【高度】分别为90mm、50mm，将填充颜色的CMYK值设置为0、0、0、0，将轮廓颜色设置为无，如图10-4-5所示。

图10-4-5　绘制矩形并设置填充和轮廓颜色

　　06 使用【矩形工具】绘制两个如

图10-4-6所示的矩形。

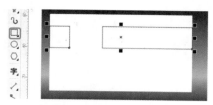

图10-4-6 绘制矩形

07 按Shift+F11组合键，弹出【编辑填充】对话框，将RGB值设置为62、153、62，单击【确定】按钮，如图10-4-7所示。

图10-4-7 设置填充颜色

08 将矩形的【轮廓颜色】设置为无，如图10-4-8所示。

图10-4-8 设置矩形的轮廓颜色

09 使用【椭圆工具】绘制【宽度】和【高度】为25.7mm的圆，将填充颜色的CMYK值设置为0、0、0、0，将轮廓颜色设置为无，如图10-4-9所示。

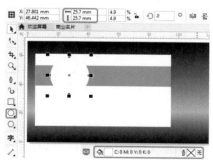

图10-4-9 绘制椭圆并设置参数

10 使用【矩形工具】绘制多个矩形对象，将填充颜色的RGB值设置为111、177、72，将轮廓颜色设置为无，如图10-4-10所示。

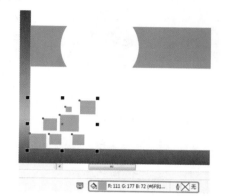

图10-4-10 绘制矩形并设置填充和轮廓颜色

11 使用【钢笔工具】绘制logo，将填充颜色的RGB值设置为62、153、62，将轮廓颜色设置为无，如图10-4-11所示。

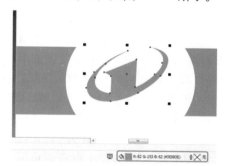

图10-4-11 设置图形的填充和轮廓颜色

12 使用【椭圆工具】绘制圆形，将填充颜色的RGB值设置为248、192、80，将轮廓颜色设置为无，如图10-4-12所示。

图10-4-12 设置椭圆的填充和轮廓颜色

13 使用【钢笔工具】绘制如图10-4-13所示的图形，将填充颜色的RGB值设置为242、182、44，将轮廓颜色设置为无。

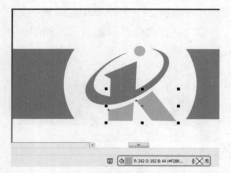

图10-4-13　绘制图形并设置填充和轮廓颜色

14 使用【钢笔工具】绘制如图10-4-14所示的标志。

图10-4-14　绘制图形对象

15 按Shift+F11组合键，弹出【编辑填充】对话框，将0%位置处色块的RGB值设置为121、182、76，将100%位置处色块的RGB值设置为59、153、50，取消选中【自由缩放和倾斜】复选框，在【变换】选项组中将填充宽度设置为125.5%，将水平偏移设置为18%，将垂直偏移设置为17%，将旋转设置为48%，单击【确定】按钮，如图10-4-15所示。

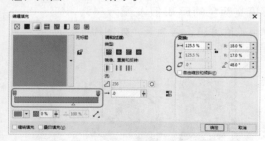

图10-4-15　设置渐变颜色

16 将图形的轮廓颜色设置为无，如图10-4-16所示。

17 使用【钢笔工具】绘制如图10-4-17所示的图形。

图10-4-16　设置轮廓颜色

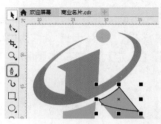

图10-4-17　绘制图形对象

18 按Shift+F11组合键，弹出【编辑填充】对话框，将RGB值设置为248、192、80，单击【确定】按钮，如图10-4-18所示。

图10-4-18　设置填充颜色

19 将图形的轮廓颜色设置为无，如图10-4-19所示。

图10-4-19　设置图形的轮廓颜色

20 使用【文本工具】输入文本，将字体设置为【汉仪粗宋简】，将字体大小设置为15pt，如图10-4-20所示。

21 使用【文本工具】输入文本，将字体设置为【黑体】，将字体大小设置为6pt，如图10-4-21所示。

图10-4-20　输入文本并设置

图10-4-21　输入文本并设置

22 使用【文本工具】输入文本，将字体设置为【微软雅黑】，将字体大小设置为10pt，如图10-4-22所示。

图10-4-22　输入文本并设置

23 选择输入的文本，将填充颜色设置为白色，如图10-4-23所示。

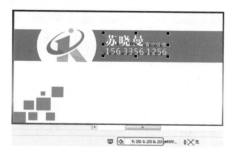

图10-4-23　输入文本并设置

24 使用【文本工具】输入文本，将字体设置为【方正综艺简体】，将字体大小设置为10.5pt，如图10-4-24所示。

图10-4-24　输入文本并设置

25 使用【文本工具】输入文本，将字体设置为【方正综艺简体】，将字体大小设置为5.1pt，如图10-4-25所示。

图10-4-25　输入文本并设置

26 使用【文本工具】输入文本，将字体设置为【微软雅黑】，将字体大小设置为5.2pt，如图10-4-26所示。

图10-4-26　输入文本并设置

27 使用【矩形工具】绘制【宽度】和【高度】分别为90mm、50mm的矩形，如图10-4-27所示。

28 将矩形的填充颜色的RGB值设置为62、153、62，将轮廓颜色设置为无，如图10-4-28所示。

图10-4-27　绘制矩形并设置参数

图10-4-28　设置矩形的填充和轮廓颜色

29 使用【钢笔工具】，绘制如图10-4-29所示的logo，将填充颜色设置为白色，将轮廓颜色设置为无。

图10-4-29　设置Logo颜色

30 使用【文本工具】输入文本，将字体设置为【方正综艺简体】，将字体大小设置为10.5pt，如图10-4-30所示。

31 使用【文本工具】输入文本，将字体设置为【方正综艺简体】，将字体大小设置为5.1pt，如图10-4-31所示。

32 选择输入的文本对象，将填充颜色设置为白色，如图10-4-32所示。

图10-4-30　输入文本并设置

图10-4-31　输入文本并设置

图10-4-32　设置文本的填充颜色

33 至此，商业名片就制作完成了，最终效果如图10-4-33所示。

图10-4-33　商业名片最终效果

小结

通过上面案例的学习，读者了解并掌握了CorelDRAW 2017绘制名片的设计技巧和绘制方法，在运用各种工具以及命令时，需要灵活运用，开拓思维，熟练掌握如何能够更快更好地制作出各种图像的效果，从而为今后的设计道路打下坚实的基础。

第11章　书籍装帧设计

书籍装帧是指从书籍文稿到成书出版的整个设计过程，也是完成从书籍形式的平面化到立体化的过程，它包含艺术思维、构思创意和技术手法的系统设计，书籍的开本、装帧形式、封面、腰封、字体、版面、色彩、插图，以及纸张材料、印刷、装订及工艺等各个环节的艺术设计。在书籍装帧设计中，只有从事整体设计的才能称之为装帧设计或整体设计；只完成封面或版式等部分设计的，只能称作封面设计或版式设计等。本章通过几个案例来介绍书籍装帧的制作方法。

11.1　计算机书籍正面、书脊、背面效果

11.1.1　技能分析

本例将介绍计算机书籍的设计，首先使用【钢笔工具】绘制出书籍外轮廓，然后进行版面设计并添加素材，最后制作书籍背面。

11.1.2　制作步骤

01 按Ctrl+N组合键，弹出【创建新文档】对话框，将【名称】设置为【计算机书籍正面、书脊、背面效果】，将【宽度】和【高度】分别设置为440mm、285mm，将【原色模式】设置为RGB，单击【确定】按钮，如图11-1-1所示。

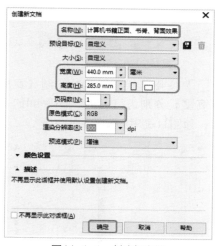

图11-1-1　创建新文档

02 使用【矩形工具】绘制【宽度】和【高度】分别为210mm、285mm的书籍

背面，如图11-1-2所示。

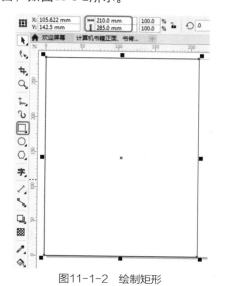

图11-1-2　绘制矩形

03 打开【计算机背景1.cdr】素材文件，如图11-1-3所示。

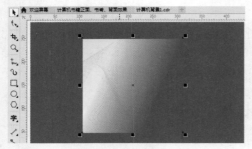

图11-1-3　开素材文件

04 将素材文件复制并粘贴至场景中，调整素材文件的位置，效果如图11-1-4所示。

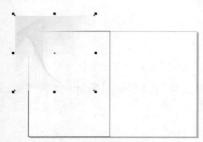

图11-1-4　调整素材文件的位置

05 确定选中素材文件，在菜单栏中选择【对象】|PowerClip|【置于图文框内部…】命令，如图11-1-5所示。

图11-1-5　选择【置于图文框内部…】命令

06 在绘制的矩形上单击，执行【置于图文框内部…】命令后的效果如图11-1-6所示。

07 使用【矩形工具】绘制【宽度】和【高度】分别为440mm、285mm的书脊对象，如图11-1-7所示。

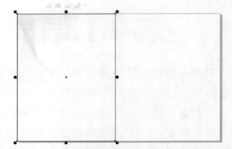

图11-1-6　执行【置于图文框内部…】命令后的效果

图11-1-7　绘制书脊对象

08 将其填充颜色的CMYK值设置为100、58、0、0，如图11-1-8所示。

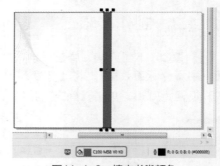

图11-1-8　填充书脊颜色

09 使用【矩形工具】绘制【宽度】和【高度】分别为210mm、285mm的书脊封面，如图11-1-9所示。

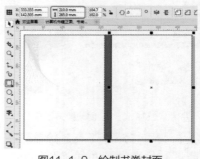

图11-1-9　绘制书脊封面

10 打开【计算机背景2.cdr】素材文件，如图11-1-10所示。

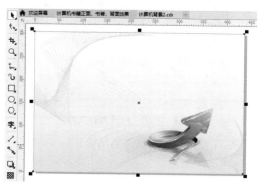

图11-1-10　打开素材文件

11 将素材文件复制并粘贴至场景文件中，调整素材文件的位置，如图11-1-11所示。

图11-1-11　调整素材文件的位置

12 在菜单栏中选择【对象】|【顺序】|【到图层后面】命令，如图11-1-12所示。

图11-1-12　选择【到图层后面】命令

13 在素材文件上右击，在弹出的快捷菜单中选择【PowerClip内部…】命令，如图11-1-13所示。

14 执行【PowerClip内部…】命令效果如图11-1-14所示。

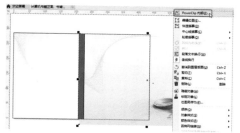

图11-1-13　选择【PowerClip内部…】命令

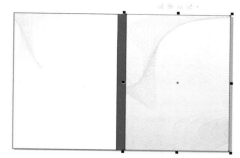

图11-1-14　执行【PowerClip内部…】命令

15 使用【钢笔工具】绘制如图11-1-15所示的图形。

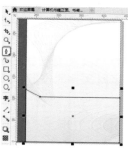

图11-1-15　绘制图形

16 按Shift+F11组合键，弹出【编辑填充】对话框，将CMYK值设置为100、58、0、0，单击【确定】按钮，如图11-1-16所示。

图11-1-16　设置填充颜色

17 将图形的轮廓颜色设置为无，如

图11-1-17所示。

18 打开【计算机背景3.cdr】素材文件，如图11-1-18所示。

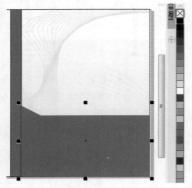

图11-1-17　设置轮廓颜色

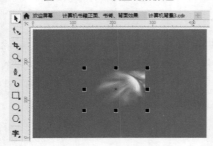

图11-1-18　打开素材文件

19 将素材文件复制并粘贴至场景文件中，调整素材文件的位置，如图11-1-19所示。

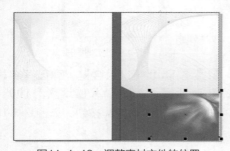

图11-1-19　调整素材文件的位置

20 打开【计算机背景4.cdr】素材文件，如图11-1-20所示。

21 将素材文件复制并粘贴至场景中，调整对象的位置，如图11-1-21所示。

22 使用【钢笔工具】绘制图形，将填充颜色的CMYK值设置为100、0、0、0，将轮廓颜色设置为无，如图11-1-22所示。

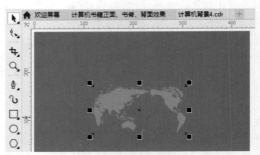

图11-1-20　打开素材文件

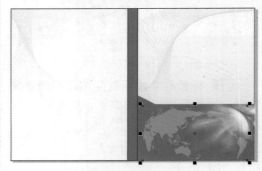

图11-1-21　调整对象的位置

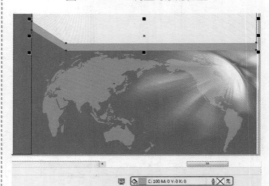

图11-1-22　设置图形的填充和轮廓颜色

23 打开【标志1.cdr】素材文件，如图11-1-23所示。

图11-1-23　打开素材文件

24 使用【文本工具】输入文本，将字体设置为【黑体】，将字体大小设置为14pt，如图11-1-24所示。

图11-1-24 输入文本并设置

25 使用【文本工具】输入文本，将字体设置为【微软雅黑】，将字体大小设置为15pt，如图11-1-25所示。

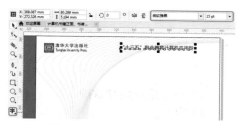

图11-1-25 输入文本并设置

26 使用【文本工具】输入文本，将字体设置为【方正小标宋简体】，将字体大小设置为15pt，将字体颜色的CMYK值设置为0、100、100、0，更改文本的倾斜角度，效果如图11-1-26所示。

图11-1-26 输入文本并设置文本参数后的效果

27 使用【矩形工具】，将转角半径设置为15mm，绘制矩形，将填充颜色的CMYK值设置为53、2、4、0，将轮廓颜色设置为无，如图11-1-27所示。

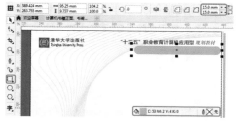

图11-1-27 绘制圆角矩形

28 使用【文本工具】输入文本，将字体设置为【微软雅黑】，将字体大小设置为14pt，如图11-1-28所示。

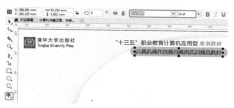

图11-1-28 输入文本并设置

29 使用【椭圆工具】绘制椭圆，如图11-1-29所示。

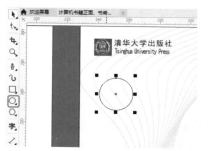

图11-1-29 绘制椭圆

30 按F12键，弹出【轮廓笔】对话框，将颜色的CMYK值设置为100、58、0、0，单击【确定】按钮，如图11-1-30所示。

图11-1-30 设置轮廓的颜色和宽度

31 使用【椭圆工具】绘制椭圆，将填充颜色的CMYK值设置为0、100、100、0，如图11-1-31所示。

32 按F12键，弹出【轮廓笔】对话框，将颜色设置为白色，将宽度设置为0.5mm，单击【确定】按钮，如图11-1-32所示。

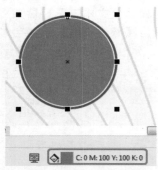

图11-1-31 设置椭圆的填充颜色

图11-1-32 设置轮廓的颜色和宽度

33 将绘制的两个圆形进行复制，调整对象的位置，效果如图11-1-33所示。

图11-1-33 调整位置后的效果

34 使用【文本工具】输入文本，将字体设置为【黑体】，将字体大小设置为45pt，将字体颜色设置为白色，如图11-1-34所示。

图11-1-34 输入文本并设置

35 使用【文本工具】输入文本，将字体设置为【微软雅黑】，将字体大小设置为63pt，单击【粗体】按钮，如图11-1-35所示。

图11-1-35 输入文本并设置

36 使用【文本工具】输入文本，将字体设置为【微软雅黑】，将字体大小设置为65pt，单击【粗体】按钮，如图11-1-36所示。

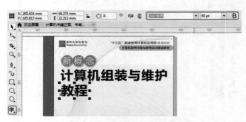

图11-1-36 输入文本并设置

37 使用【钢笔工具】绘制直线，将轮廓宽度设置为0.5mm，如图11-1-37所示。

图11-1-37 设置直线的轮廓宽度

38 使用【文本工具】输入文本，将字体设置为【黑体】，将字体大小设置为17pt，将填充颜色的CMYK值设置为100、58、0、0，如图11-1-38所示。

图11-1-38 设置文本的字体、大小和颜色

39 使用【文本工具】输入文本，将字体设置为【黑体】，将字体大小设置为12pt，如图11-1-39所示。

图11-1-39 输入文本并设置

40 使用【文本工具】输入文本，将字体设置为【黑体】，将字体大小设置为24pt，将填充颜色的CMYK值设置为0、100、100、0，如图11-1-40所示。

图11-1-40 输入文本并设置

41 使用【文本工具】输入文本，将字体设置为【黑体】，将字体大小设置为24pt，如图11-1-41所示。

图11-1-41 设置文本的字体和大小

42 使用【钢笔工具】绘制如图11-1-42所示的两条线段。

图11-1-42 绘制线段

43 按F12键，弹出【轮廓笔】对话框，设置线段样式，单击【确定】按钮，如图11-1-43所示。

图11-1-43 设置线段样式

44 使用【椭圆工具】绘制如图11-1-44所示的两个圆形。

图11-1-44 绘制圆形

45 按Shift+F11组合键，弹出【编辑填充】对话框，将CMYK值设置为0、100、100、0，单击【确定】按钮，如图11-1-45所示。

图11-1-45 设置填充颜色

46 将椭圆的轮廓颜色设置为无，如图11-1-46所示。

图11-1-46 设置椭圆的轮廓颜色

47 使用【矩形工具】绘制矩形，将转角半径设置为15mm，如图11-1-47所示。

图11-1-47 设置矩形的转角半径

48 按Shift+F11组合键，弹出【编辑填充】对话框，将CMYK值设置为0、0、0、40，单击【确定】按钮，如图11-1-48所示。

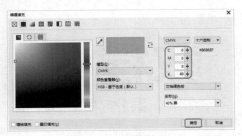

图11-1-48 设置填充颜色

49 按F12键，弹出【轮廓笔】对话框，将【颜色】的CMYK值设置为100、58、0、0，将【宽度】设置为0.25mm，设置轮廓线段样式，单击【确定】按钮，如图11-1-49所示。

图11-1-49 设置轮廓笔参数

50 使用【文本工具】输入文本，将字体设置为【微软雅黑】，将字体大小设置为15pt，单击【粗体】按钮，选中【超大容量】文本，将填充颜色的CMYK值设置为0、100、100、0，如图11-1-50所示。

51 使用【椭圆工具】绘制两个椭圆，如图11-1-51所示。

图11-1-50 输入文本并设置

图11-1-51 绘制椭圆

52 再次使用【椭圆工具】绘制两个椭圆，选择绘制的圆形，按F12键，弹出【轮廓笔】对话框，将【宽度】设置为0.5mm，单击【确定】按钮，如图11-1-52所示。

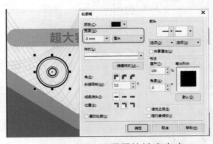

图11-1-52 设置圆的轮廓宽度

53 使用【椭圆工具】绘制三个圆形，在调色板中设置椭圆的颜色，将椭圆的轮廓颜色设置为无，如图11-1-53所示。

图11-1-53 绘制椭圆并设置颜色

54 使用【文本工具】输入文本，将字体设置为【黑体】，将字体大小设置为

12pt，选择【180】文本，将填充颜色设置为红色，如图11-1-54所示。

图11-1-54 输入文本并设置

55 使用【文本工具】输入文本，将字体设置为【微软雅黑】，将字体大小设置为12pt，单击【粗体】按钮，设置文本的填充颜色为白色和黄色，如图11-1-55所示。

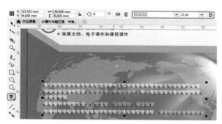

图11-1-55 输入文本并设置

56 使用【椭圆工具】绘制4个白色的圆形，如图11-1-56所示。

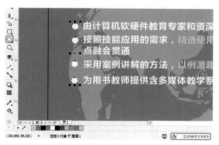

图11-1-56 绘制白色圆形

57 使用【椭圆工具】绘制椭圆，按F12键，弹出【轮廓笔】对话框，将【颜色】设置为白色，将【宽度】设置为0.25mm，设置线段的样式，效果如图11-1-57所示。

58 复制封面左上角的标志，粘贴至如图11-1-58所示的位置。

59 使用【星形工具】绘制图形，在属性栏中将【点数】设置为30，将【锐度】设置为20，如图11-1-59所示。

图11-1-57 设置完成后的效果

图11-1-58 粘贴后的效果

图11-1-59 绘制星形

60 将星形的填充颜色设置为0、0、100、0，将轮廓颜色设置为无，如图11-1-60所示。

图11-1-60 设置填充和轮廓颜色

61 使用【立方体工具】，在属性栏中单击【立体化颜色】按钮，在弹出的下拉列表中单击【使用递减的颜色】，将【从：】和【到：】右侧的颜色设置为黑色，在图形上拖曳鼠标调整立体化的方向，如图11-1-61所示。

62 使用【椭圆工具】绘制圆形，按F12键，弹出【轮廓笔】对话框，将【颜色】的CMYK值设置为0、100、100、0，单击【确定】按钮，如图11-1-62所示。

图11-1-61 设置立体化参数

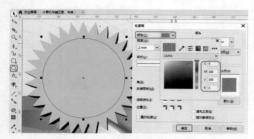

图11-1-62 设置圆的轮廓颜色

63 使用【椭圆工具】绘制圆形，按F12键，弹出【轮廓笔】对话框，设置线段样式，单击【确定】按钮，如图11-1-63所示。

图11-1-63 设置圆的线段样式

64 使用【星形工具】绘制5个星形，将填充颜色设置为红色，将轮廓颜色设置为无，如图11-1-64所示。

图11-1-64 设置星形的填充和轮廓颜色

65 使用【文本工具】输入文本，将旋转角度设置为4°，将字体设置为【黑体】，将字体大小设置为18.5pt，如图11-1-65所示。

图11-1-65 输入文本并设置

66 使用【文本工具】输入文本，将旋转角度设置为4.5°，将字体设置为【黑体】，将字体大小设置为14.5pt，如图11-1-66所示。

图11-1-66 输入文本并设置

67 使用【文本工具】输入文本，将旋转角度设置为4.5°，将字体设置为【微软雅黑】，将字体大小设置为26.5pt，单击【粗体】按钮，如图11-1-67所示。

图11-1-67 输入文本并设置

68 使用【文本工具】输入文本，将旋转角度设置为4.5°，将字体设置为【方正小标宋简体】，将字体大小设置为17pt，将字符间距设置为50%，如图11-1-68所示。

图11-1-68 输入文本并设置

CorelDRAW 2017设计与制作剖析

69 选择输入的文本对象，将填充颜色的CMYK值设置为0、100、100、0，如图11-1-69所示。

图11-1-69　设置文本颜色

70 在书脊上使用【椭圆工具】绘制三个圆形，将填充颜色的CMYK值设置为0、100、100、0，将轮廓颜色设置为无，如图11-1-70所示。

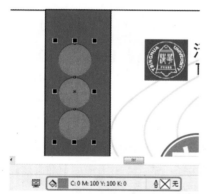

图11-1-70　设置椭圆的填充和轮廓颜色

71 使用【文本工具】输入文本，将字体设置为【黑体】，将字体大小设置为20pt，将填充颜色设置为白色，如图11-1-71所示。

图11-1-71　输入文本并设置

72 使用【文本工具】输入文本，将

字体设置为【黑体】，将字体大小设置为20pt，单击右侧的三角按钮，在弹出的下拉列表中单击【将文本更改为垂直方向】按钮，将填充颜色设置为白色，调整文本的位置，如图11-1-72所示。

图11-1-72　输入文本并设置

73 将LOGO复制到如图11-1-73所示的位置处。

图11-1-73　复制后的效果

74 使用【钢笔工具】绘制如图11-1-74所示的图形，并调整图形的填充和轮廓颜色。

图11-1-74　绘制图形并设置颜色

75 使用【矩形工具】绘制如图11-1-

75所示的圆角矩形，将填充颜色的CMYK值设置为53、2、4、0，将轮廓颜色设置为无。

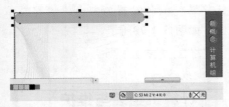

图11-1-75　设置圆角矩形的填充颜色

76 使用【文本工具】输入文本，将字体设置为【微软雅黑】，将字体大小设置为16pt，将填充颜色的RGB值设置为0、94、174，将轮廓颜色设置为无，如图11-1-76所示。

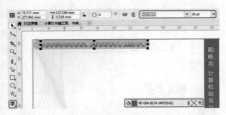

图11-1-76　输入文本并设置文本参数

77 选择如图11-1-77所示的文本，将字体颜色设置为红色。

图11-1-77　设置文本颜色

78 使用【文本工具】输入文本，并进行相应的设置，效果如图11-1-78所示。

图11-1-78　输入文本并设置

79 打开【标志2.cdr】素材文件，如图11-1-79所示。

80 将素材文件粘贴至场景文件中，调整素材文件的位置，如图11-1-80所示。

图11-1-79　打开素材文件

图11-1-80　调整素材文件的位置

81 使用【文本工具】输入文本，将字体设置为【黑体】，将字体大小设置为12pt，将字体颜色设置为白色，如图11-1-81所示。

图11-1-81　输入文本并设置

82 使用【文本工具】和【钢笔工具】，绘制如图11-1-82所示的对象。

图11-1-82　绘制图形对象

83 使用【矩形工具】绘制矩形，将转角半径设置为4.5mm，将填充颜色的CMYK值设置为100、58、0、0，将轮廓颜色设置为无，如图11-1-83所示。

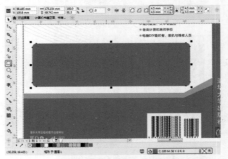

图11-1-83　绘制矩形并设置矩形参数

突破平面 CorelDRAW 2017设计与制作剖析

84 使用【星形工具】绘制图形，将填充颜色设置为黄色，将轮廓颜色设置为无，将点数设置为30，将锐度设置为20，如图11-1-84所示。

图11-1-84 绘制星形并设置相关参数

85 使用【文本工具】输入文本，将旋转角度设置为6.6°，将字体设置为【微软雅黑】，将字体大小设置为24pt，单击【粗体】按钮，将填充颜色的CMYK值设置为0、100、100、0，如图11-1-85所示。

图11-1-85 设置文本参数

86 使用【文本工具】输入文本，将字体设置为【微软雅黑】，将字体大小设置为24pt，如图11-1-86所示。

图11-1-86 输入文本并设置

87 使用同样的方法绘制如图11-1-87所示的对象。

图11-1-87 绘制其他对象

88 至此，计算机书籍就制作完成了，最终效果如图11-1-88所示。

图11-1-88 最终效果

11.2 房地产书籍展开效果

11.2.1 技能分析

本例将介绍房地产书籍展开效果，首先使用【钢笔工具】绘制书籍的大体轮廓，然后导入相应的素材图片并输入相应的文本从而完成房地产书籍的制作。

11.2.2 制作步骤

01 按Ctrl+N组合键，弹出【创建新文档】对话框，将【名称】设置为【房地产书籍展开效果】对话框，将【宽度】和【高度】分别设置为425mm、290mm，将【原色模式】设置为RGB，单击【确定】

按钮，如图11-2-1所示。

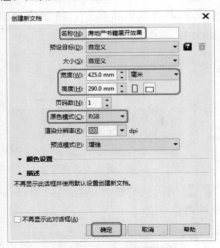

图11-2-1 设置新建参数

02 打开【房地产背景.cdr】素材文件，如图11-2-2所示。

图11-2-2 打开素材文件

03 将素材文件复制并粘贴至场景文件中，使用【钢笔工具】绘制书籍轮廓，绘制效果如图11-2-3所示。

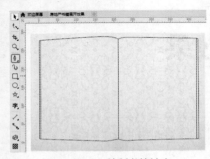

图11-2-3 绘制书籍轮廓

04 选择背景素材文件，右击，在弹出的快捷菜单中选择【PowerClip 内部…】命令，如图11-2-4所示。

05 在如图11-2-5所示的位置处单击。

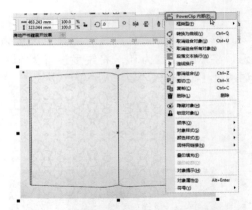

图11-2-4 选择【PowerClip 内部…】命令

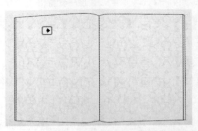

图11-2-5 在书籍上单击鼠标左键

06 执行【PowerClip 内部…】命令后的效果如图11-2-6所示。

图11-2-6 执行【PowerClip 内部…】命令后的效果

07 使用【钢笔工具】绘制如图11-2-7所示的图形。

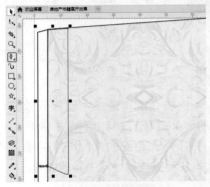

图11-2-7 绘制图形

08 将图形填充颜色的CMYK值设置为98、208、245，将轮廓颜色设置为无，如图11-2-8所示。

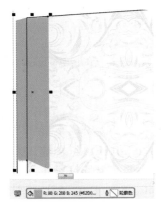

图11-2-8　设置图形填充和轮廓颜色

09 使用【钢笔工具】绘制白色垂直线段，如图11-2-9所示。

图11-2-9　绘制白色垂直线段

10 使用【文本工具】输入文本，将字体颜色设置为白色，将字体设置为【经典黑体简】，将字体大小设置为10pt，如图11-2-10所示。

图11-2-10　输入文本并设置

11 使用【钢笔工具】绘制图形，将填充颜色和轮廓颜色的CMYK值设置为0、73、82、0，如图11-2-11所示。

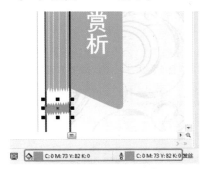

图11-2-11　设置图形的填充和轮廓颜色

12 使用【钢笔工具】绘制4条白色垂直线段，如图11-2-12所示。

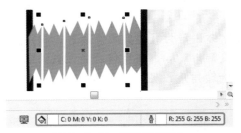

图11-2-12　设置图形颜色

13 使用同样的方法绘制如图11-2-13所示的图形，并设置对象的颜色。

图11-2-13　绘制其他对象

14 使用【文本工具】输入文本，将字体设置为【经典黑体简】，将字体大小设置为13pt，将填充颜色的RGB值设置为230、97、52，将旋转角度设置为4°，如图11-2-14所示。

15 使用【矩形工具】绘制矩形，将填充颜色的RGB值设置为230、97、52，将轮廓颜色设置为无，将旋转角度设置为3.569°，如图11-2-15所示。

图11-2-14　输入文本并设置

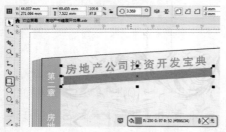

图11-2-15　设置矩形参数

16 使用【文本工具】输入文本，将字体设置为【经典黑体简】，将字体大小设置为5.6pt，将字体颜色设置为白色，将旋转角度设置为4.22°，如图11-2-16所示。

图11-2-16　输入文本并设置

17 使用【钢笔工具】绘制直线段，在属性栏中设置线段样式，如图11-2-17所示。

图11-2-17　设置线段样式

18 使用同样的方法制作如图11-2-18所示的对象。

图11-2-18　制作其他图形对象

19 使用【文本工具】输入文本，将字体设置为【微软雅黑】，将字体大小设置为17pt，如图11-2-19所示。

图11-2-19　设置文本字体和大小

20 按Shift+F11组合键，弹出【编辑填充】对话框，将0%位置处色块的CMYK值设置为60、80、100、55，将41%位置处色块的CMYK值设置为60、80、100、55，将64%位置处色块的CMYK值设置为1、46、100、1，将100%位置处色块的CMYK值设置为0、20、100、0，在【变换】选项组中将角度设置为90°，单击【确定】按钮，如图11-2-20所示。

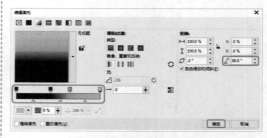

图11-2-20　设置渐变颜色

21 将文本设置渐变后的效果如图11-2-21所示。

图11-2-21　设置文本渐变后的效果

22 使用【文本工具】输入段落文本，将字体设置为【微软雅黑】，将字体大小设置为8.5pt，如图11-2-22所示。

23 继续使用【文本工具】输入如图11-2-23所示的文本，参照前面设置的参数设置颜色。

图11-2-22 设置段落文本的字体和大小

图11-2-23 输入文本并设置

24 使用【文本工具】输入文本，将字体设置为【方正综艺简体】，将字体大小设置为15pt，将填充颜色的CMYK值的60、80、100、15，如图11-2-24所示。

图11-2-24 设置文本字体、大小和颜色

25 使用【文本工具】输入文本，将字体设置为【微软雅黑】，将字体大小设置为10pt，将填充颜色的CMYK值设置为60、80、100、15，如图11-2-25所示。

图11-2-25 输入文本并设置

26 使用【文本工具】输入段落文本，将字体设置为【微软雅黑】，将字体大小设置为8.5pt，如图11-2-26所示。

图11-2-26 输入段落文本并设置

27 继续使用【文本工具】输入如图11-2-27所示的文本。

图11-2-27 输入其他文本

28 打开【房地产图片.cdr】素材文件，如图11-2-28所示。

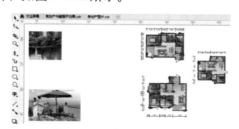

图11-2-28 打开素材文件

29 将素材文件复制并粘贴至场景文件中，适当地调整图片的位置，如图11-2-29所示。

图11-2-29 调整完成后的效果

30 使用【文本工具】输入文本，将字体设置为【方正综艺简体】，将字体大小设置为24pt，如图11-2-30所示。

图11-2-30 输入文本并设置

31 按Shift+F11组合键，弹出【编辑填充】对话框，将CMYK值设置为0、18、46、36，单击【确定】按钮，如图11-2-31所示。

图11-2-31 设置文本填充

32 使用【文本工具】输入文本，将字体设置为【微软雅黑】，将字体大小设置为17pt，如图11-2-32所示。

图11-2-32 输入文本并设置

33 按Shift+F11组合键，弹出【编辑填充】对话框，将0%位置处色块的CMYK值设置为60、80、100、55，将41%位置处色块的CMYK值设置为60、80、100、55，将64%位置处色块的CMYK值设置为1、46、100、1，将100%位置处色块的CMYK值设置为0、20、100、0，在【变换】选项组中将角度设置为90°，单击【确定】按钮，如图11-2-33所示。

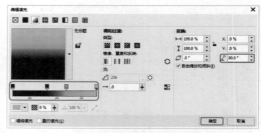

图11-2-33 设置渐变填充

34 使用【文本工具】输入文本，将字体设置为【微软雅黑】，将字体大小设置为11pt，将填充颜色的CMYK值设置为60、80、100、15，如图11-2-34所示。

图11-2-34 输入文本并设置

35 使用【钢笔工具】绘制如图11-2-35所示的图形对象，将填充颜色的CMYK值设置为60、80、100、15，将轮廓颜色设置为无。

图11-2-35 设置图形的填充和轮廓颜色

36 使用【文本工具】输入文本，将字体设置为【微软雅黑】，将字体大小设置为16pt，如图11-2-36所示。

37 使用【文本工具】输入文本，将字体设置为【微软雅黑】，将字体大小设置为10pt，如图11-2-37所示。

图11-2-36　输入文本并设置

图11-2-37　输入文本并设置

38 使用同样的方法，制作其他内容，如图11-2-38所示。

图11-2-38　制作其他内容

39 使用【椭圆工具】和【矩形工具】绘制图形，将填充颜色的RGB值设置为230、97、52，将轮廓颜色设置为无，如图11-2-39所示。

图11-2-39　设置图形颜色和轮廓

40 将矩形的旋转角度设置为45°，如图11-2-40所示。

41 使用【文本工具】输入文本，将字体设置为Arial，将字体大小设置为11pt，如图11-2-41所示。

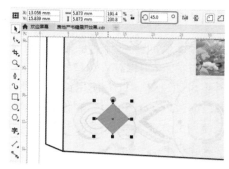

图11-2-40　设置矩形的旋转角度

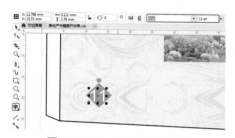

图11-2-41　输入文本并设置

42 使用同样的方法制作如图11-2-42所示的对象。

图11-2-42　制作完成后的效果

43 至此，房地产书籍展开效果就制作完成了，最终效果如图11-2-43所示。

图11-2-43　最终效果

11.3 茶道书籍内文设计

11.3.1 技能分析

制作本例的主要目的是使读者了解并掌握如何在CorelDRAW 2017软件中进行茶道书籍内文设计，首先使用钢笔工具绘制图形，通过PowerClip命令制作宣传单的背景，使用文本工具输入相应的文字，从而完成最终效果。

11.3.2 制作步骤

01 按Ctrl+N组合键，弹出【创建新文档】对话框，将【宽度】和【高度】分别设置为345mm、232mm，将【原色模式】设置为RGB，单击【确定】按钮，如图11-3-1所示。

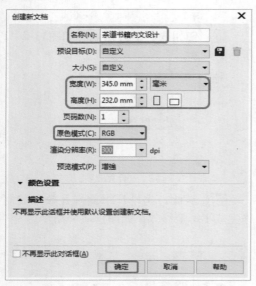

图11-3-1 设置新建参数

02 打开【茶道背景1.cdr】素材文件，如图11-3-2所示。

03 将素材文件复制并粘贴至场景文件中，调整素材文件的位置，使用【钢笔工具】绘制书籍轮廓，如图11-3-3所示。

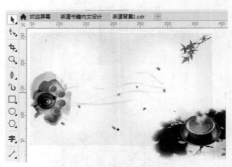

图11-3-2 打开素材文件

图11-3-3 绘制书籍轮廓

04 选择素材图片，在菜单栏中选择【对象】|PowerClip|【置于图文框内部…】命令，如图11-3-4所示。

图11-3-4 选择【置于图文框内部…】命令

05 在绘制的书籍轮廓上单击，执行【置于图文框内部…】命令后的效果如图11-3-5所示。

06 使用【钢笔工具】绘制一条垂直线段，如图11-3-6所示。

图11-3-5　执行【置于图文框内部…】命令

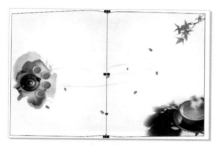

图11-3-6　绘制垂直线段

07 打开【茶道背景2.cdr】素材文件，如图11-3-7所示。

图11-3-7　打开素材文件

08 将素材文件复制并粘贴至场景文件中，调整对象的位置，如图11-3-8所示。

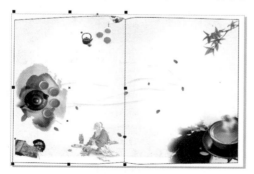

图11-3-8　调整对象的位置

09 使用【椭圆工具】绘制圆形，将【宽度】和【高度】都设置为14mm，如

图11-3-9所示。

图11-3-9　绘制圆形

10 将椭圆的CMYK值设置为100、0、100、0，将轮廓颜色设置为无，如图11-3-10所示。

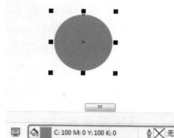

图11-3-10　设置椭圆的填充和轮廓颜色

11 将绘制的椭圆进行复制，调整对象的位置，如图11-3-11所示。

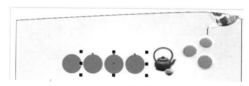

图11-3-11　复制椭圆并调整位置

12 使用【文本工具】输入文本，将字体设置为【方正宋黑简体】，将字体大小设置为24pt，将字符间距设置为330%，将字体颜色设置为白色，如图11-3-12所示。

图11-3-12　输入文本并设置

13 使用【矩形工具】绘制矩形，将【宽度】和【高度】分别设置为76mm、

89mm，如图11-3-13所示。

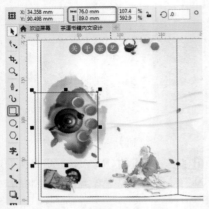

图11-3-13　设置矩形的宽度和高度

14 使用【文本工具】输入段落文本，将字体设置为【微软雅黑】，将字体大小设置为12.3pt，将填充颜色的CMYK值设置为100、40、100、0，如图11-3-14所示。

图11-3-14　输入文本并设置

15 在矩形上右击，在弹出的快捷菜单中选择【段落文本换行】命令，如图11-3-15所示。

图11-3-15　选择【段落文本换行】命令

16 将矩形的轮廓颜色设置为无，如图11-3-16所示。

图11-3-16　设置矩形的轮廓颜色

17 使用【文本工具】输入文本，将字体设置为Arial，将字体大小设置为12pt，如图11-3-17所示。

图11-3-17　输入文本并设置

18 使用【椭圆工具】绘制椭圆，按F12键，弹出【轮廓笔】对话框，将【颜色】的CMYK值设置为100、0、100、20，将【宽度】设置为0.7mm，单击【确定】按钮，如图11-3-18所示。

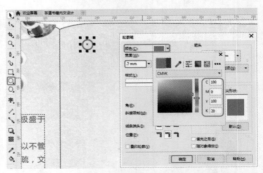

图11-3-18　设置椭圆的轮廓颜色和宽度

19 使用【文本工具】输入文本，将字体设置为【方正小标宋简体】，将字体大小设置为16pt，将填充颜色的CMYK值设置为100、0、100、20，如图11-3-19所示。

突破平面 CoreIDRAW 2017设计与制作剖析

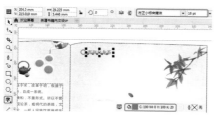

图11-3-19　设置文本的字体、大小和颜色

20 使用【钢笔工具】绘制矩形，将填充颜色的CMYK值置为100、0、100、20，将轮廓颜色设置为无，如图11-3-20所示。

图11-3-20　设置矩形的填充和轮廓颜色

21 使用【文本工具】输入文本，将字体设置为【方正黑体简体】，将字体大小设置为10.5pt，如图11-3-21所示。

图11-3-21　输入文本并设置

22 使用同样的方法制作其他的内容，如图11-3-22所示。

23 使用【文本工具】输入文本，将字体设置为Arial，将字体大小设置为12pt，如图11-3-23所示。

图11-3-22　制作其他内容

图11-3-23　输入文本并设置

24 至此，茶道书籍内文设计就制作完成了，最终效果如图11-3-24所示。

图11-3-24　最终效果

小结

通过上面案例的学习，读者可熟练地应用前面所介绍的工具的使用方法，了解并掌握CorelDRAW 2017绘制书籍的设计技巧和绘制方法，从而制作出精美的书籍。

第12章　工业设计

工业设计是指以工学、美学、经济学为基础对工业产品进行设计。工业设计分为产品设计、环境设计、传播设计、设计管理4类。本章主要讲解一下工业设计中的产品设计，包括手机、鼠标和iPad Mini等。

12.1　智能手机设计

12.1.1　技能分析

本例主要讲解如何进行智能手机设计，主要运用【矩形工具】【钢笔工具】和【椭圆形工具】绘制相应的图形并填充均匀颜色和渐变颜色，最终达到我们所需的效果。

12.1.2　制作步骤

01 按Ctrl＋N组合键，打开【创建新文档】对话框，设置【名称】为"智能手机设计"，【宽度】为1024px，【高度】为609px，【原色模式】设置为RGB，【渲染分辨率】设置为300dpi，单击【确定】按钮，如图12-1-1所示。

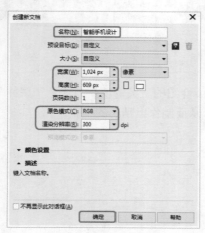

图12-1-1　创建新文档

02 按Ctrl+I组合键打开【导入】对话框，选择【唯美背景.jpg】素材文件，单击【导入】按钮，如图12-1-2所示。

图12-1-2　选择素材文件

03 导入后调整位置，完成后的效果如图12-1-3所示。

图12-1-3　导入后并调整位置

04 确定刚刚导入的素材文件，右击，在弹出的快捷菜单中选择【锁定对象】命令，如图12-1-4所示。

图12-1-4 选择【锁定对象】命令

05 执行后的效果，如图12-1-5所示。

图12-1-5 执行后的效果

06 使用【矩形工具】绘制一个矩形，在属性栏中单击【圆角】按钮▢，将转角半径都设置为32px，在【对象属性】泊坞窗中单击【轮廓】按钮✎，将轮廓颜色设置为204、204、204，如图12-1-6所示。

图12-1-6 绘制矩形并设置

07 确定刚刚绘制的矩形处于选择状态，在【对象属性】泊坞窗中单击【填充】按钮◈，再次单击【渐变填充】按钮▰，设置渐变颜色，将0%位置处的RGB值设置为0、0、0，将50%位置处的RGB值设置为128、128、128，将100%位置处的RGB值设置为0、0、0，如图12-1-7所示。

图12-1-7 设置渐变颜色

08 确定刚刚绘制的矩形处于选择状态，在【工具箱】中选择【阴影工具】▢，为矩形添加阴影，如图12-1-8所示。

图12-1-8 为矩形添加阴影

09 使用【钢笔工具】绘制一个图形，在【对象属性】泊坞窗中单击【轮廓】按钮✎，将轮廓宽度设置为无，效果如图12-1-9所示。

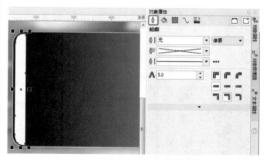

图12-1-9 绘制图形并设置

➔ 提示

为了便于查看，我们先将填充颜色设置为白色。

10 确定刚刚绘制的图形处于选择状态，在【对象属性】泊坞窗中单击【填充】按钮◈，再次单击【均匀填充】按钮▮，将颜色模型的RGB值设置为0、0、0，如图12-1-10所示。

图12-1-10 设置填充颜色

11 确定刚刚绘制的图形处于选择状态，按Ctrl+C组合键进行复制，按Ctrl+V组合键进行粘贴，然后在属性栏中单击【水平镜像】按钮，并调整位置，效果如图12-1-11所示。

图12-1-11 复制并调整位置

12 使用【椭圆形工具】并同时按住Ctrl键绘制一个正圆，在【对象属性】泊坞窗中单击【轮廓】按钮，将轮廓宽度设置为1px，将轮廓颜色的RGB值设置为114、117、120，如图12-1-12所示。

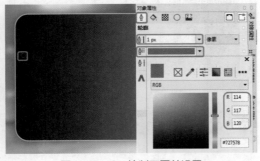

图12-1-12 绘制正圆并设置

13 确定刚刚绘制的正圆处于选择状态，单击【填充】按钮，再次单击【渐变填充】按钮，设置渐变颜色，将0%位置处的RGB值设置为19、21、20，将33%位置处的RGB值设置为55、64、97，将67%位置处的RGB值设置为5、4、13，

将100%位置处的RGB值设置为66、70、114，单击【圆锥形渐变填充】按钮，如图12-1-13所示。

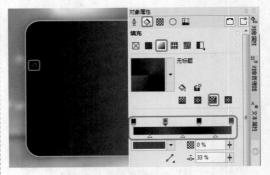

图12-1-13 设置渐变颜色

14 确定刚刚绘制的正圆处于选择状态，按Ctrl+C组合键进行复制，按Ctrl+V组合键进行粘贴，并调整其位置，效果如图12-1-14所示。

图12-1-14 复制并调整位置

15 使用【矩形工具】绘制一个矩形，在属性栏中单击【圆角】按钮，将转角半径都设置为3px，在【对象属性】泊坞窗中单击【轮廓】按钮，将轮廓宽度设置为1px，单击【填充】按钮，再次单击【均匀填充】按钮，将颜色模型的RGB值设置为43、43、43，如图12-1-15所示。

16 再次使用【矩形工具】绘制一个矩形，在属性栏中单击【圆角】按钮，将转角半径都设置为3px，在【对象属性】泊坞窗中单击【轮廓】按钮，将轮廓宽度设置为细线，将轮廓颜色的RGB值设置为209、209、209，效果如图12-1-16所示。

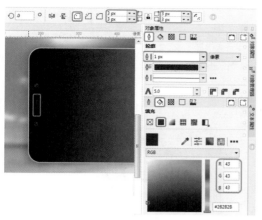

图12-1-15　绘制矩形并设置

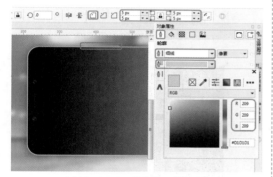

图12-1-16　绘制矩形并设置

17 确定刚刚绘制的矩形处于选择状态，在【对象属性】泊坞窗中，单击【填充】按钮◇，再次单击【渐变填充】按钮▇，设置渐变颜色，将0%位置处的RGB值设置为0、0、0，将100%位置处的RGB值设置为164、164、164，在【变换】选项组中将倾斜设置为-89°，如图12-1-17所示。

图12-1-17　设置渐变颜色

18 确定刚刚绘制的矩形处于选择状态，按Ctrl+C组合键进行复制，按Ctrl+V组

合键进行粘贴，并调整大小和位置，效果如图12-1-18所示。

图12-1-18　复制并调整

19 按Ctrl+I组合键打开【导入】对话框，选择【唯美背景.jpg】素材文件，单击【导入】按钮，如图12-1-19所示。

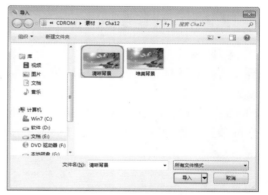

图12-1-19　选择素材文件

20 导入后的效果如图12-1-20所示。

图12-1-20　导入后的效果

21 最终效果如图12-1-21所示。

图12-1-21　最终效果

12.2 鼠标设计

所示。

12.2.1 技能分析

制作本例的主要目的是使读者了解并掌握如何在CorelDRAW 2017软件中制作鼠标。在本案例中主要使用【钢笔工具】进行鼠标的绘制，再使用【均匀填充】和【渐变填充】对鼠标进行填色处理，再导入素材，从而完成最终效果。

12.2.2 制作步骤

01 按Ctrl + N组合键，打开【创建新文档】对话框，设置【名称】为"鼠标设计"，【宽度】为800px，【高度】为800px，【原色模式】设置为RGB，【渲染分辨率】设置为300dpi，单击【确定】按钮，如图12-2-1所示。

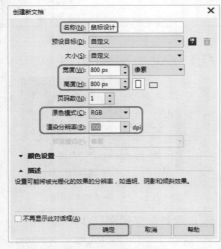

图12-2-1 创建新文档

02 按Ctrl+I组合键打开【导入】对话框，选择【鼠标背景.jpg】素材文件，单击【导入】按钮，如图12-2-2所示。

03 导入后右击，在弹出的快捷菜单中选择【锁定对象】命令，如图12-2-3

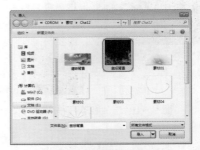

图12-2-2 选择素材文件

图12-2-3 选择【锁定对象】命令

04 锁定后的效果如图12-2-4所示。

图12-2-4 锁定后的效果

05 下面开始绘制鼠标，使用【钢笔工具】绘制一个图形，在【对象属性】中单击【轮廓】按钮，将轮廓宽度设置为细线，单击【填充】按钮，再次单击【均匀填充】按钮，将颜色模型的RGB值设置为46、46、48，效果如图12-2-5所示。

图12-2-5 绘制图形并设置

06 使用【钢笔工具】绘制一个图形，在【对象属性】中单击【轮廓】按钮，将【轮廓宽度】设置为无，单击【填充】按钮，再次单击【均匀填充】按钮，将颜色模型的RGB值设置为0、0、0，如图12-2-6所示。

图12-2-6 绘制图形并设置

07 使用【钢笔工具】绘制图形，在【对象属性】中单击【轮廓】按钮，将轮廓宽度设置为无，单击【填充】按钮，再次单击【渐变填充】按钮，设置渐变颜色，将0%位置处的RGB值设置为12、12、12，将100%位置处的RGB值设置为79、79、79，在【变换】选项组中将旋转设置为90°，如图12-2-7所示。

08 使用【钢笔工具】绘制图形，在【对象属性】中单击【轮廓】按钮，将

轮廓宽度设置为细线，单击【填充】按钮，再次单击【均匀填充】按钮，将颜色模型的RGB值设置为43、43、43，效果如图12-2-8所示。

图12-2-7 绘制图形并设置

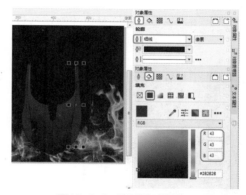

图12-2-8 绘制图形并设置

09 使用【钢笔工具】绘制曲线，在【对象属性】中单击【轮廓】按钮，将轮廓宽度设置为2px，如图12-2-9所示。

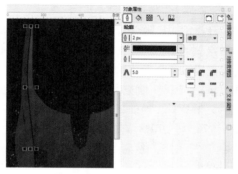

图12-2-9 绘制线段并设置

10 使用同样的方法绘制另一条曲

线，效果如图12-2-10所示。

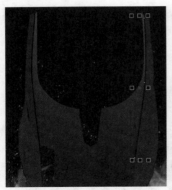

图12-2-10　绘制曲线

11 使用【钢笔工具】绘制图形，在【对象属性】中单击【轮廓】按钮，将轮廓宽度设置为细线，单击【填充】按钮，再次单击【渐变填充】按钮，设置渐变颜色，将0%位置处的RGB值设置为61、62、64，将100%位置处的RGB值设置为35、36、38，如图12-2-11所示。

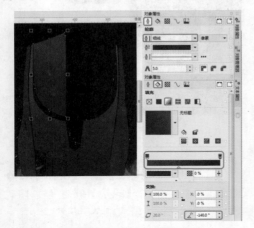

图12-2-11　绘制图形并设置

12 使用【钢笔工具】绘制图形，在【对象属性】中单击【轮廓】按钮，将轮廓宽度设置为无，单击【填充】按钮，再次单击【渐变填充】按钮，设置渐变颜色，将0%位置处的RGB值设置为54、55、57，将100%位置处的RGB值设置为113、113、115，然后如图12-2-12所示。

13 使用【选择工具】选择第11步和第12步所绘制的图形，按Ctrl+C组合键进行复制，按Ctrl+V组合键进行粘贴，在属性栏

中单击【水平镜像】按钮，并调整其位置，效果如图12-2-13所示。

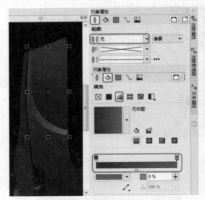

图12-2-12　绘制图形并设置

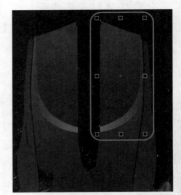

图12-2-13　复制并调整位置

14 使用【钢笔工具】绘制图形，在【对象属性】中单击【轮廓】按钮，将轮廓宽度设置为无，单击【填充】按钮，再次单击【均匀填充】按钮，将颜色模型的RGB值设置为70、75、79，如图12-2-14所示。

图12-2-14　绘制图形并设置

15 确定刚刚绘制的图形处于选择状态，按Ctrl+C组合键进行复制，按Ctrl+V组合键进行粘贴，在属性栏中单击【水平镜像】按钮，并调整其位置，效果如图12-2-15所示。

图12-2-15　复制并调整位置

16 使用【钢笔工具】绘制图形，在【对象属性】中单击【轮廓】按钮，将轮廓宽度设置为无，单击【填充】按钮，再次单击【均匀填充】按钮，将颜色模型的RGB值设置为29、30、32，如图12-2-16所示。

图12-2-16　绘制图形并设置

17 使用【钢笔工具】绘制图形，在【对象属性】中单击【轮廓】按钮，将轮廓宽度设置为无，单击【填充】按钮，再次单击【渐变填充】按钮，设置渐变颜色，将0%位置处的RGB值设置为108、113、116，将100%位置处的RGB值设置为7、11、10，如图12-2-17所示。

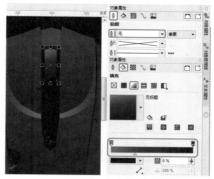

图12-2-17　绘制图形并设置

18 使用【椭圆形工具】绘制椭圆，在【对象属性】中单击【轮廓】按钮，将轮廓宽度设置为无，单击【填充】按钮，再次单击【均匀填充】按钮，将颜色模型的RGB值设置为77、79、79，如图12-2-18所示。

图12-2-18　绘制图形并设置

19 确定刚刚绘制的椭圆处于选择状态，按Ctrl+C组合键进行复制，多次按Ctrl+V组合键进行多次粘贴，并设置填充颜色和调整位置，效果如图12-2-19所示。

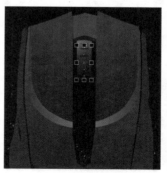

图12-2-19　复制并调整位置

20 使用【钢笔工具】绘制图形，在【对象属性】中单击【轮廓】按钮，将轮廓宽度设置为无，单击【填充】按钮，再次单击【渐变填充】按钮，设置渐变颜色，将0%位置处的RGB值设置为158、25、26，将100%位置处的RGB值设置为255、218、209，效果如图12-2-20所示。

图12-2-20　绘制图形并设置

21 确定刚刚绘制的图形处于选择状态，按Ctrl+C组合键进行复制，按Ctrl+V组合键进行粘贴，在属性栏中单击【水平镜像】按钮，并调整其位置，效果如图12-2-21所示。

图12-2-21　复制并调整位置

22 使用【钢笔工具】绘制一条曲线，在【对象属性】泊坞窗中，单击【轮廓】按钮，将轮廓颜色的RGB值设置为81、85、88，效果如图12-2-22所示。

23 使用【钢笔工具】绘制图形，在【对象属性】泊坞窗中，单击【轮廓】按钮，将轮廓宽度设置为无，单击【填充】按钮，再次单击【均匀填充】按钮

■，将颜色模型的RGB值设置为64、68、71，如图12-2-23所示。

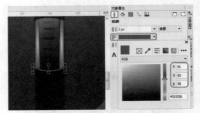

图12-2-22　绘制曲线并设置

图12-2-23　绘制图形并设置

24 确定刚刚绘制的图形处于选择状态，按Ctrl+C组合键进行复制，按Ctrl+V组合键进行粘贴，并调整位置，然后更改填充颜色，在【对象属性】泊坞窗中单击【填充】按钮，再次单击【均匀填充】按钮■，将颜色模型的RGB值设置为78、81、86，如图12-2-24所示。

图12-2-24　绘制图形并设置

25 使用【钢笔工具】绘制图形，在【对象属性】泊坞窗中，单击【轮廓】按钮，将轮廓宽度设置为无，单击【填充】按钮，再次单击【均匀填充】按钮■，将颜色模型的RGB值设置为67、66、71，如图12-2-25所示。

26 使用【钢笔工具】绘制图形，如图12-2-26所示。

图12-2-25　绘制图形并设置

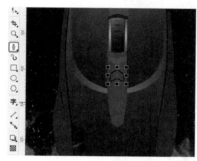

图12-2-26　绘制图形

27 使用同样的方法绘制图形，并在【对象属性】泊坞窗中，单击【轮廓】按钮，将轮廓颜色的RGB值设置为148、146、146，如图12-2-27所示。

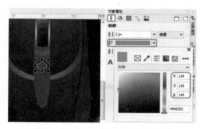

图12-2-27　绘制图形并设置

28 再次使用【钢笔工具】绘制图形，如图12-2-28所示。

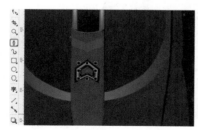

图12-2-28　绘制图形

29 使用同样的方法绘制图形，并在【对象属性】泊坞窗中，单击【轮廓】按

钮，将轮廓宽度设置为细线，将轮廓颜色的RGB值设置为120、11、4，如图12-2-29所示。

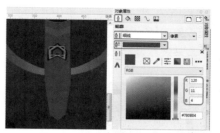

图12-2-29　绘制图形并设置

30 确定刚刚绘制的图形处于选择状态，在【对象属性】泊坞窗中单击【填充】按钮，再次单击【均匀填充】按钮，将颜色模型的RGB值设置为255、191、196，如图12-2-30所示。

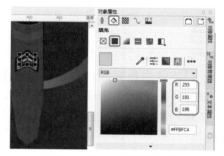

图12-2-30　绘制图形并设置

31 使用【选择工具】选择第26～30步所绘制的图形，按Ctrl+C组合键进行复制，按Ctrl+V组合键进行粘贴，在属性栏中单击【垂直镜像】按钮，并调整其位置，如图12-2-31所示。

图12-2-31　复制并调整位置

32 使用【钢笔工具】绘制图形，在【对象属性】泊坞窗中，单击【轮廓】

按钮◇，将【轮廓宽度】设置为无，单击
【填充】按钮◇，再次单击【渐变填充】
按钮▨，设置渐变颜色，将0%位置处的
RGB值设置为29、29、27，将100%位置处的
RGB值设置为160、161、165，在【变换】泊坞
窗中将旋转设置为50°，如图12-2-32所示。

图12-2-32　绘制图形并设置

33 使用【钢笔工具】绘制图形，
在【对象属性】泊坞窗中，单击【轮廓】
按钮◇，将轮廓宽度设置为无，单击【填
充】按钮◇，再次单击【均匀填充】按钮
▨，将颜色模型的RGB值设置为0、0、0，
如图12-2-33所示。

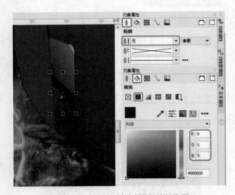

图12-2-33　绘制图形并设置

34 使用【钢笔工具】绘制图形，在
【对象属性】泊坞窗中，单击【轮廓】按
钮◇，将轮廓宽度设置为细线，单击【填
充】按钮◇，再次单击【均匀填充】按钮
▨，将颜色模型的RGB值设置为20、19、
17，如图12-2-34所示。

35 使用【钢笔工具】绘制图形，在

【对象属性】泊坞窗中，单击【轮廓】按
钮◇，将轮廓宽度设置为细线，单击【填
充】按钮◇，再次单击【均匀填充】按钮
▨，将颜色模型的RGB值设置为0、0、0，
如图12-2-35所示。

图12-2-34　绘制图形并设置

图12-2-35　绘制图形并设置

36 使用【钢笔工具】绘制曲线，在
【对象属性】泊坞窗中，单击【轮廓】按
钮◇，将轮廓宽度设置为1px，如图12-2-36
所示。

图12-2-36　绘制曲线并设置

37 使用【钢笔工具】绘制图形，在
【对象属性】泊坞窗中，单击【轮廓】按钮

，将轮廓宽度设置为无，单击【填充】按钮，再次单击【渐变填充】按钮，设置渐变颜色，将0%位置处的RGB值设置为255、0、9，将100%位置处的RGB值设置255、255、255，如图12-2-37所示。

图12-2-37　完成后的效果

38 确定刚刚绘制的图形处于选择状态，使用【阴影工具】为图形添加阴影，并在属性栏中将阴影的不透明度设置为100，其他设置保持默认即可，如图12-2-38所示。

图12-2-38　为图形添加阴影

39 使用上述所介绍的方法绘制其他的图形并设置，效果如图12-2-39所示。

图12-2-39　绘制其他图形并设置

40 使用【选择工具】选择所绘制的鼠标模型，右击，在弹出的快捷菜单中选择【组合对象】，如图12-2-40所示。

图12-2-40　选择【组合对象】命令

→ 提示

【组合对象】命令的快捷键为Ctrl+G。

41 按Ctrl+I组合键打开【导入】对话框，选择【素材01.png】素材文件，单击【导入】按钮，如图12-2-41所示。

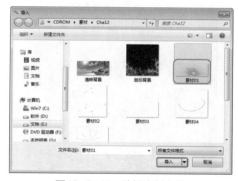

图12-2-41　选择素材文件

42 导入后调整其位置，效果如图12-2-42所示。

图12-2-42　调整其位置

43 使用【选择工具】选择鼠标模型右击，在弹出的快捷菜单中选择【到图层前面】命令，如图12-2-43所示。

> **→ 提示**
>
> 【到图层前面】命令的快捷键为Shift+Page Up。

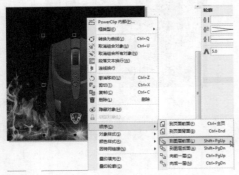

图12-2-43　选择【到图层前面】命令

44 执行后的效果如图12-2-44所示。

图12-2-44　执行后的效果

45 按Ctrl+I组合键打开【导入】对话框，选择【素材02.png】素材文件，单击【导入】按钮，如图12-2-45所示。

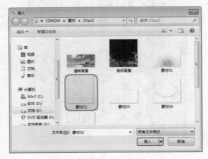

图12-2-45　选择素材文件

46 导入后调整其大小和位置，如图12-2-46所示。

图12-2-46　调整其大小和位置

47 确定刚刚导入的素材处于选择状态，按Ctrl+C组合键进行复制，按Ctrl+V组合键进行粘贴，在属性栏中单击【水平镜像】按钮，并调整其位置，如图12-2-47所示。

图12-2-47　复制并调整位置

48 根据前面所介绍的方法导入其他的素材文件，效果如图12-2-48所示。

图12-2-48　导入其他素材文件

12.3 iPad Mini设计

12.3.1 技能分析

本例将介绍如何制作iPad Mini，主要使用【椭圆形工具】【透明度工具】和渐变填充进行制作，完成iPad Mini的最终效果。

12.3.2 制作步骤

01 启动软件后，按Ctrl+N组合键弹出【创建新文档】对话框，设置【名称】为"iPad Mini设计"，将【宽度】设置为70mm，【高度】设置为90mm，将【原色模式】设置为RGB，将【渲染分辨率】设置为300dpi，单击【确定】按钮，如图12-3-1所示。

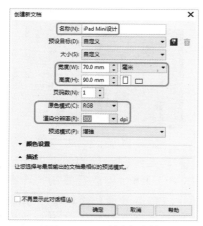

图12-3-1 创建新文档

02 使用【矩形工具】，在绘图页中绘制一个矩形，在属性栏中将【对象大小】的宽度设置为57.275mm，高度设置为81.59mm，单击【圆角】按钮，再单击【同时编辑所有角】按钮，将转角半径设置为2.394mm，如图12-3-2所示。

03 按Shift+F11组合键打开【编辑填充】对话框，选择左侧的色标，将RGB设置为0、0、0，单击【确定】按钮，如图12-3-3所示。

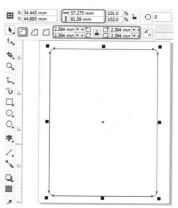

图12-3-2 绘制并设置矩形

图12-3-3 【编辑填充】对话框

04 确定刚刚绘制的矩形处于选择状态，在【对象属性】泊坞窗中单击【轮廓】按钮，将轮廓宽度设置为无，如图12-3-4所示。

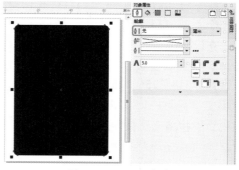

图12-3-4 设置参数

05 确定刚刚绘制的矩形处于选择状态，按Ctrl+D组合键复制，在属性栏中，将【对象大小】的宽度设置为58.327mm，高度设置为82.925 mm，转角半径设置为2.634

mm，在【对象属性】泊坞窗中单击【轮廓】按钮，将轮廓宽度设置为0.05mm，将轮廓颜色设置为黑色，如图12-3-5所示。

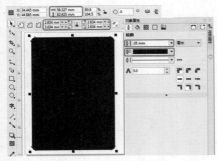

图12-3-5　复制并设置

06 再次对复制的矩形进行复制，在属性栏中，将【对象大小】的宽度设置为57.777mm，高度设置为82.349 mm，转角半径设置为2.609 mm，在【对象属性】泊坞窗中单击【轮廓】按钮，将轮廓宽度设置为0.2mm，单击【填充】按钮，再次单击【无填充】按钮，如图12-3-6所示。

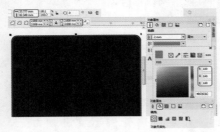

图12-3-6　设置参数

07 使用【椭圆形工具】按住Ctrl键绘制一个正圆，在【对象属性】泊坞窗中单击【填充】按钮，再次单击【渐变填充】按钮，设置渐变颜色，将0%位置处的RGB值设置为255、255、255，将100%位置处的RGB值设置为171、171、171，在【变换】选项组中将填充宽度设置为51.146%，并同时单击【锁定纵横比】按钮，将旋转设置为-90°，取消勾选【自由缩放和倾斜】复选框，勾选【缠绕填充】复选框，如图12-3-7所示。

08 确定刚刚绘制的正圆处于选择状态，使用【透明度工具】为其添加透明度，效果如图12-3-8所示。

图12-3-7　绘制正圆并设置

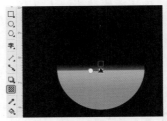

图12-3-8　添加透明度

09 使用【钢笔工具】绘制一个图形，在【对象属性】泊坞窗中单击【轮廓】按钮，将轮廓宽度设置为无，单击【填充】按钮，再次单击【均匀填充】按钮，将颜色模型的RGB值设置为112、11、108，如图12-3-9所示。

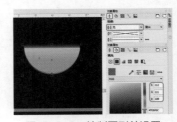

图12-3-9　绘制图形并设置

10 确定刚刚绘制的图形处于选择状态，按Ctrl+D组合键进行复制，再在属性栏中单击【垂直镜像】按钮，并调整复制的图形的位置，然后在【对象属性】泊坞窗中，单击【填充】按钮，再次单击【均匀填充】按钮，将颜色模型的RGB值设置为44、45、42，如图12-3-10所示。

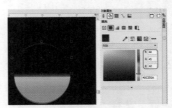

图12-3-10　复制并调整位置

11 使用【矩形工具】绘制一个矩

突破平面　CorelDRAW 2017设计与制作剖析

形，在属性栏中将【对象大小】的宽度设置为1.124mm，高度设置为1.168mm，单击【圆角】按钮◻️，将转角半径设置为0.19mm，并同时单击【同时编辑所有角】按钮🔒，在【对象属性】泊坞窗中单击【轮廓】按钮✒️，将轮廓颜色的RGB值设置为80、81、83，单击【填充】按钮◈，再次单击【无填充】按钮⊠，如图12-3-11所示。

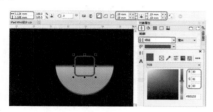

图12-3-11　绘制矩形并设置

12 使用【椭圆形工具】，在绘图页中按住Ctrl键绘制一个正圆，在属性栏中将【对象大小】的宽度和高度均设置为1.347mm，如图12-3-12所示。

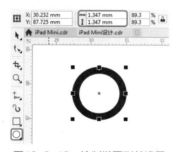

图12-3-12　绘制椭圆形并设置

13 按Shift+F11组合键打开【编辑填充】对话框，选中渐变条左侧的节点，将其RGB设置为37、35、35，在14%的位置添加节点，将其RGB设置为37、35、35，在55%的位置添加节点，将其RGB设置为64、64、64，选中最右侧的节点，将其RGB设置为100、98、96，单击【类型】下的【椭圆形渐变填充】按钮▦，在右侧取消勾选【自由缩放和倾斜】，然后将【变换】区域下将填充宽度设置为245.193%，X设置为32.993%，Y设置为-32.815%，勾选【缠绕填充】，然后单击【确定】按钮，如图12-3-13所示，并将其轮廓宽度设置为无。

提示

椭圆形渐变填充是从对象中心以同心椭圆的方式向外扩散。

图12-3-13　编辑填充颜色

14 然后对该圆形进行复制，在属性栏中将【对象大小】的宽度和高度均设置为1.199mm，如图12-3-14所示。

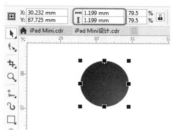

图12-3-14　复制并设置对象

15 按Shift+F11组合键打开【编辑填充】对话框，在该对话框中将【变换】区域下将填充宽度设置为213.277%，X设置为39.24%，Y设置为-41.027%，其他保持不变，然后单击【确定】按钮，如图12-3-15所示。

16 对复制的对象再次复制，并在属性栏中将【对象大小】的宽度和高度均设置为0.923mm，按Shift+F11组合键，打开【编辑填充】对话框，选中下方渐变条左侧的节点，将其RGB设置为38、34、34，在31%的位置添加节点，将其RGB设置为56、55、56，在87%的位置添加节点，将其RGB设置为82、81、79，选中最右侧的节点，将其RGB设置为82、81、79，单击【类型】下的【椭圆形渐变填充】按钮▦，在右侧取消勾选【自由缩放和倾斜】，然后将【变换】区域下将填充宽度设置为146.405%，X设置为-36.617%，Y设置为36.878%，勾选【缠绕填充】，然后单击【确定】按钮，如图12-3-16所示。

图12-3-15　设置对象的变换参数

图12-3-16　编辑对象的填充颜色

17 再次对上一步的对象进行复制，无须调整对象大小，按Shift+F11组合键打开【编辑填充】对话框，将RGB设置为82、81、79，勾选【缠绕填充】，然后单击【确定】按钮，如图12-3-17所示。

图12-3-17　设置对象填充

18 使用【透明度工具】，然后在属性栏中单击【渐变透明度】按钮，然后在【对象属性】泊坞窗中单击【透明度】按钮，再次单击【编辑透明度】按钮，在打开的【编辑透明度】对话框中，单击【渐变透明度】按钮，在【调和过渡】下将类型设置为【椭圆形渐变透明度】。在渐变条中，在14%的位置添加节点，将节点透明度设置为100，在28%的位置添加节点，将节点透明度设置为50，在54%的位置添加节点，将节点透明度设置为0%，选中右侧的节点将节点透明度设置为50%，在【变换】区域下取消勾选【自由缩放和倾斜】，将透明度宽度设置为94.921%，X设置为8.322%，Y设置为−8.073%，设置完成后单击【确定】按钮，如图12-3-18所示。

图12-3-18　编辑渐变透明度

19 复制对象并对其渐变透明度进行调整后，其效果如图12-3-19所示。

图12-3-19　复制并调整后的效果

20 对上一步复制的对象进行复制，删除该对象的透明度，按Shift+F11组合键打开【编辑填充】对话框，在渐变条上设置多个节点的颜色，单击【类型】下的【椭圆形渐变填充】按钮，在【变换】区域下取消勾选【自由缩放和倾斜】，将填充宽度设置为99.114%，X设置为0.102%，Y设置为0.102%，勾选【缠绕填充】，然后单击【确定】按钮，并对其进行缩放，如图12-3-20所示。

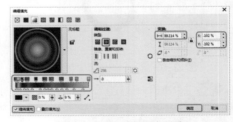

图12-3-20　编辑对象填充

21 综合前面介绍的方法制作其他对象，并设置它的渐变填充和渐变透明度，效果如图12-3-21所示。

图12-3-21　绘制其他的对象并设置

22 使用【选择工具】选择所绘制的所有摄像头模型对象，单击鼠标右键在弹出的快捷菜单中选择【组合对象】命令，如图12-3-22所示。

图12-3-22　选择【组合对象】命令

23 选择对象并调整到适当的位置，如图12-3-23所示。

图12-3-23　调整位置

24 按Ctrl+I组合键打开【导入】对话框，选择【背景图.jpg】素材文件，单击【导入】按钮，如图12-3-24所示。

图12-3-24　选择素材文件

25 导入后调整其位置效果如图12-3-25所示。

图12-3-25　调整位置

26 使用【钢笔工具】绘制图形，并为其填充白色，根据前面介绍的方法添加渐变透明度，效果如图12-3-26所示。

图12-3-26　绘制图形并设置

27 最终效果如图12-3-27所示。

图12-3-27　最终效果

小结

通过对以上案例的学习，读者可以掌握和了解工业设计的技巧应用和操作方法，掌握本章中所讲解的各种工具的使用方法和工业设计的绘制过程，可以在以后进行工业设计时大显身手。

第13章 服装设计

　　服装设计属于工艺美术范畴，是实用性和艺术性相结合的一种艺术形式。设计指计划、构思、设立方案，也含有意象、作图、造型之意，而服装设计的定义就是解决人们穿着生活体系中诸问题的富有创造性的计划及创作行为。本章主要讲解服装设计中的产品设计，包括工作服、羽毛球服、男士卫衣和女士服装。

13.1 工作服设计

13.1.1 技能分析

　　本例主要讲解如何制作工作服，首先需要使用【钢笔工具】绘制工作服的轮廓，然后对图形进行填充颜色，最后加上公司的标志，最终达到我们所需的效果。

13.1.2 制作步骤

　　01 按Ctrl＋N组合键，打开【创建新文档】对话框，设置【名称】为"工作服设计"，【宽度】为543mm，【高度】为307mm，【原色模式】设置为RGB，【渲染分辨率】设置为300dpi，单击【确定】按钮，如图13-1-1所示。

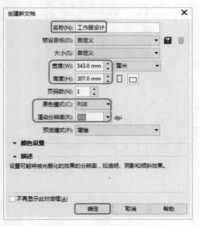

图13-1-1　创建新文档

　　02 使用【钢笔工具】绘制衣服的轮廓，在【对象属性】泊坞窗中单击【轮廓】按钮，将【轮廓宽度】设置为2mm，如图13-1-2所示。

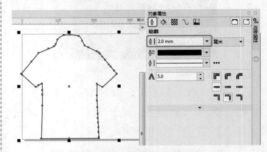

图13-1-2　绘制图形并设置

　　03 使用【钢笔工具】绘制图形，在【对象属性】泊坞窗中单击【轮廓】按钮，将轮廓宽度设置为细线，单击【填充】按钮，再次单击【均匀填充】按钮，将颜色模型的RGB值设置为56、52、52，如图13-1-3所示。

　　04 使用【钢笔工具】绘制图形，在【对象属性】泊坞窗中单击【轮廓】按钮，将轮廓宽度设置为无，单击【填充】按钮，再次单击【均匀填充】按钮，将颜色模型的RGB值设置为236、79、0，如图13-1-4所示。

　　05 使用【选择工具】选择上两步绘制的图形，按Ctrl+D组合键进行复制，在属性栏中单击【水平镜像】按钮，并调整其位置，如图13-1-5所示。

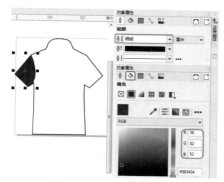

图13-1-3　绘制图形并设置

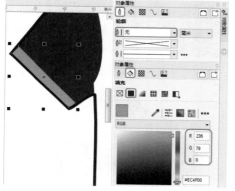

图13-1-4　绘制图形并设置

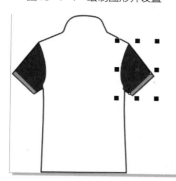

图13-1-5　复制并调整位置

06　使用【钢笔工具】绘制图形，在【对象属性】泊坞窗中单击【轮廓】按钮，将轮廓宽度设置为1.5mm，单击【填充】按钮，再次单击【均匀填充】按钮，将颜色模型的RGB值设置为236、79、0，如图13-1-6所示。

07　使用【钢笔工具】绘制图形，在【对象属性】泊坞窗中单击【轮廓】按

钮，将轮廓宽度设置为无，单击【填充】按钮，再次单击【均匀填充】按钮，将颜色模型的RGB值设置为56、52、52，如图13-1-7所示。

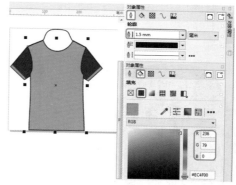

图13-1-6　绘制图形并设置

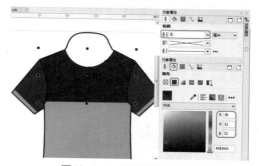

图13-1-7　绘制图形并设置

08　使用【钢笔工具】绘制图形，在【对象属性】泊坞窗中单击【轮廓】按钮，将轮廓宽度设置为无，单击【填充】按钮，再次单击【均匀填充】按钮，将颜色模型的RGB值设置为22、22、21，效果如图13-1-8所示。

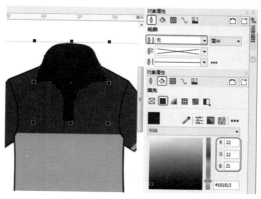

图13-1-8　绘制图形并设置

09 使用【钢笔工具】绘制图形，在【对象属性】泊坞窗中单击【轮廓】按钮，将轮廓宽度设置为无，单击【填充】按钮，再次单击【均匀填充】按钮，将颜色模型的RGB值设置为56、52、52，如图13-1-9所示。

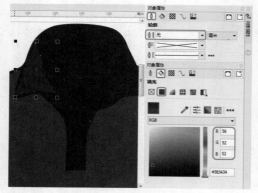

图13-1-9　绘制图形并设置

10 使用同样的方法绘制其他的图形并设置，效果如图13-1-10所示。

图13-1-10　绘制其他的图形并设置

11 使用【钢笔工具】绘制服装的扣子，在【对象属性】泊坞窗中单击【轮廓】按钮，将轮廓宽度设置为无，单击【填充】按钮，再次单击【均匀填充】按钮，将颜色模型的RGB值设置为255、255、255，如图13-1-11所示。

12 使用同样的方法绘制另一个扣子，并设置相同的参数，效果如图13-1-12所示。

13 下面开始绘制公司的logo。使用【钢笔工具】绘制图形，在【对象属性】泊坞窗中单击【轮廓】按钮，将轮廓宽

度设置为无，单击【填充】按钮，再次单击【均匀填充】按钮，将颜色模型的RGB值设置为255、255、255，如图13-1-13所示。

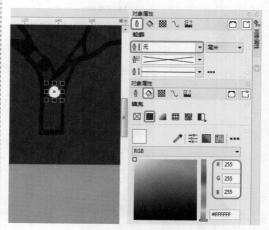

图13-1-11　绘制图形并设置

图13-1-12　绘制另外的图形并设置

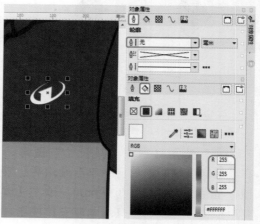

图13-1-13　绘制图形并设置

14 使用同样的方法绘制其他的图形，并设置相同的参数。效果如图13-1-14所示。

图13-1-14 绘制其他图形并设置

15 使用【椭圆工具】并按住Ctrl键绘制一个正圆，使用【钢笔工具】绘制图形，在【对象属性】泊坞窗中单击【轮廓】按钮，将轮廓宽度设置为无，单击【填充】按钮，再次单击【均匀填充】按钮，将颜色模型的RGB值设置为255、255、255，如图13-1-15所示。

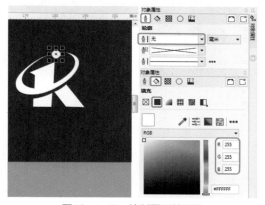

图13-1-15 绘制图形并设置

16 使用【文字工具】输入文本【上海吉胜】，在属性栏中将字体设置为"方正综艺简体"，字体大小设置为15pt，在【文本属性】泊坞窗中单击【字符】按钮 A，将【均匀填充】的RGB值设置为255、255、255，在【段落】选项组中，将字符间距设置为54%，如图13-1-16所示。

17 下面绘制工作服的背面，使用【钢笔工具】绘制服装的背面轮廓，在【对象属性】泊坞窗中单击【轮廓】按钮，将轮廓宽度设置为无，单击【填充】按钮，再次单击【均匀填充】按钮，将颜色模型的RGB值设置为0、0、0，如图13-1-17所示。

图13-1-16 输入文本并设置

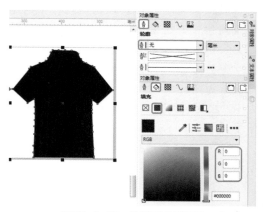

图13-1-17 绘制图形并设置

18 使用【选择工具】选择除工作服衣领以外的图形，按Ctrl+D组合键进行复制，并调整其位置，效果如图13-1-18所示。

图13-1-18 复制并调整位置

19 使用【钢笔工具】绘制图形，在【对象属性】泊坞窗中单击【轮廓】按钮，将轮廓宽度设置为无，单击【填充】按钮，再次单击【均匀填充】按钮，将颜色模型的RGB值设置为56、52、52，如图13-1-19所示。

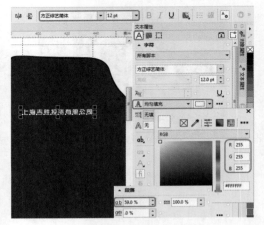

图13-1-19　绘制图形并设置

图13-1-20　输入文本并设置

20 使用【文字工具】输入文本【上海吉胜投资有限公司】，在属性栏中将字体设置为"方正综艺简体"，字体大小设置为12pt，在【文本属性】泊坞窗中单击【字符】按钮A，将【均匀填充】的RGB值设置为255、255、255，在【段落】选项组中，将字符间距设置为59%，如图13-1-20所示。

21 最终完成后的效果如图13-1-21所示。

图13-1-21　最终效果

13.2　羽毛球服设计

13.2.1　技能分析

制作本例的主要目的是使读者了解并掌握如何在CorelDRAW 2017软件中绘制服装设计插画。在本案例中主要使用【贝塞尔工具】绘制出衣服的轮廓和线条，使用【轮廓笔】对线条进行效果制作，导入素材对衣服进行装饰，从而完成最终效果。

13.2.2　制作步骤

01 按Ctrl＋N组合键，打开【创建新文档】对话框，设置【名称】为"羽毛球服设计"，【宽度】为2400px，【高度】

为2700px，单击【确定】按钮，如图13-2-1所示。

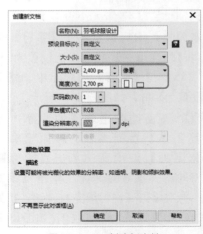

图13-2-1　创建新文档

02 使用【贝塞尔工具】 ，绘制衣服整体轮廓，如图13-2-2所示。

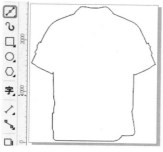

图13-2-2　绘制衣服轮廓

03 按F12键打开【轮廓笔】对话框，设置【颜色】为黑色，【宽度】为0.423mm，【角】为圆角，【线条端头】为圆形端头，单击【确定】按钮，如图13-2-3所示。

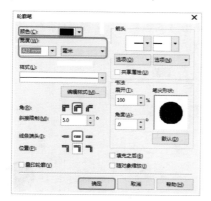

图13-2-3　设置参数

04 设置【轮廓笔】参数后，图像效果如图13-2-4所示。

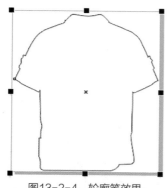

图13-2-4　轮廓笔效果

05 按Shift+F11组合键，打开【编辑填充】对话框，将RGB值设置为229、0、

18，单击【确定】按钮，如图13-2-5所示。

图13-2-5　填充颜色

06 单击属性栏上的【导入】按钮 ，打开【导入】对话框，选择【孔雀插画.png】素材文件，单击【导入】按钮，如图13-2-6所示。

图13-2-6　导入素材文件

07 选择素材图片调整其大小和位置，在工具箱中选择【透明度工具】 ，选择属性栏上的透明度类型为"常规"，将透明度设置为90，如图13-2-7所示。

图13-2-7　添加透明度

08 使用【贝塞尔工具】 ，绘制衣

服衣领轮廓，如图13-2-8所示。

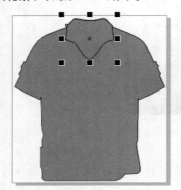

图13-2-8　绘制衣领轮廓

09 选择绘制衣领轮廓，按F12键打开【轮廓笔】对话框，设置【颜色】为黑色，【宽度】为0.2mm，单击【确定】按钮，如图13-2-9所示。

图13-2-9　设置参数

10 按Shift+F11组合键，打开【编辑填充】对话框，将RGB值设置为249、26、5，单击【确定】按钮，如图13-2-10所示。

图13-2-10　填充颜色

11 使用【贝塞尔工具】 ，绘制衣领轮廓线条，如图13-2-11所示。

图13-2-11　绘制线条

12 使用【选择工具】，将绘制的两根线条选中，按Ctrl+G组合键，群组选中的图形。按F12键打开【轮廓笔】对话框，设置【颜色】为黑色，【宽度】为0.2mm，【角】为圆角，【线条端头】为圆形端头，单击【确定】按钮，如图13-2-12所示。

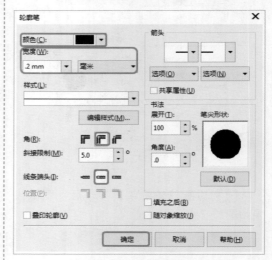

图13-2-12　设置参数

13 设置轮廓笔参数后，图像效果如图13-2-13所示。

图13-2-13　轮廓笔效果

14 选择【贝塞尔工具】 ✐，绘制衣领内衬轮廓。为了便于查看先将其轮廓颜色设置为白色，如图13-2-14所示。

图13-2-14 绘制图形并设置

15 按Shift+F11组合键，打开【编辑填充】对话框，设置颜色为黑色，单击【确定】按钮，取消轮廓颜色，效果如图13-2-15所示。

图13-2-15 填充颜色并设置

16 使用【贝塞尔工具】，绘制图形轮廓。使用【选择工具】，框选绘制的图形轮廓，按Ctrl+G组合键群组选中的图形，如图13-2-16所示。

图13-2-16 绘制图形并选择

17 按Shift+F11组合键，打开【编辑填充】对话框，将RGB值设置为228、159、1，单击【确定】按钮。效果如图13-2-17所示。

18 使用【贝塞尔工具】，绘制图形

轮廓。使用【选择工具】，框选绘制的图形轮廓，按Ctrl+G组合键群组选中的图形，效果如图13-2-18所示。

图13-2-17 填充颜色

图13-2-18 绘制图形并选择

19 按Shift+F11组合键，打开【编辑填充】对话框，将RGB值设置为255、240、0单击【确定】按钮，效果如图13-2-19所示。

图13-2-19 填充颜色

20 使用【贝塞尔工具】，绘制曲线，使用【选择工具】，框选绘制的图形轮廓，按Ctrl+G组合键群组选中的图形，然后在【对象属性】泊坞窗中单击【轮廓】按钮 ✐，选择线条样式为如图13-2-20所示的样式。

21 使用【贝塞尔工具】，绘制衣服装饰轮廓。在【对象属性】泊坞窗中单击

【轮廓】按钮 🖊️，设置线条样式如图13-2-21
所示。

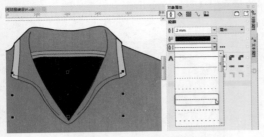

图13-2-20　绘制曲线并设置

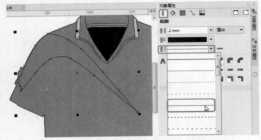

图13-2-21　绘制图形并设置

22 按Shift+F11组合键，打开【编辑填充】对话框，将RGB值设置为255、240、0，单击【确定】按钮，效果如图13-2-22所示。

图13-2-22　填充颜色

23 使用【贝塞尔工具】，绘制弧形线条，如图13-2-23所示。

24 使用【文本工具】，在弧形线条上输入文本【CLOTHING】，在属性栏中将字体设置为Clarendon BT，字体大小设置为10pt，在【对象属性】泊坞窗中单击【轮廓】按钮 🖊️，将轮廓颜色的RGB值设置为255、240、0，如图13-2-24所示。

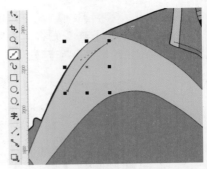

图13-2-23　绘制弧形线条

图13-2-24　输入文本并设置

25 使用同样的方法为衣服右侧制作弧形文字效果，效果如图13-2-25所示。

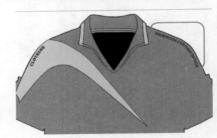

图13-2-25　输入其他文本并设置

26 单击属性栏上的【导入】按钮 ⬇️，打开【导入】对话框，选择【标志.png】素材文件，单击【导入】按钮，如图13-2-26所示。

图13-2-26　选择素材文件

27 导入后调整其位置，效果如图13-2-27所示。

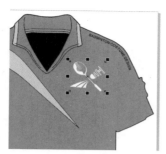

图13-2-27　导入并调整位置

28 选择【贝塞尔工具】 ，绘制图形轮廓，如图13-2-28所示。

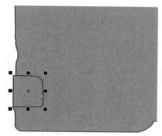

图13-2-28　绘制轮廓

29 按F12键打开【轮廓笔】对话框，设置【颜色】为黑色，【宽度】为0.2mm，单击【确定】按钮，如图13-2-29所示。

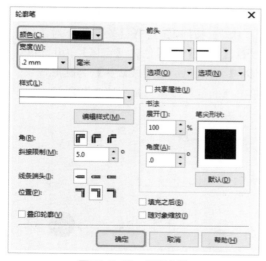

图13-2-29　设置参数

30 设置轮廓笔参数后，效果如图13-2-30所示。

31 按Shift+F11组合键，打开【编辑

填充】对话框，将RGB值设置为253、208、0，单击【确定】按钮，效果如图13-2-31所示。

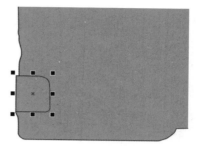

图13-2-30　轮廓笔效果

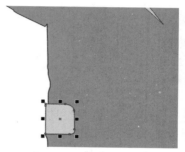

图13-2-31　填充颜色

32 单击属性栏上的【导入】按钮 ，打开【导入】对话框，选择【标志01.png】素材文件，单击【导入】按钮，如图13-2-32所示。

图13-2-32　选择素材文件

33 导入后调整其位置，效果如图13-2-33所示。

34 使用【贝塞尔工具】，绘制曲线，在【对象属性】泊坞窗中单击【轮廓】按钮 ，设置线条样式，如图13-2-34所示。

图13-2-33 导入并调整位置

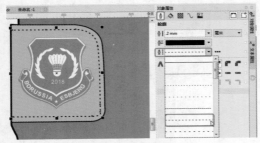

图13-2-34 绘制曲线并设置

35 使用【贝塞尔工具】，绘制图形轮廓，如图13-2-35所示。

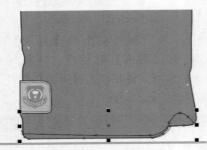

图13-2-35 绘制轮廓

36 按F12键打开【轮廓笔】对话框，设置【颜色】为黑色，【宽度】为0.2mm，单击【确定】按钮，如图13-2-36所示。

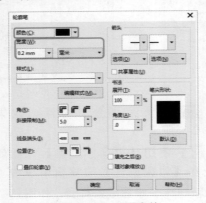

图13-2-36 设置参数

37 按Shift+F11组合键，打开【编辑填充】对话框，将RGB值设置255、240、0，单击【确定】按钮，效果如图13-2-37所示。

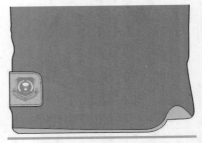

图13-2-37 填充颜色

38 选择【贝塞尔工具】，绘制图形轮廓，如图13-2-38所示。

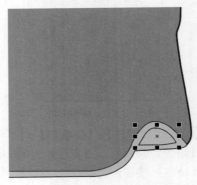

图13-2-38 绘制图形

39 按F12键打开【轮廓笔】对话框，设置【颜色】为黑色，【宽度】为0.2mm，【角】为圆角，【线条端头】为圆形端头，单击【确定】按钮，如图13-2-39所示。

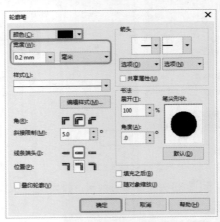

图13-2-39 设置参数

40 设置轮廓笔参数后，效果如图13-2-40所示。

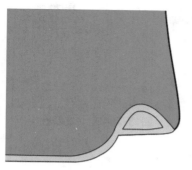

图13-2-40 轮廓笔效果

41 按Shift+F11组合键，打开【编辑填充】对话框，将RGB值设置为229、0、18，单击【确定】按钮，效果如图13-2-41所示。

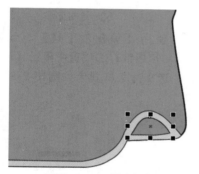

图13-2-41 填充颜色

42 选择【贝塞尔工具】绘制线条，如图13-2-42所示。

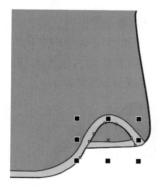

图13-2-42 绘制线条

43 按F12键打开【轮廓笔】对话框，设置【颜色】为黑色，【宽度】为0.2mm，单击【确定】按钮，如图13-2-43所示。

图13-2-43 设置参数

44 设置轮廓笔参数后，效果如图13-2-44所示。

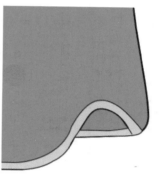

图13-2-44 轮廓笔效果

45 使用【贝塞尔工具】，绘制曲线，使用【选择工具】，框选绘制的图形轮廓，按Ctrl+G组合键群组选中的图形，然后在【对象属性】泊坞窗中单击【轮廓】按钮，选择线条样式为如图13-2-45所示的样式。

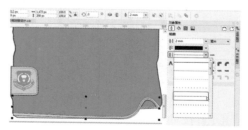

图13-2-45 绘制曲线并设置

46 选择【贝塞尔工具】，在左袖处绘制图形，如图13-2-46所示。

47 按F12键打开【轮廓笔】对话框，设置【颜色】为黑色，【宽度】为

0.2mm，【角】为圆角，【线条端头】为圆形端头，单击【确定】按钮，如图13-2-47所示。

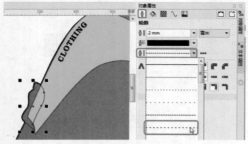

图13-2-46 绘制图形

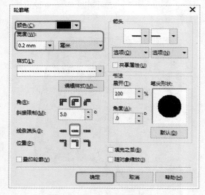

图13-2-47 设置参数

48 设置轮廓笔参数后，效果如图13-2-48所示。

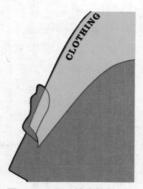

图13-2-48 轮廓笔效果

49 按Shift+F11组合键，打开【编辑填充】对话框，将RGB值设置为229、0、18，单击【确定】按钮，效果如图13-2-49所示。

50 使用【椭圆工具】，按住Ctrl键绘制一个正圆，如图13-2-50所示。

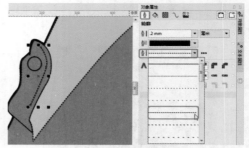

图13-2-49 填充颜色

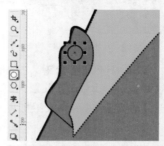

图13-2-50 绘制正圆

51 使用【贝塞尔工具】，绘制曲线，在【对象属性】泊坞窗中单击【轮廓】按钮，选择线条样式为如图13-2-51所示的样式。

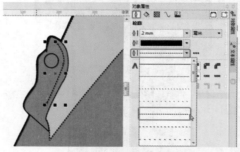

图13-2-51 绘制曲线并设置

52 使用同样的方法为衣服右侧绘制图形，效果如图13-2-52所示。

图13-2-52 绘制其他的图形

53 使用【贝塞尔工具】绘制线条，按F12键打开【轮廓笔】对话框，设置【颜色】为黑色，【宽度】为0.2mm，单击【确定】按钮，效果如图13-2-53所示。

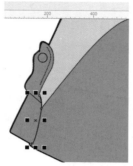

图13-2-53　绘制线条并设置

54 使用【贝塞尔工具】绘制线条，在【对象属性】泊坞窗中单击【轮廓】按钮，选择线条样式为如图13-2-54所示的样式。

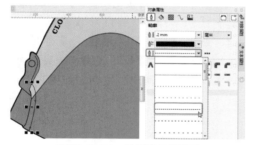

图13-2-54　绘制线条并设置

55 确定刚刚绘制的线条处于选择状态，按F12键打开【轮廓笔】对话框，设置【颜色】为黑色，【宽度】为0.2mm，单击【确定】按钮，效果如图13-2-55所示。

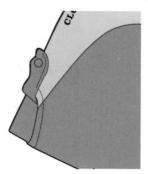

图13-2-55　设置参数

56 使用【贝塞尔工具】绘制线条，

按F12键打开【轮廓笔】对话框，设置【颜色】为黑色，【宽度】为0.2mm，单击【确定】按钮，如图13-2-56所示。

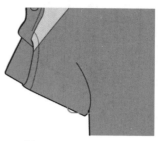

图13-2-56　绘制线条

57 使用【贝塞尔工具】绘制线条，使用【选择工具】，框选绘制的图形轮廓，按Ctrl+G组合键群组选中的图形，在【对象属性】泊坞窗中单击【轮廓】按钮，选择线条样式为如图13-2-57所示的样式，如图13-2-57所示。

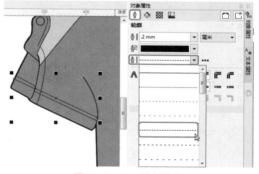

图13-2-57　绘制线条

58 使用制作左侧衣袖线条的方法制作右侧衣袖，效果如图13-2-58所示。

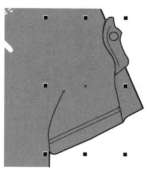

图13-2-58　制作右侧衣袖

59 使用【贝塞尔工具】绘制图案，如图13-2-59所示。

图13-2-59　绘制图案

60 按F12键打开【轮廓笔】对话框，设置【颜色】为黑色，【宽度】为0.2mm，【角】为圆角，【线条端头】为圆形端头，单击【确定】按钮，如图13-2-60所示。

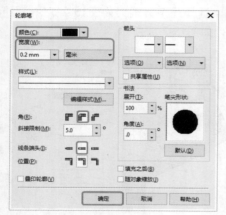

图13-2-60　设置参数

61 按Shift+F11组合键，打开【编辑填充】对话框，将RGB值设置为255、240、0，单击【确定】按钮，效果如图13-2-61所示。

图13-2-61　填充颜色

62 使用【文本工具】输入文本BADMINTON，在属性栏中将字体设置为Arial Unicode MS，字体大小设置为7pt，在【对象属性】泊坞窗中单击【字符】按钮，将【均匀填充】的RGB值设置为255、240、0，如图13-2-62所示。

图13-2-62　输入文本并设置

63 使用【贝塞尔工具】在衣服左侧绘制线条，按F12键打开【轮廓笔】对话框，设置【颜色】为黑色，【宽度】为0.2mm，【角】为圆角，【线条端头】为圆形端头，单击【确定】按钮，如图13-2-63所示。

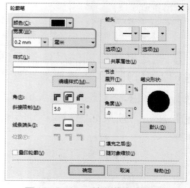

图13-2-63　绘制线条并设置

64 使用同样的方法在衣服其他部位绘制线条并设置相同的参数，效果如图13-2-64所示。

65 使用【选择工具】选择【孔雀插画.png】素材文件右击，在弹出的快捷菜单中选择【顺序】|【到图层前面】命令，如图13-2-65所示。

图13-2-64　绘制其他线条并设置

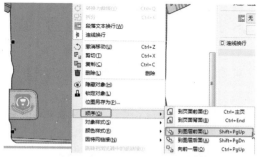

图13-2-65　选择【到图层前面】命令

66 执行后的效果如图13-2-66所示。

67 最终效果如图13-2-67所示。

图13-2-66　执行后的效果

图13-2-67　最终效果

13.3　男士卫衣设计

13.3.1　技能分析

　　本例将介绍如何制作男士卫衣，本例中主要使用钢笔工具来绘制男士卫衣的轮廓，再次对图形轮廓进行填充均匀颜色和渐变颜色，从而达到最佳效果。

13.3.2　制作步骤

　　01 按Ctrl＋N组合键，打开【创建新文档】对话框，设置【名称】为"男士卫衣设计"，【宽度】为355px，【高度】为462px，【原色模式】设置为RGB，【渲染分辨率】设置为300dpi，单击【确定】按钮，如图13-3-1所示。

　　02 使用【钢笔工具】绘制图形，在【对象属性】泊坞窗中单击【填充】按钮◇，再次单击【均匀填充】按钮■，将颜色模型的RGB值设置为36、36、36，如图13-3-2所示。

　　03 使用同样的方法绘制图形并设置，效果如图13-3-3所示。

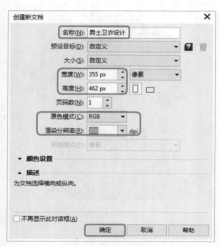

图13-3-1　创建新文档

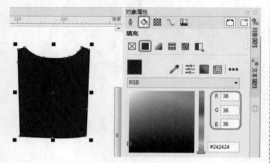

图13-3-2　绘制图形并设置

图13-3-3　绘制图形并设置

04 使用【钢笔工具】绘制图形，在【对象属性】泊坞窗中单击【填充】按钮，再次单击【均匀填充】按钮，将颜色模型的RGB值设置为153、173、198，如图13-3-4所示。

05 确定刚刚绘制的图形处于选择状态，按Ctrl+D组合键进行复制，在属性栏中单击【水平镜像】按钮，然后在【对象

属性】泊坞窗中单击【填充】按钮，再次单击【均匀填充】按钮，将颜色模型的RGB值设置为252、242、121，如图13-3-5所示。

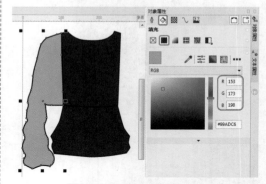

图13-3-4　绘制图形并设置

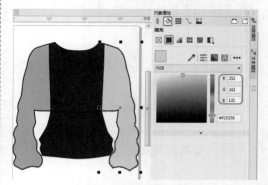

图13-3-5　复制图形并设置

06 使用【钢笔工具】绘制图形，在【对象属性】泊坞窗中单击【填充】按钮，再次单击【渐变填充】按钮，设置渐变颜色，将0%位置处的RGB值设置为129、142、150，将44%位置处的RGB值设置为0、0、0，将100%位置处的RGB值设置为34、37、42，如图13-3-6所示。

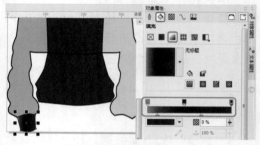

图13-3-6　绘制图形并设置

07 确定刚刚绘制的图形处于选择状

态，按Ctrl+D组合键进行复制，在属性栏中单击【水平镜像】按钮Ⅲ，然后在【对象属性】泊坞窗中单击【填充】按钮◇，再次单击【渐变填充】按钮█，设置渐变颜色，将0%位置处的RGB值设置为25、27、16，将44%位置处的RGB值设置为0、0、0，将100%位置处的RGB值设置为159、156、77，如图13-3-7所示。

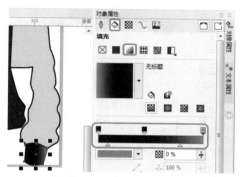

图13-3-7　复制图形并设置

08 使用【钢笔工具】绘制图形，在【对象属性】泊坞窗中单击【填充】按钮◇，再次单击【均匀填充】按钮█，将颜色模型的RGB值设置为179、179、179，如图13-3-8所示。

图13-3-8　绘制图形并设置

09 确定刚刚绘制的图形处于选择状态，按Ctrl+D组合键进行复制粘贴，并调整其位置，效果如图13-3-9所示。

10 使用【钢笔工具】绘制图形，在【对象属性】泊坞窗中单击【填充】按钮◇，再次单击【均匀填充】按钮█，将颜色模型的RGB值设置为36、36、36，如图13-3-10所示。

图13-3-9　复制图形并调整

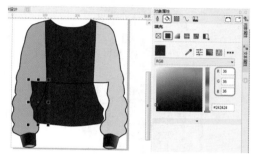

图13-3-10　绘制图形并设置

11 确定刚刚绘制的图形处于选择状态，按Ctrl+D组合键进行复制，并调整其位置，效果如图13-3-11所示。

图13-3-11　复制并调整位置

12 使用【钢笔工具】绘制图形，在【对象属性】泊坞窗中单击【填充】按钮◇，再次单击【均匀填充】按钮█，将颜色模型的RGB值设置为21、21、21，如图13-3-12所示。

13 使用同样的方法绘制其他的图形并设置，如图13-3-13所示。

14 使用【贝塞尔工具】在衣服帽子上绘制曲线，如图13-3-14所示。

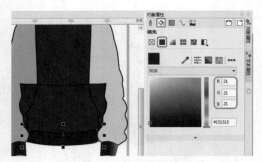

图13-3-12 绘制图形并设置

图13-3-13 绘制其他图形并设置

图13-3-14 绘制曲线

15 使用同样的方法在衣服帽子上绘制其他的曲线，效果如图13-3-15所示。

图13-3-15 绘制其他曲线

16 使用【贝塞尔工具】继续在衣服帽子上绘制曲线，效果如图13-3-16所示。

图13-3-16 绘制曲线

17 确定刚刚绘制的曲线处于选择状态，按F12键打开【轮廓笔】对话框，设置【颜色】的RGB值为156、156、156，单击【确定】按钮，如图13-3-17所示。

图13-3-17 设置轮廓笔

18 设置完成后的效果如图13-3-18所示。

图13-3-18 完成后的效果

19 确定刚刚绘制的曲线处于选择状态，按Ctrl+D组合键进行复制并粘贴，在属性栏中单击【水平镜像】按钮，并调整其位置，效果如图13-3-19所示。

图13-3-19　复制并调整

20 下面制作左侧衣袖上的曲线，使用【贝塞尔工具】绘制曲线，如图13-3-20所示。

图13-3-20　绘制曲线

21 确定刚刚绘制的曲线处于选择状态，按F12键打开【轮廓笔】对话框，设置【颜色】的RGB值为117、141、165，单击【确定】按钮，如图13-3-21所示。

图13-3-21　设置轮廓笔

22 设置完成后的效果如图13-3-22所示。

图13-3-22　完成后的效果

23 使用同样的方法制作左侧衣袖上其他的曲线并设置，效果如图13-3-23所示。

图13-3-23　绘制其他曲线并设置

24 使用【选择工具】选择所有的左侧衣袖上的曲线，按Ctrl+G组合键对其进行组合，然后按Ctrl+D组合键进行复制粘贴，并调整位置，效果如图13-3-24所示。

图13-3-24　复制并调整

25 确定复制的曲线处于选择状态，

按F12键打开【轮廓笔】对话框，设置【颜色】的RGB值为219、212、95，单击【确定】按钮，如图13-3-25所示。

图13-3-25　设置轮廓笔

26 完成后的效果如图13-3-26所示。

图13-3-26　完成后的效果

27 使用上述所介绍的方法制作衣服兜上的曲线并设置，效果如图13-3-37所示。

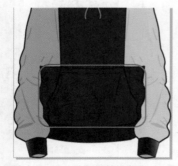

图13-3-27　绘制其他的曲线并设置

28 使用【文本工具】输入文本【NIKE】，在属性栏中将字体设置为Adobe Fan Heiti Std B，字体大小设置为1.8pt，在【对象属性】泊坞窗中单击【字符】按钮 A，将【均匀填充】设置为白色，如图13-3-28所示。

图13-3-28　输入文本并设置

29 使用【文本工具】输入文本【HNADLE】，在属性栏中将字体设置为Bell Gothic Std Light，字体大小设置为5pt，在【对象属性】泊坞窗中单击【字符】按钮 A，将【均匀填充】的RGB值设置为209、209、209，如图13-3-29所示。

图13-3-29　输入文本并设置

30 使用同样的方法输入其他的文本并设置，效果如图13-3-30所示。

31 最终完成的效果如图13-3-31所示。

图13-3-30　输入文本并设置

图13-3-31　最终效果

13.4　女士服装设计

13.4.1　技能分析

本例将介绍如何制作女士服装，主要使用钢笔工具来绘制，然后对曲线进行填充颜色，最后导入素材文件，从而达到最佳效果。

13.4.2　制作步骤

01 按Ctrl＋N组合键，打开【创建新文档】对话框，设置【名称】为"女士服装设计"，【宽度】为602px，【高度】为802px，【原色模式】设置为RGB，【渲染分辨率】设置为300dpi，单击【确定】按钮，如图13-4-1所示。

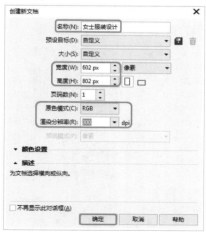

图13-4-1　创建新文档

02 按Ctrl+I组合键打开【导入】按钮，选择【背景图.jpg】素材文件，单击【导入】按钮，如图13-4-2所示。

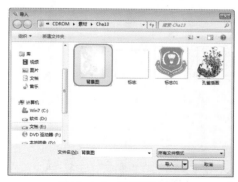

图13-4-2　选择素材文件

03 导入后调整其位置，如图13-4-3所示。

图13-4-3　导入后并调整位置

04 确定刚刚导入的素材文件处于选择状态右击，在弹出的快捷菜单中选择【锁定对象】命令，如图13-4-4所示。

图13-4-4　选择【锁定对象】命令

05 执行后的效果，如图13-4-5所示。

图13-4-5　执行后的效果

06 使用【钢笔工具】绘制曲线，如图13-4-6所示。

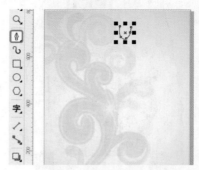

图13-4-6　绘制曲线

07 确定刚刚绘制的曲线处于选择状态，按F12键打开【轮廓笔】对话框，设置【颜色】的RGB值为143、38、141，【宽度】设置为3px，单击【确定】按钮，如图13-4-7所示。

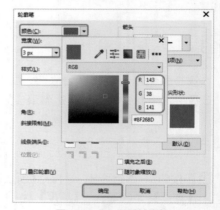

图13-4-7　设置轮廓笔

08 使用同样的方法绘制其他的曲线并设置，如图13-4-8所示。

图13-4-8　绘制其他的曲线并设置

09 按Ctrl+I组合键打开【导入】对话框，选择【素材01.png】素材文件，单击【导入】按钮，如图13-4-9所示。

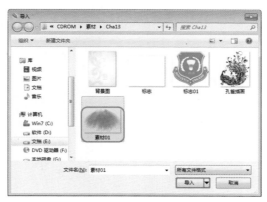

图13-4-9 选择素材文件

10 导入后的效果如图13-4-10所示。

11 最终效果如图13-4-11所示。

图13-4-10 导入后的效果

图13-4-11 最终效果

小结

通过对以上案例的学习，读者可以掌握和了解服装设计的技巧应用和操作方法，掌握本章中所讲解的各种工具的使用方法和各种不同样式服装的绘制过程，可以在以后设计服装时大显身手。